よみがえれ
生命の水

はしがき

昭和六三（一九八八）年に、トヨタ財団の助成を受けて『おいしい水は宝もの』が発刊されている。再びトヨタ財団の助成を頂いて、続編の『よみがえれ生命の水』が編集出版されることとなり、編著者にとっては大変な作業と思われるが、周辺にいて陰に陽に応援してきた小生には嬉しい限りである。

主著者である野田佳江さんとは、前回の『おいしい水は宝もの』が出た頃からのお付き合いであったと思い出すが、何故か、小生が大阪から福井高専土木工学科に転任してきた時、いやそれ以前より、学会を通して、野田さんの「大野の水」に対する精力的な「守る活動」を知っており、シロウト・サイエンスと御本人が言われる以上に地に足のついた、それこそ日常的な、ご自宅までをフィールドにした現場主義の調査・研究に敬意の念を感じていた。

福井は大変なところだ、小生のようなヘボ学者が出る幕ではないと、大野を敬遠していたほどである。前任が通産省公益事業部で水力エネルギー部門を担当していた関係で、真名川のダム計画や、九頭竜川の水資源計画など関心を持っていたことで、大阪からこちらへ転任することは自然体でおられた。着任して、雪の中の生活が如何に大変かを、身を持って知ることとなるまで、友人や、着任した高専の諸先生方の「大変なところへ、何故大阪のような良いところから来られたのですか」

の問いかけが解らなかった。大野からの学生が何人か在籍していて、不幸があって、雪の道をお葬式に間に合うように走った途中、スリップして田んぼの雪だまりに、何台もの車が落ちていたのを見て、これは大変だと、つくづく雪に生活する方々のご苦労を思った。

その雪が野田さん達を、活動に立ち上がらせたのだと後で知り、もっともだと考えた。便利で効率的な生活を希求するあまり、大量の地下水を使用しての融雪装置も、雪国には欠かせないものだとしていることも仕方ないのかなと、大阪人の小生はその時見ていたが、その時点で大野市では、市民の生活用水となっている地下水の水位低下を招き、井戸を枯れさせていたのだった。野田さんらの活動がどうにもならない心情へと変化、拡大していくのは至極当然であった。その活動記録が前著『おいしい水は宝もの』になっているし、今回の続編となったのである。

山紫水明の地、名水の町として全国的に知名度の高い福井県大野市は、往時には町の至るところに豊富、清澄な湧水に恵まれ、文字通り名水の町に相応しい風情を醸し、清澄な湧水にのみ棲み、水草に造巣する淡水小魚「イトヨ」の、我が国における数少ない貴重な生息地としても知られ、湧水と歴史的な町並みが県内外の多くの人々から親しまれている。

ところが、近年、市民生活様態の様変わり、用水型産業構造の変化、涵養水源付近での耕地基盤整備の進捗、不浸透地表の増加、公私諸施設での雪対策用水の飛躍的な使用量増加、利便追求型市民生活、無対策的な産業用水の大量使用に伴い、井戸水の慢性的な枯渇で市民生活に不便を来し、湧水の枯渇に、有機塩素溶剤による汚染の問題が加わって、大野の水問題は一般市民に地下水を守る運動としての意識の高揚を促していく。

しかしながら、大野の水問題は、その後も混沌とし、行政からも市民サイドからも科学的・技術的背景を持った、真に最適かつ具体的な解決策が出ないまま、上下水道の計画が進んできている。

こうした中で、小生らは大野市に対し「大野の地下水を蘇生させる総合的プラン」を提言してきた。

武生の日野川左岸地域に起きていた、大きな地下水汚染の広がりとその浄化法を提案した学術的な講演会でお会いした、大野の水を考える会の方達から、大野市中据に地下水汚染が起きた時に、どのように拡散・移流するかのシミュレーションを引き受けたのを機会に、大野の地下水問題に特に強い関心を持つことになった。そのことを契機に「大野の地下水を蘇生させるための総合的プランの提案」を市に提案することへつながったわけであるが、その中で、「近代的民主主義のもとでの地域社会の構築には、住民参加の重要性が言われるものの、現在、各地における住民参加は『行政 vs 住民』の構図に見られることが多い。市民意識の高揚に対し行政サイドの閉鎖性が背景になっていることがしばしばで、初期における住民参加の姿である。成熟した近代的住民参加は、近未来における市域の理想像に対する共通の認識、相互の信頼に基づく市民・行政のパートナーシップであろう」と書いている。

この形の市民参加のためには、市民サイドの知識を専門的レベルまで向上させることと、特に、行政サイドでの情報公開、リーダーシップの発揮、問題解決へ向けた協調的姿勢、努力が肝要となる。全国に先駆けて、進歩的な市民参加型の活動を展開して頂きたいと願っている。問題に対する利害・相互の立場を個々の思いに限定せず、真の専門的・学術的立場に立脚した解決策へ向けた全市域向きベクトルを持って欲しい。

大野の水問題に強い関心を持って頂き、再度の助成を願うことになったトヨタ財団に感謝申し上げ、今回、続編を出版される市民活動家集団「大野の水を考える会」に深甚なる敬意を表する次第である。

野田さんには長い活動の歴史を整理され、後に続く若い活動家まで育てて頂き感謝のほかない。その二五年にも亘る活動、ご苦労をどう慰労させて頂けばよいだろう、ただただ賞賛の意を捧げると共に、心から感謝申し上げる。

出来ることなら、いろいろな事情で引退される後も、せめて顧問的立場で、「大野の水を考える会」の活動を見守り適切なご指導を願いたい。

平成一二年三月

武生の地から雪の大野を想いながら

福井高専名誉教授　津郷　勇

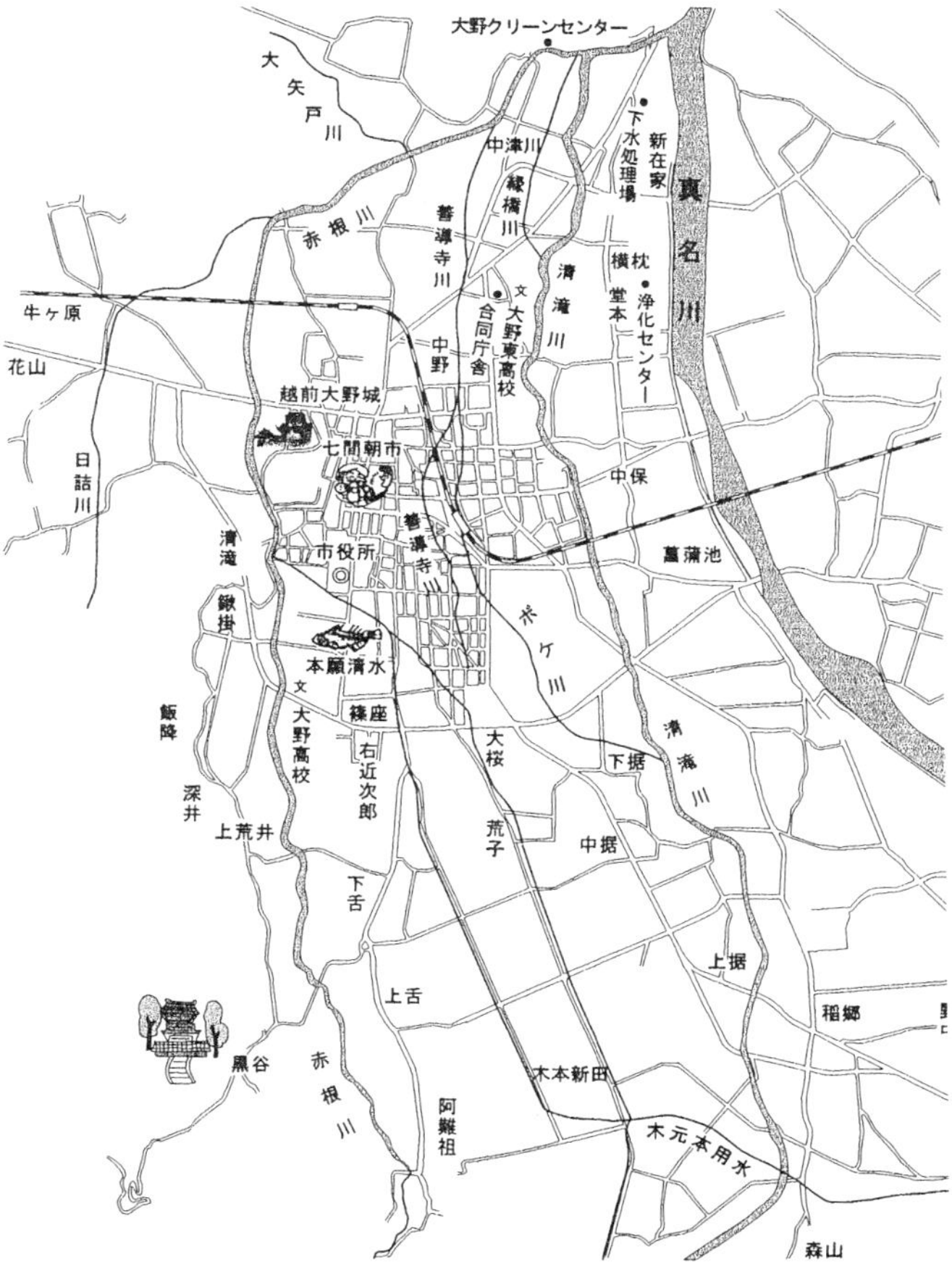

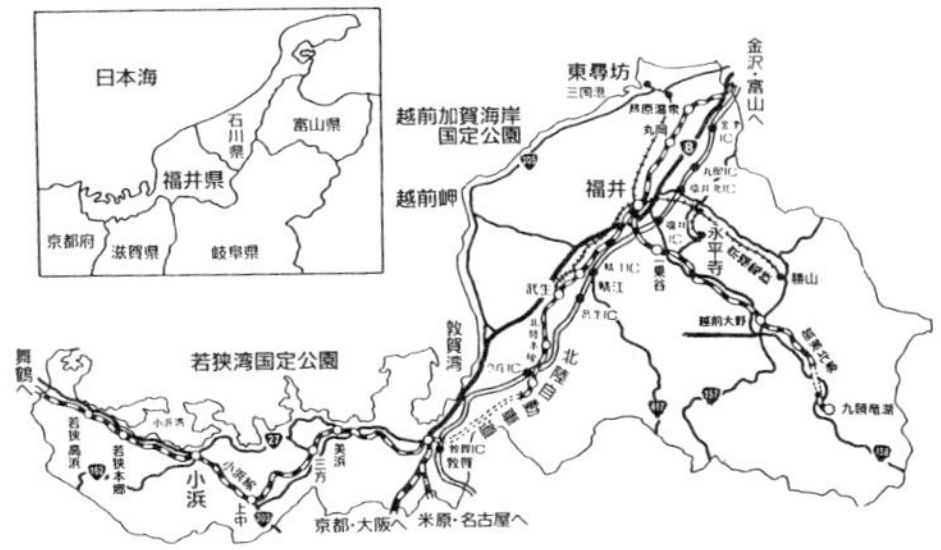

福井県大野市の市街地周辺図

福井県大野市の地下水環境変遷史

年代	組織の変遷	地下水環境への介入	地下水環境の変化と行政・市民の対応
一九五五年代 （昭和三〇年） 戦後の産業基盤づくり		・河川のダム化 ・木本原開拓 ・真名川流水一六トン九頭竜川におとす ・基盤設備事業 ・繊維工場大量揚水 ・家庭井戸モーター	・真名川流域の地下水位急激に低下し各集落は保証金で簡易水道設置 ・市街地の湧水量減少 ・篠座神社の湧水枯れる
一九六五年代 （昭和四〇年） 経済成長真盛り	消費者運動始まる	・繊維産業拡張期 ・駅東市街地整備 ・地下水融雪 ・基盤整備拡大 ・家庭井戸モーター	・各地の湧水枯れ始め、埋立てられる ・イトヨ大量死 ・融雪と同時に市内に井戸枯れ発生 ・市民井戸掘り競争・冬の井戸枯れ恒常化 ・泉町一帯の湧水枯渇 ・大野市地下水調査と対策委員会設置
一九七五年代 （昭和五〇年） 高度経済成長期	大野の地下水を守る会	・真名川ダム完成 ・河川三面張工法基盤整備拡大 ・工場用水循環装置 ・五六豪雪で県道融雪開始、市民の融雪開始	・市街地南部の湧水枯渇、観測井設置 ・五二年異常寒波で約千戸井戸枯れ ・地下水保全条例で融雪禁止 ・市は五三年から南部に上水道敷設

		・市条例で公道の融雪も規制	・再び井戸枯れ、水の会代表議会に ・市街地の雪対策に農業用水残水導入
一九八五年代 （昭和六〇年） 公害問題表面化	大野の水を考える会 地下水研究グループ 大野名水保存会 下水蘇生プロジェクトチーム	・木本原再基盤整備 ・乾側地区基盤整 ・流雪溝整備 ・赤根川下流から改修 ・地下水有機汚染 ・木本原で地下水浸透工事 ・平成四年市下水道課新設 ・平成五年議会水対策委員会解散し、保全条例の規制水位を一メートル後退させる	・環境庁名水百選に御清水 ・六二年御清水干上がりポンプアップ ・市民地下水調査と活動記録の作成 ・六三年全国名水百選大会大野市で ・平成二年地下水有機溶剤汚染で市民パニック、平成三年汚染土除去 ・農業集落排水事業の進展 ・平成三年中据企業誘致で住民訴訟 ・水の会合併浄化槽実験開始 ・乾側地区・公共施設への上水道化
一九九五年代 （平成七年） 経済の不況 高齢化社会 財政の破綻 地球環境の危機 非営利民間組織 NPO	大野の水を考える会 （平成一一年四月）	・大野市平家平ブナ林二〇〇ヘクタール買い上げ ・河川改修にホタル保護を取り入れ ・中野清水復活 ・し尿処理施設完成 ・環境基本条例制定	・平成六年、環境保全派市長誕生 ・雨水浸透実験・イトヨ飼育観察 ・大野高校移転・篠座神社裏の湧水地埋立て ・地下水学習・講演会・平成塾 ・上舌集落合併浄化槽方式で集落排水 ・本願清水改修・イトヨの観察棟建設 ・下水道工事で大量の地下水流出・市民講演を開き工事の中止と見直し要請

目次

第二章 議会へ出て知る地方政治の実情 23
昭和五八（一九八三）年〜昭和六〇（一九八五）年

第三章　トヨタ財団の助成と市民の調査活動

昭和六〇（一九八五）年〜昭和六三（一九八八）年　39

第四章

終章　いのちの水よ、よみがえれ　266
平成一〇（一九九八）年～平成一二（二〇〇〇）年

よみがえれ生命《いのち》の水

第一部

第一章　手おくれの地下水対策

昭和四九（一九七四）年〜昭和五八（一九八三）年

1　新聞の警告記事

井戸枯れに泣く大野市

昭和四九（一九七四）年八月一四日、私は朝刊の記事にくぎ付けになった。それは全国紙に「地下水対策手遅れの前に」と題して掲載された、北陸一帯の地下水異変を報じた警告の記事であった。北陸一帯の各都市では、近年の地下水位は落ちこみが激しく、各所で井戸枯れが発生し地盤沈下まで招いている。福井市の橋南地区などでは、昭和三〇（一九五五）年ごろには一〇メートルだった地下水位が、四八年には二八メートルに低下していると報じ、そのあと「福井県大野市は――」と続いていた。

私は真剣に記事を追った。

「水不足は夏の日照りどきという常識に反し、冬に水がないと泣いている町がある。福井県大野市では、地下水を融雪に使うため、冬場の地下水くみ上げ量が急増し、そのため数年まえから冬になると家庭の井戸が枯れて、生活用水にも事欠く有様となっている」と記されていた。

大野市は豊かな地下水に恵まれて、いまでも各家庭は井戸水で生活している。その水が昭和四二（一九六七）年になって、地下水融雪を始めたとたんに、まちのあちらこちらで井戸枯れが発生した。主婦はその日の米もとげなくて泣いていた。私の家も昭和四三年に井戸が枯れて、大変な苦労を味わっただけに、この解説記事は強烈なインパクトで、私の心をゆさぶった。

地下水は「いのちをあずける水」である。人びとは古くから、この井戸水で生活を支えてきた。そのいのちの水の危機が進行しているのに、それほど人びとの危機感がないのは、大気や河川の汚染のように、直接感覚でとらえられないからである。

主婦開眼

井戸枯れというのは、地盤沈下や井戸水の塩水化の前に、もっと奥深い地下水公害の進行を示す前兆なのに、目に見えない地下環境の異変に気づかず、何の手だてもされず、事態はますます悪化していると、新聞記事は金沢市西部の井戸調査のグラフを例に説明していた。それによると、揚水井戸本数の増加につれて、地下水位が低下していることが、はっきり読みとれた。

この記事は、昭和四〇（一九六五）年から始まった北陸地方の地下水融雪による、地下水位低下や地盤沈下に警鐘をならした、最初の新聞記事であった。この記事を見て、私の体中に電流のようなショックが走った思いがした。この数年、冬になると発生する井戸枯れで、どれほど多くの主婦たちが泣いているか計り知れない。それなのに、地下水融雪はますます増えるばかりである。これは放ってはおけないと、この記事を切り抜いて、私の「水」に関する情報蒐集は始まった。

昭和四九（一九七四）年八月一四日、この日はまさに私にとって〝主婦開眼〟であった。そして主婦運動から市民運動にまで輪を広げ、ついに私の人生を大きく変えた政治活動である市議会に進出し、いのちの水を守ろうと四半世紀の時は流れた。

このとき目にした金沢市の井戸調査のグラフは、一二年後不思議なご縁で出会った地下水学者、柴崎達雄博士のものであることが初めてわかった。その後、柴崎博士は私たち大野市民のいのちの水を守る運動の先達として、無償の奉仕を続けられ、現在も相談役となっていただいている。

2　地下水のまち大野市と三八豪雪

地下水が育てた大野の味

私の住む北陸の福井県大野市は、まわりを一五〇〇メートル級の山やまに囲まれた豪雪地帯にある人口約四万の城下町である。きれいな地下水に恵まれ、いまでも市街地の人びとは、この地下水を直接ホームポンプでくみ上げて生活している。年間二五〇〇ミリの雨が降り、冬は一晩に五〇から六〇センチの降雪は珍しくはない。

盆地には四本の河川が流れ、豊かな地下水の水がめ（地下水盆）を形づくり、その水がめの上に市街地ができている。市街地の西北にある亀山には、天正年間に、織田信長の時代の武将金森長近の築いた城が残り、その山麓一帯は、御清水《おしょうず》、泉町とも呼ばれ、至るところに美しい湧き水が見られた。そして夏ともなれば、スイカやビールが冷やされ、まさにユートピアの世界がくり広げられていた。まちを訪れる人たちは「いまどき人口四万ものまちで上水道もつけず、こんなにおいしい地下水が飲めるなんて――」とそのぜいたくさをうらやむ。市内の家庭の井戸は、たいてい一〇メートル前後の浅井戸であり、夏は冷たく冬温かい天然の地下水は、家庭用水だけでなく、おいしいお米や地酒を育て、醤油やお豆腐、そば、菓子など、大野でできる食べ物は、一味ちがうと評判が高い。

そんなまちで、人びとが地下水の異変に気づいたのは、昭和四〇年代に入ってからである。それまで枯れたことのない家庭の井戸が冬になると枯れて、人びとはあわてはじめていた。それは昭和三八（一九六三）年に北陸一帯をおそった豪雪のあと、その積雪対策に地下水融雪装置を導入した結果であった。昭和四二年には、あらたにつくられた地下水融雪装置を作動させたとたん、各所に井戸枯れが発生した。

井戸枯れは、私たちに地下の異常を知らせる自然の警鐘だったにもかかわらず、人びとはそれを意識しなかった。そして目先の便利さにこころを奪われ、自然の限界をこえた地下水のくみ上げで、地下水の会計簿に赤字をつくってしまったのである。しかし、実をいうと大野の地下水の赤字財政は、それより一〇年以上も前の昭和三〇年代初頭から始まっていた。

大量の地下水くみ上げ

戦後の復興を目指す国の開発政策によって、大野盆地の地下水源になる川はダムによってせき止められ、同じく地下水のかん養源である市街地南部の原野三〇〇ヘクタールも開拓され、盆地の地下に蓄えられる水の量は激減していた。直接目に触れる河川水と異なり、目に見えない地下環境の異変に一般の人びとが気づくのはおそかった。

この地下水かん養が激減するのと同時に、大量揚水の時代が始まったのである。企業も行政も地下水が激減しているとも知らず、地下水くみ上げは人力から機械力に変わり、企業も家庭も大量の水をくみ上げるようになった。

昭和三五（一九六〇）年ころからは合成繊維の時代になり、各工場は巨大なモーターで地下水をくみ上げ、日量一万トンをこす工場も何軒かあった。家庭もまた手押しポンプから井戸モーターに変わり、蛇口をとめないかぎり水は流しっぱなしの状態になり、人びとが無意識の中で大量揚水に突入していたのである。そこへ追い討ちをかけたのが、冬の融雪であった。

三八豪雪

昭和三八年、北陸一帯は、未曾有の豪雪に見舞われた。世にいう〝三八豪雪〟である。一月半ばから降りだした雪は、昼も夜も一四日間連続で降りつづき、まちの電線は雪で埋まり、人びとは二階の窓から出入りする始末だった。そして大野市は丸一ヶ月間陸の孤島と化してしまった。この豪

三八豪雪（八間通り）

冬期間の道路融雪（昭和51年2月）

雪がきっかけで導入されたのが、新潟県長岡市で始められたといわれている、地下水融雪であった。そしてその融雪装置は、またたく間に北陸一帯に広がっていった。

雪国のきびしさは、住んでみた者でなければわからない。降りつづく雪の猛威に、屋根の雪を下ろし、家の前の道をあける、そんな作業にいのちを落とすことも珍しくないのだ。融雪はそのようなきびしい労働から人間を解放し、まさに雪国の救世主のように感じられたのも無理はない。

大野市では、ちょうど昭和三八年二月に市議会議員の選挙があり、そのとき張られた選挙ポスターが二階の屋根より高く電柱に張られ、夏になってもそのまま残されて、豪雪のすさまじさのかたり草になった。このとき議員になった人たちが長岡へ視察に行き、昭和四二年にこの融雪装置は導入された。最初は道路だけだったのが、その便利さのためまたたく間に企業や個人の屋根融雪に広がり、それ以来大野市は冬になると井戸枯れが起こり、台所の主婦たちを泣かせてきた。

先ほど述べた「地下水融雪による地下水位低下」を知らせる新聞記事は強烈なパンチとなって私の心をとらえ、まさに地下水問題へ主婦開眼の第一歩となった。「このまま放っておいたら、大野の地下水はメチャメチャになる」と、この記事に接してからの私は、水に関する新聞記事や出版物、テレビなど、あらゆる情報を集めだした。

見おとした地下水の赤信号

昭和三〇（一九五五）年ころの大野市街地は、地下一メートルも掘れば地下から水が湧いてきた。このため市街地の家庭は五メートルから一〇メートルの浅井戸で、生活用水をまかなってきた。この浅層地下水帯に地下水融雪の井戸が加わり、雪が降れば、一昼夜で約一八〇トンの揚水装置がいっせいに動きだすのである。井戸枯れが起きるのは当然のことであった。

冷静に考えれば、この地下水融雪には限界があるのに、長い間雪に悩まされてきた大野市では行政も市民も、人手をかけずに雪を消してくれる地下水融雪の便利さに、こころを奪われてしまった。行政も、井戸枯れという「地下水の赤信号」を見おとし、補助金までつけて奨励した。こうして地下水融雪はまたたく間に個人や企業の屋根融雪にまで拡大し、井戸枯れは一挙に広がった。

大野盆地の地下水の補給量と、融雪に使用する地下水量の確認という、一番基本的なツメを怠り、井戸が枯れたらまた井戸を深く掘りなおして、一度手に入れた地下水融雪の便利さを手放そうとはしなかった。こうして地下水のくみ上げ量は桁外れに増加し、昭和四〇年代後半になると大野市は、毎年冬の井戸枯れに見舞われるようになった。

3　地下水融雪と井戸枯れ

赤ちゃんのオシメが洗えないと泣く女性

「イトヨのすめない町、それはやがて人間もすめなくなります」。昭和四九年、「地下水対策手遅れの前に」の警告記事に接してから、こんな呼びかけで、主婦たちの地下水を守る運動が始まった。

「イトヨ」は湧水のまち大野のシンボルである。湧水にすむ小さなトゲウオの仲間で、本願清水《ほんがんしょうず》の湧水にすむイトヨは、国の天然記念物になっている。その本願清水は、昭和三〇年代に木本原《このもとはら》三〇〇ヘクタールのクヌギ林の伐採後は、湧水が減少しはじめ、それに追い討ちをかけたのが、地下水の融雪利用であった。昭和四三年は多くの井戸が枯れたが、この本願清水も例外ではなく、イトヨは白いハラを見せて、枯れた池の底に横たわった。台所をあずかる主婦たちはお米もとげず、町の人びとは井戸を掘りなおし台所の水を確保した。私は家庭で使う水の量を測り、どれだけの水があれば生きていけるか、家庭用水の徹底調査を開始した。夏冷たく冬温かい地下水は、主婦にとって最高の生活用水である。この実験の結果を消費者グループの集まりで、広く女性たちに知らせていった。

井戸が枯れて一番困ったのは女性だった。昭和五二（一九七七）年一月は真冬日の続く異常寒波と豪雪の来襲で、市街地家庭の約一〇〇〇戸の井戸が枯れだして、まちはパニック状態になった。すでに企業や財力のある家庭では融雪装置がつけられ、大量の地下水をタレ流し、そのかたわらでは、多くの家庭で井戸水が枯れた。「お米がとげない。赤ちゃんのオシメも洗えない」と、泣きながら女たちは立ち上がった。「地下水はみんなの水、融雪をやめて！」と集会が開かれ、その場で「地下水を守る会」の結成に発展していった。

水キチオバサンと地下水審議会

いまでこそ、おいしい水を求めて、全国的に地下水の大切さが認識されるようになったが、「いのちの水を殺さないで」と、融雪禁止に立ち上がったころの私は、みんなから「水キチオバサン」

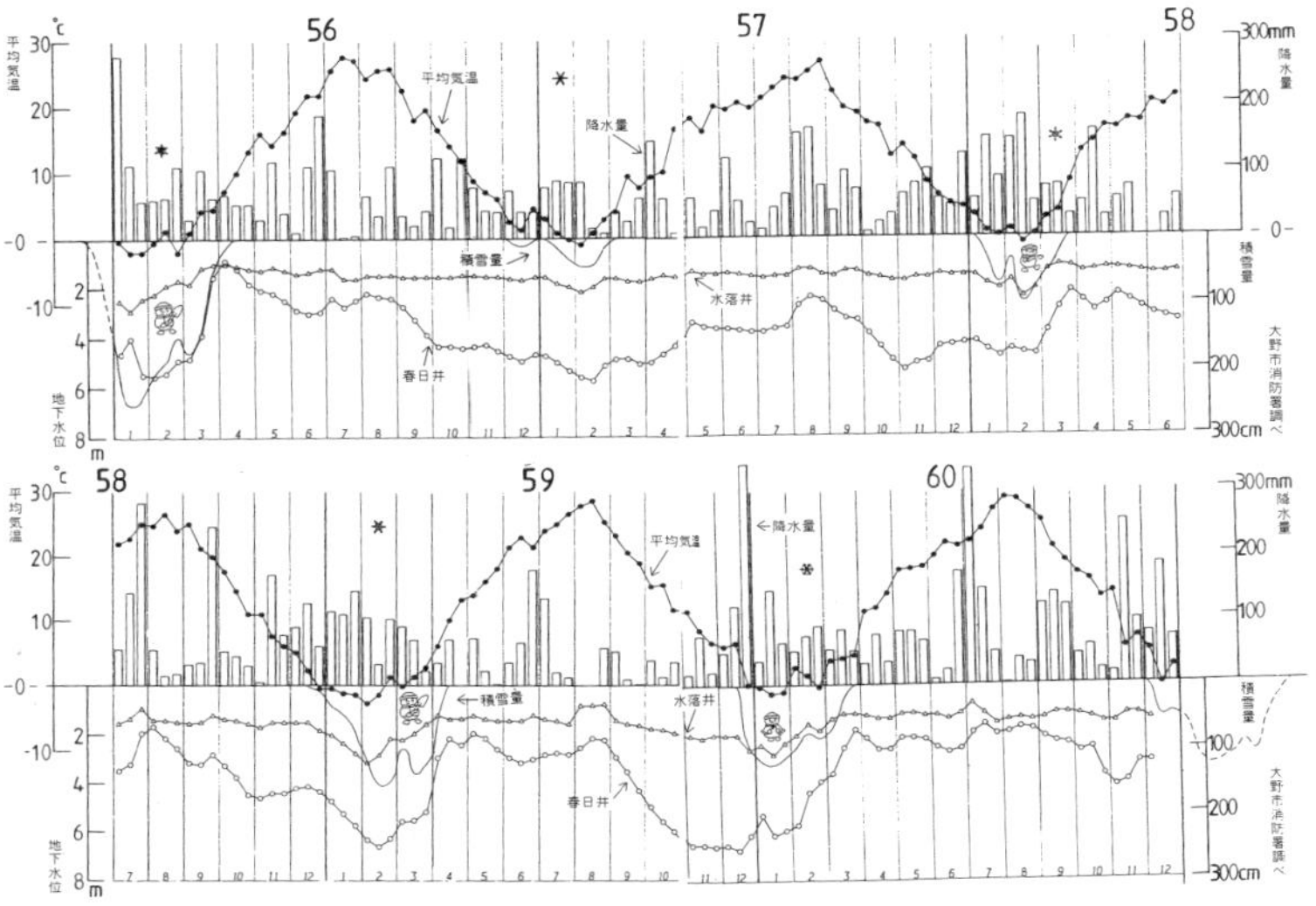

図—１—１　雪降れば　地下水位が下がり　主婦が泣く
積雪量が多いほど融雪用地下水が大量にくみ上げられ地下水位がさがり、一般家庭の井戸枯れが起こる。昭和46年から60年の資料から　野田佳江原図・新村泰代作図

と呼ばれた。

昭和五〇（一九七五）年ころの福井県下では、融雪装置の増設が真っ盛りであった。そのようなときに、私たち「大野の地下水を守る会」（以降、「水の会」とも略称する）では、行政の融雪政策に「待った」をかけたのである。当然、行政や産業界の男性から強い反発を受け、「水キチ」（水気違い）と陰口をたたかれた。でも私は、大切ないのちの水を枯らしてまで、融雪のために地下水をタレ流している社会のほうが、狂っているとしか思えなかった。

当時私は、主婦代表として地下水審議会に加わっていた。その席上、「まず台所の水を守ってください。そして融雪や工場の水のムダ使いをや

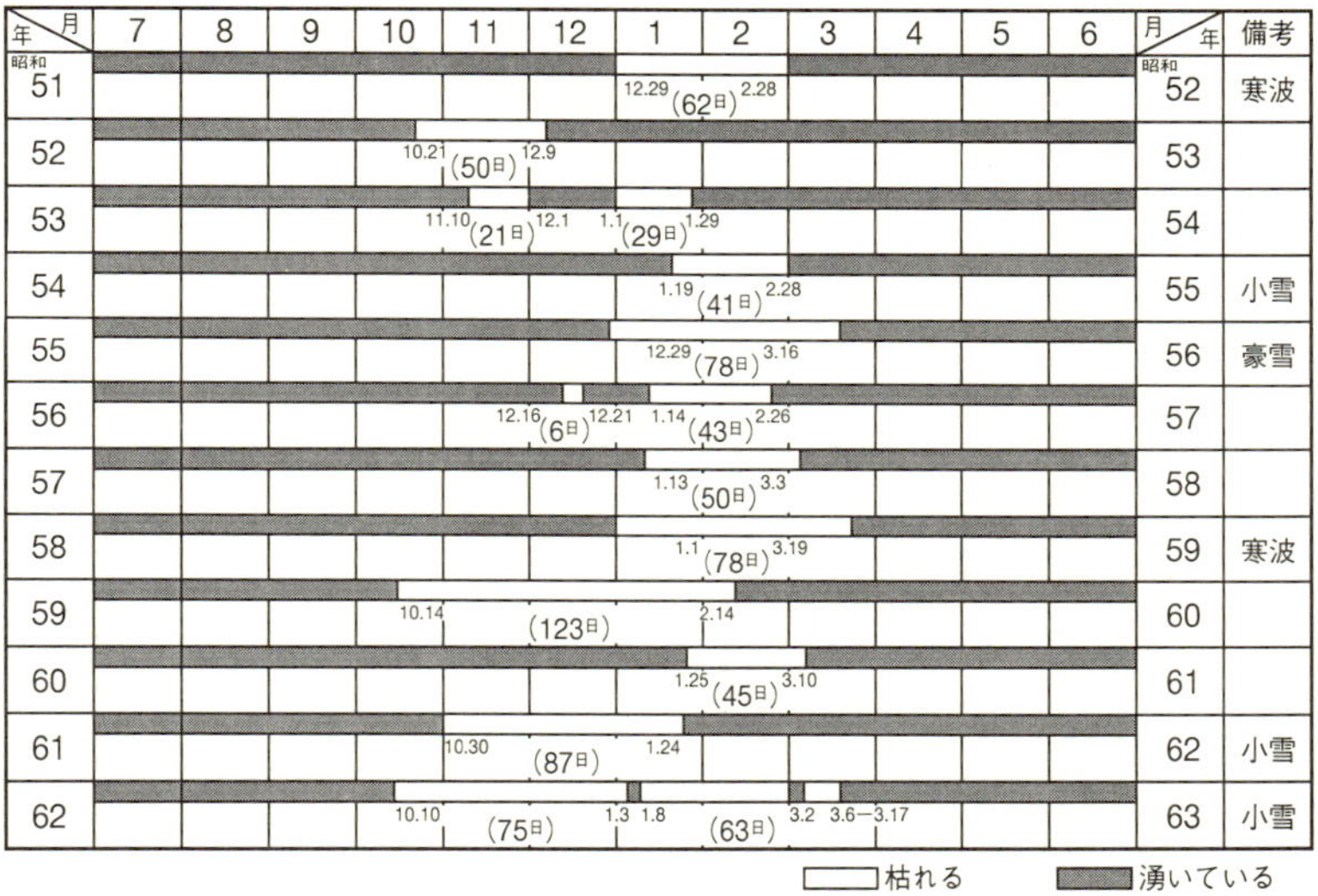

図—1—2　名水・御清水の枯れる日
毎年10月から翌年３月の冬季の積雪期に集中している

めさせてください」と発言した。しかし女性の審議委員は二人だけで、あとはみな議会や各種団体長の男性ばかりであった。そして男性委員の多くは、「いまどき節水？　融雪や工場の水を使うなって？　そんなの時代おくれだよ。井戸が枯れたら、上水道をつければすむじゃないか」と、せせら笑った。

私は、なんと情けない考え方をする人たちよ、とさびしかった。審議委員というのは市民の代表として、各界から選ばれた人たちなのに、この人たちは大野の地下水の将来に、どんな責任を感じているのだろうか？　みんな自分のことだけ考えて建設業界の人たちは「水が足りなくなったら、ダムや上水道の工事が転がりこんでくる」と当てこみ、織物業界は水のコストを負担せずに、タダの水で企業活動が続けられることを期待し、市役所は上水道さえつければ、市民の井戸枯れの苦情を聞かなくてすむと考えているようだった。

このように大野をリードする立場の人たちが、大野の地下水に誇りをもたず、地下水が貴重な財産だということに、全然気づいていないのだ。審議会に出て私は社会の複雑さに目を見はるのと同時に、便利さとカネもうけに走る男性社会に底知れぬ危険をおぼえた。

4　実態調査で、地下水保全条例をせまる

一戸の屋根融雪は二〇〇戸分の生活用水

こんな人たちを納得させるのは容易なことではないと、私は消費者運動の仲間たちに協力を呼びかけた。「いまの大野市では地下水は強い者勝ち、こんなことをしていたら、私たちの世代はよくても、子どもたちの世代はきっと泣くよ。大野の地下水が子どもたちも飲めるように、母親の私たちがきちっと調査をして、男の人たちに考えなおしてもらおう」と、審議会の実情を訴えた。そして女性たちの手で家庭用水の徹底的な研究と、屋根融雪の実態調査にのりだすことにした。

台所、洗濯、入浴などの生活に必要な水をすみずみまで調べると、生活にぎりぎり必要な水は一日一〇〇リットル、ふつうに暮らして二〇〇から二五〇リットルもあれば十分ということがわかっ

た。

次に、屋根融雪の地下水くみ上げ量を調べることにした。井戸屋さんを訪ね、井戸モーターの揚水能力を教えてもらった。驚いたことに、ふつう四人家族の生活用水は一日一トンもあれば十分なのに、屋根融雪は個人の家庭でも、二四時間で一七〇トンから二〇〇トンもくみ上げることがわかった。一軒で一七〇軒から二〇〇軒分の水を使うのである。

まちまわりをして融雪家屋を調べてみると、その数は市街地の三分の一、二〇〇〇軒にも達し、それを青のマジックで塗っていくと、地図は真っ青になった。さらに気象台の降雪データをグラフ化してみると、観測井戸の水位グラフのカーブは一日おくれの連動で、はっきりとした因果関係が証明された。

挫折した地下水保全条例と寺島市長の死

こんなことも調査せずに、役所は地下水融雪を奨励したのかと、そのずさんな神経に、あきれるやら悲しいやら声も出なかった。融雪家屋を青マジックで塗りこんだ二五〇〇分の一の地図を抱えて、私は市長室を訪れた。寺島市長はこの地図をごらんになるやいなや、じゅうたんの上にへたりこんで、

「うわっ、こんなについていたのか。知らなかった。これでは井戸が枯れるはず、今度の議会にはきっと融雪禁止の条例を出します」と約束してくださった。

こうして昭和五二（一九七七）年一〇月、大野市は福井県で最初の地下水保全条例を成立させ、

寺島市長と話し合う婦人会リーダー

融雪禁止と工場用水に対する循環装置の指導が始まった。この条例制定以降、冬の井戸枯れはやんで、ひさしぶりに大野には平穏な冬がもどってきた。

しかし、やっと条例ができたと喜んだのも束の間、寺島市長は体調を崩され間もなく入院された。その留守中に大野市は、県の強力な行政指導で、上水道計画をすすめていった。そうして昭和五三年六月、寺島市長は五六歳の若さで亡くなられた。このよき政治リーダーを失って、以降一六年間にわたる開発志向の首長によって、大野の地下水行政は再び危険な路線に傾いていった。

5　つまずいた上水道政策

市の当初計画は簡易水道

現在国内の市街地形成地域で、上水道以外の方法で飲料水を確保している自治体は、四国の西条市ほか二、三を数えるほどで、我が大野市もその特殊な中に数えられている。大野市街地は木本原扇状地の先端部分にあり、昔からきれいな湧水に恵まれてきた。そして水のおいしさを決める、カルシウム・マグネシウム、鉄分の配合が理想的であるためその水質がよく、昭和四〇年代後半から地下水融雪等でたびたび家庭の井戸枯れに見舞われながら、市民は上水道へ移行しようとはしなかった。

しかし行政は、昭和五二（一九七七）年に起きた市街地約一〇〇〇戸の井戸枯れで、地下水位の低下が大きい南部地区全体の上水道化にふみきった。しかしこれが最初のつまずきであった。大量の井戸枯れは、異常寒波と地下水融雪の野放図な使用が原因であったにもかかわらず、県の強い行政指導で市に上水道をせまったのである。市は当初自然水位が、浅井戸の揚水限界水位の八メートルに近づいた、市街地から少しはなれた上篠座と大桜集落に、簡易水道をつける計画を立てていたが、県はこれを認めなかった。

昭和五二年度は零下一〇度をこす異常寒波が続き、多くの家では夜間蛇口をあけて水をタレ流しにして、配管の破裂を防いでいた。この水量が予想外の大量になる上、二〇〇〇戸の家庭が地下水の屋根融雪をしていたのだ。春になってから、私はこの井戸枯れの原因究明にのりだしたのであるが、それはタレ流しの水と融雪の水の使いすぎが原因であった。凍結防止のチョロチョロ流しの量でも、夜の八時間で約一立方メートルになり、一日の生活用水を上回る量になるのだ。全戸がタレ流す水量は無視できない。しかし井戸枯れの決定的な要因は、前述の融雪装置であった。こうした井戸枯れの原因を県は知らずに、大野市に対し広域上水道の強要をし、のちのち膨大な赤字をつくる原因となった。

水の計量になれない市民

寺島市長が亡くなられる一ヶ月ほど前、お見舞いに伺った私に対し、「市長の私が入院している間に、とんでもないことをしてくれた。これから大変なことになる」と、目に涙を浮かべられた。県から出向の助役は、県の指示に抗しきれなかったものと推察される。

寺島市長の心配されたとおり、上水道会計はその後赤字の連続で、議会はそのたび責任追及をしていた。私の住む春日地区もその上水道計画区域に入っているが、みんなは加入したがらなかった。市の意向を体した区長や市の職員に勧められて加入した家庭もあったが、その配管は玄関先でとめてほとんど使わず、炊事をはじめ家事用水は、みなホームポンプであげた地下水を使っていた。

このため市の上水道会計には基本料金だけしか入らず、なかにはいったん入った家庭も深井戸を掘りなおし、上水道計画から脱退する動きすら出てきた。それは次のようなトラブルが、あちこちで起こったせいである。いままでタダの地下水になれていた市民は、「二〇万円も加入金を払ったのだから、少しは使わないと損だ」と考えて、ビニールパイプの先に散水ノズルをつけて、裏庭の雪消しに使ったところ、八万円余りの請求書が来た。私の近所でも県外から来ていた単身赴任者が、水道管の破裂を防ごうと水をチョロチョロ流しにして帰省したところ、五万円近い請求書が届き、びっくりして水道計画から脱退する人が相次いだ。

初めてメーターで水量を測り、その対価を支払うという習慣がなかったところへ、一挙にもちこまれた上水道は、市民にアレルギー反応を起こさせ、一〇戸程度の仲間で共同の深井戸を掘り、メーターをつけて自分たちで管理するケースが出てきた。そのほうがカルキの入らないおいしい水が飲めて、経費も上水道加入の半分以下ですむことがわかり、市の計画はつまずいてしまい、上水道会計は毎年多額の赤字を出すようになった。私はちょうどこのころ町内の婦人部係をしていたので、市の上水道問題をみんなで考えることにした。井戸枯れの原因も究明せずに、全国共通の上水道政策をおしすすめても、うまくいくはずはない。改めてみんなで大野にふさわしい飲料水対策を考えることにした。企業会計である以上、上水道会計は赤字が出れば加入者にその責任を課すのが原則である。こうした制度がある以上、私たちは安易に加入はできないと、地下水審議会の席上で次のように意見を述べた。

「南部上水道敷設を機に、地下水利用者にはメーターをつけさせ、協力金制の導入を図るべきである。それをしなければ上水道水道会計は破綻するし、地下水の保全も難しくなる」と、地下水の管理と水資源の対価支払いというハードな政策を提言した。

こうした政策がとられない以上、私たちは上水道加入に協力できないと宣言し、これからの飲料水対策のため、婦人部では上水道の基本料金額を毎月貯金し、将来に備えることにした。

6 県の融雪再開で、議会出馬の決意

五六豪雪で市の条例棚上げ

首長が代わって二年目に訪れたのが五六豪雪、三八豪雪から数えて一八年目であった。昭和一九(一九四四)年も大雪だったが、このところ大野市は一八年ごとに豪雪におそわれている。昭和五六(一九八一)年は、前年の大晦日から降りだした雪が、一晩に一メートル余り積もり正月どころではなかった。三八豪雪後の機械力投入で、除雪能力は大きく進歩していたが、自然の猛威の前に福井県は先の大野市の教訓を忘れて、県下全体に大がかりな地下水融雪の政策を導入した。大野市の県道でも大がかりな道路融雪工事が行われ、雪があろうとなかろうと、通行人の腰までかかるほど地下水をまき散らし、事実上市の地下水保全条例は棚上げになってしまった。この無謀な県の姿勢に市民はいままで努力してきた節水の意欲を失った。

「もう個人がいくら努力しても追いつかない。県は大野の地下水を枯らしたいのだろう。そうすればみんなしかたなく上水道に入って、業者の仕事になるからなあー」と、市民は陰口をたたきはじめた。そして県道の融雪を見て、禁止されていた融雪を始める者も出てきて、大野市は再び井戸枯れに泣くまちになってしまった。

「水の会」の私のところには、「井戸が枯れてお米がとげない。赤ちゃんのオシメも洗えない」という悲痛な声が届き、私はそのつどまちへ出て、節水を呼びかけた。しかしもう聞いてはもらえなかった。「奥さん、それを言うなら、県道の融雪をやめてからにしておくれよなー」と。

議会へ出よう

私が議会に出ようと決意したのは、このような主婦運動の限界を感じたからであった。血のにじむ一〇年間の水の運動が、行政によってにべもなくふみにじられていくさまを見て、台所の声が届かない政治にむしょうにハラが立った。政策決定が、台所の実態を知らない男性だけで決められてしまうから、こんな理不尽なことになるのだと、女性の立場のみじめさに涙がこぼれた。

「議会へ出よう、議会で女の気持ちを訴えよう。このまま黙っていたら、大野の地下水はいまに政治の力で殺されてしまう」と、二〇日後にせまった選挙を前に、私は二階の屋根から飛び下りるような思いで、立候補を決意した。

それは昭和五八（一九八三）年の正月、お雑煮を祝った直後だった。この青天のへきれきのような選挙出馬の決意に、夫は意表をつかれ徹底的に反対した。しかし「あなたに許してもらえず、このまま手をこまねいていたら、大野の地下水は政治の力で殺されてしまう。いま立ち上がらないと、大野の地下水はメチャメチャになる。このままでは死んでも死にきれない」と夫に懇願した。ようやく夫の許しが出たのは、松の内もあける一月六日だった。

このような私に対し、まわりの人びとは温かく応援してくれた。選挙におカネの飛び交うことも、「根回し」というテクニックが必要なことも、本人の私は全然知らないのだ。そんな母親を見て息子は、「母さんは、まるで高校の生徒会の選挙みたいな考えでいる」と嘆いた。でもこのような世間知らずな私を支えてくれたのは、水で苦労をしていた弱い立場の人や、近所の人たちであった。和服にモンペ姿の私は、雪の中に立ってみんなに立候補のあいさつをした。

「おいしい水は大野の宝です。私はこの宝の水を守りたいのです。そして子どもたちに残したいのです。どうかお力を貸してください」と、頭をさげた。出おくれた選挙戦ではあったが、この人たちのおかげで、私は大野市で最初の女性議員として、政策決定の場に立つことができた。

審議会の開催は、首長の判断で開かなくてもすむが、議会は年四回必ず市民の前で公開される。いままで政策決定の場へ出られなかった女性の熱い思いを、これからは理事者や男性議員に伝えていける窓口が開いたのだ。

そう思うと、私の全身は身震いするような感動に包まれた。

第二章　議会に出て知る地方政治の実情

昭和五八（一九八三）年〜昭和六〇（一九八五）年

1　女のあんたにゃ任せられない

政治は夜つくられる

こうして期待に胸をはずませて議会へ出たものの、そこは圧倒的な男の世界であった。いままで大野市政には女性の参加はなかった。女性は私たった一人で、議場では理事者も含めると五〇対一、緊張の連続であった。

大野市政の大切なことは、すべて議会で決められると理解していたのに、新米の私には「あれっ、いつの間にどこでどうして決まったのか」と、キョトンとすることが多かった。よく世間では、「政治は夜つくられる」というから、「あるいは？」という思いが頭をかすめた。なんとかして、台所の声を市政に反映させたいと議会に出てきたのに、これではどうしようもない。私は自分一人ではどうにもならない政治の現実を見て、この解決には多くの市民に、議会の現状を知ってもらうのが先決だと、女性の目で見た議会報告紙の発行を思いたった。

夫に清書を手伝ってもらい『あかね』という名前をつけて、議会報告紙を三〇〇〇部つくった。水のこと、ゴミのこと、そして議会でのものごとの決まる様子などを記事にまとめ、それを配りながら、市民、特に女性たちに、「自分たちの身近な政治への関心」をと、呼びかけていった。

封建色の強い地方では、政治は男性が取り仕切るものとして、女性が政治に口をはさむのを快しとしない風潮が残っている。これは北陸の山峡の大野市でも例外でなく、突如として毛色の変わった女性が議会に出てきたのだから、当然、男性議員からの風当たりは強かった。最初のいびりは下水道対策委員会から始まった。昭和五八年、議会内に下水道対策委員会が設置された。水にいのちをかけて議会に出たのだからと、「私もぜひ委員会に入れてください」と頼んだところ、「女のあんたにゃ、させられない」と一蹴されてしまった。

下水道対策委員会の中身

「下水道は用地交渉さえできれば、八割できたも同然だ。女のあんたに用地交渉などできるのかねー」との古参議員の言葉に、私は引き下がるよりほかはなかった。悔しさをこらえて「それなら、傍聴だけでもさせてくださいね」と、私は委員会室のかたすみで、みんなの意見を聞くことにした。

しかし男性議員の下水道に対する認識は甘く、終末処理場の用地交渉しか念頭にない様子だった。用地交渉の前に、「地下水位の高い大野市の下水道は、工事で地下水脈をたち切らないか」とか、「九頭竜川《くずりゅうがわ》の上流だから、汚水処理の精度は高める必要がある」とか、「どんなシステムを採用したら、もっとも汚水処理を確実にし、しかもコストを安くできるか」という下水道に関する一番肝

一般質問をする野田議員（平成2年2月）

心なことは、何一つ議題にのぼらなかった。

それどころか市側の「下水道建設の財政試算をしてみると、今後大野市は五〇年間学校も道路もつくれない見込み」との説明に、机をたたいて激怒する混乱ぶりを見て、私はこれから取り組む大野市の下水道政策の大変さを思った。理事者も議会も、自分のまちの下水道をどうしたらよいのか、全然わかっていないのだ。ただ「下水道はつくらねばならぬ」という認識だけで、下水道の財政、それに下水道工事と地下水保全の関係はどうなのか、技術面でそれが可能なのか、検討する気配もなかった。汚水の現場を知らない人たちによって、下水道政策が論じられる委員会の体制そのものが、大きな矛盾を抱えていることを痛感した。

2　公共事業で殺された大野の地下水

拡大される公共事業

高齢化と若者の流出に悩む大野市は、生産人口の二四パーセントが土木建設業で占められている。現実の政治は、この地域経済の現状を無視しては成り立たない。そのため理事者や男性議員は、口では「地下水保全」をとなえても、実際には公共土木事業推進の立場をとり、たとえそれが地下水環境の破壊につながろうとも、業者と手を結び工事の拡大路線を歩んできた。そしてこれら事業の多くは、国や県と一体になってすすめられ、議会に上程されるころには市独自では変えられないところまで、事前工作がすすめられていた。

その一例に木本原《このもとはら》の再基盤整備事業がある。この事業が議題にのぼったとき私は、「いまでも市街地の地下水が危機的状況なのに、これ以上木本原の基盤整備をすすめては、市街地の地下水環境は破滅します」と強く政策の変更を求めた。

しかし理事者は「国が三〇〇億円の予算をつけてくれた事業を、いまさらやめるわけにはいかない。やめよと言うなら、代わりに野田さん、あなたに三〇〇億円の仕事をもってきてもらいたい」と逆襲される始末だった。理事者も議会の多数派も「地下水保全」より三〇〇億円の工事費が魅力で、再基盤整備事業は強行された。そして心配されたように、篠座《しのくら》神社の湧水もイトヨのすむ本願《ほんがん》清水も、いっそう無残な姿になってしまった。

木本原の圃場再基盤整備事業

後日私たち水の会が、大野盆地の湧水と基盤整備事業をはじめとする公共土木事業との関係を調べてみると、大野盆地の湧水はこれらの事業と並行して、枯渇したり埋め立てられて姿を消していることがわかった。

枯れはじめた湧水

昭和三〇年代以前の大野盆地には、至るところに豊かな湧水が見られ、人びとはおおらかな自然の地下水の恵みにひたっていた。それが戦後の経済成長とともに、大量の地下水くみ上げが始まった。昭和三〇年代から四〇年代にかけて、大野の大地は、原野一〇〇〇ヘクタールが伐採され、農地は基盤整備が、市街地周辺の耕地は都市計画へと、換骨奪胎ともいえる改造が行われていた。さらに工場の拡張期に入った昭和四〇年代には、多くの湧水が埋め立てられその数は激減してしまった。原野の伐採や農地の基盤整備事業、深い溝切りで、強制的に大野の地下水を大地から絞りだす工事が、税金を使ってすすめられていたのだ。

そして一方地下水くみ上げは、工場の大量揚水と家庭井戸のモーター化で、地下水収支のバランスは、すっかり崩れてしまっていた。大野の湧水のシンボルだった篠座神社の神水が枯れたのも昭和三八（一九六三）年で、本願清水のイトヨが大量に死んだのも、昭和四〇年代の初頭である。昭和五〇年代に入ると、大野市街地南部の湧水はほとんどが枯渇し、田んぼに水をはる五月から九月半ばまでは、かろうじて湧水が見られるが、一年の半分以上は水のない池になってしまった。

市街地の湧水調査でも、昭和三〇年代には四〇ケ所もあった湧水が、昭和四〇年代には三三ケ所に減り、五〇年代には一六ヶ所、平成に入ると年間通して湧く池は、わずか四ヶ所に激減している。

3　地方政治をゆがめる補助金行政

三割を切る大野市のふところ

議会へ出てみて、私は初めて知る国政と地方政治のメカニズムに、大きなため息をついた。市の政策の基本的な部分が「国や県との関係、そして官僚、土木業界、族議員」といった、巨大な勢力によって支配されているのである。

議会に出る前の私は、政策の大切な部分は公開の本会議の席で決められるのだとばかり思っていたが、新人議員などのおよばぬところですでに企画され、古参のボス議員に議会は根回しされて、本会議は仕上げのセレモニーの場になってしまうケースが実に多いのだ。

最初議会へ出たころは、「あれっ、これはいつどこで決まったのか?」と、私はキョトンとすることが多かった。しかし議会で政治の裏側が見えてくるにつれて、この巨大な勢力こそが大野の地下水を殺してきた犯人だと思い知った。

だから初当選のころは男性議員もその多くが、「大野の地下水を守れ」と強調していたのに、年を経るごとにその声は小さくなり、しまいには開発行政の側に組み込まれていった。それに従わない議員ははじきだされるのである。これは大野の市政が、国の巨大な勢力に呑みこまれていたからにほかならない。

市税をはじめとする自主財源が三〇パーセントを切る大野市では、国や県の補助金が頼りである。しかし大野の地下水の大切さを知らない国や県は、利権のからむ公共土木事業に予算をつけ、そのような公共事業によって、大野の地下水は破壊され湧水枯渇を招いていったのである。

真実を言えない公共土木工事の現場

それを証拠だてる証言に、私は何度か出合った。県の河川工事や砂防工事などの現場作業をしている何人かの人が、夜ひそかに我が家に来て話をしてくれた。三面張りの河川工事や、砂防の堰堤工事などで地下水減少を招いたり、税金のムダ使いになっているとの現場の声である。

「親方に言えばクビになる。あなたは議員になったのだから、県や市に言ってほしい」との注進なのだ。私はそのたび現場に出かけていったが、なぜここにこんな工事が必要なのかと、理解できぬ

三面コンクリート張りの赤根川上流

ことが多かった。用水路などはことごとくコンクリートの三面張りで、一級河川の赤根川の上流などは、その典型的な工事であった。

一面にコンクリート張りされた川底で、子どもが自転車あそびをしている現場を見て、なぜこんな無神経な工事をするのかと、県土木部に申しいれた。県土木部は私たちの申しいれを聞いて、その上手の工事では三〇メートルに一ケ所、直径七〇センチほどの穴をあけ、「これでいいでしょう」と胸を張った。私は「頭のよいお役所の方なら、この穴の面積は川底全体の何パーセントになるかおわかりのはず、これで地下浸透の効果があがるとお思いですか?」と抗議した。この抗議で県はさらにその上手の工事では、一五メートルごとに幅二メートル長さ三メートルの長方形の穴をあけて、地下浸透を図ってくれた。

こちらが誠意を込めて体当たりしていけば、県の土木部も動いてくれるのだ。少しは前進できたと希望が湧いた。しかしあちこちの工事現場の立て札に書かれている施工者の名前を見ると、大野市を左右する政界実力者の関係者や、議員と親しい業者の名前がいっぱいなのだ。それを見て私は、政治の奥にうごめく業界の黒い体質を感じないわけにはいかなかった。

4　行政の上水道信仰

天然の地下水があるからまちが発展しない？

私が議会へ出た昭和五八（一九八三）年ごろ、大野市の地下水環境は、はた目にも危機的状況に陥っていた。しかし、行政はこのような地下水の危機的状況に対しても、いっこうに意にかいする様子は見られなかった。それどころか「早く地下水が枯れたほうがいいのだ。そうすれば国や県のいうように上水道にできて、市民から井戸枯れや地下水汚染の苦情を聞かなくてすむ」というのである。

そこには抜きがたい行政の技術主義に裏打ちされた「上水道信仰」と、行政のご都合がある。地下水こそ大野の風土や歴史を支える母体なのに、その理念がかけらも見えないのだ。そして首長までが「天然の地下水があるから、まちが発展しない」とまで言いだして、市民はあきれ悲しんだ。

しかしこの首長を選びだしたのは市民である。市民の多くが選挙の際、工事関係者の誘導にのって、カネをまく土木業界の利益代表を首長に選ぶから、こんなことになるのだ。そして大野の文化を支え、地下水を大切にすることより、形に見える建物や道路をつくることが、市の発展になると考えているから、このような暴言をはく首長を生みだすのだ。高度成長のひずみとはいえ、大野市政は悲しいまでの品性の貧しさに陥っていた。何でも都会が立派だと思いこむ地方コンプレックスが、カネもうけの政治に走らせ、自然の恵みを忘れて、このような感性を生みだしたのであろうか。

かげりの出ていた都会の上水道

そのころ都会では、上下水道政策にかげりが出ていた。雨が降ると下水は氾濫し、下水処理場の水が流れ込む。その下流で上水道の原水が取水されるという矛盾につきあたり、住民は自己防衛をせまられていた。

昭和五六年に娘を東京へ嫁がせ、孫の顔を見ようと上京した私は、やかんでグラグラとお湯を沸とうさせている娘に「いつまで沸とうさせているの、ガスがもったいないじゃないの」と、たしなめた。すると娘は「母さん、もう東京の水は危なくて子どものミルクはつくれないの。こうして沸とうさせてトリハロメタンを飛ばしているの」と悲しい顔で訴えた。

私はこのときほどおいしい地下水をふんだんに使える、大野の生活をありがたく感じたことはなかった。でも大野市の外で暮らした経験のない人ほど、この自然の地下水のありがたさが判っていないのだ。市の命運を左右する政治家の多くは台所に入らず、市外での生活経験が少ないので、「大野の地下水はいのちの源」だという感覚がわかないのであろう。

それに加えて保健所は、「地下水は非衛生的」と決めつけ、ことあるごとに大野市に対し上水道への切り替えをすすめてきた。このような事情もあって市の上層部は「いまごろ上水道のないのは恥ずかしい」とか、「水の使用量は文化のバロメーター」などと言いだし、「地下水はいずれ汚れて飲めなくなるから」と、市民に対し執ように「地下水ばなれ」をせまっていった。

5　ダム計画と産業政策

清滝川のダム計画と工業用水の浪費政策

昭和五〇年代、国は高度経済成長の水需要の増大に備えて、各地でダム計画をすすめていた。大野市でも政界実力者は県と謀り、市街地の地下水の源である清滝川上流にダム計画を立てていた。私はびっくりして、「大野市はなんというバカなことをするのですか。先に真名川の水を発電にとられて地下水が激減したのに、今度は清滝川の水を赤根川に落として、大野市街地の地下水をみんな干あがらせるのですか」と、市長に抗議した。

幸い清滝川のダム計画は、断層で岩盤が悪く実現はしなかったものの、地域の地下水環境を知らない土木畑の政治家によって、赤根川の川底の切り下げ工事や基盤整備事業など、自ら工事の首謀者になって大野の地下水破壊に手を下していった。そして企業や家庭の地下水の浪費を放任し、「市民の飲み水は河川水の上水道で、工業用用水と融雪用水は地下水で」という、本末転倒の政策をすすめようとしていた。

このような政治の思惑で、寺島市長の死後はせっかくの地下水保全条例も効果を発揮することなく、工場用水循環政策も後退してしまった。最初に循環装置をつけた企業も、いくら待ってもあとの企業が続いてこないので、失望して装置をとりはずしてしまった。水哲学の乏しい政治リーダーを選びだしたことが、大野の地下水保全の針を逆方向に向かわせる結果となった。

こうなってくると、あとに続く市職員の態度もおかしくなってきた。「水の会がおいしい水などというから、上水道が普及しなくて困る。早く地下水が汚れて飲めなくなればいいのだ」と言いだし、私たちは悲しくて言葉も出なかった。

そして為政者自らが手を下した木本原再整備事業で、篠座神社の湧水や本願清水を干あがらせてしまい、大野市の地下水位指標になっている春日の観測井は、時期によっては水位が七メートルを割りこむ事態にたちいたった。

こうした行政による、ダム計画や上水道政策の推進を冷静にながめると、日本の水政策が、地下水を工業用水に開放したことが根底にある。日本の工業化が始まる明治以前から、日本の河川や湖沼等の表流水には、既存の慣行水利権がついており、後発の産業用水の確保ができなかった。このため水利権のない地下水が標的にされ、大量の地下水が工業用にくみ上げられるようになった。

このような水政策は、必然的に浅井戸に頼ってきた家庭用水の枯渇につながる。このため国は上水道を敷設し、住民の生活用水を井戸水から切り替える政策をすすめてきた。そして都市の上水道源の多くは、人間が汚した河川水があてがわれてきた。戦後人口の都市集中が激しくなり、生活様式の一大変化で都市は慢性的な水不足に陥り、全国的に水源をダムに求める傾向が強くなってきた。

ダム計画歓迎の産業界と上水道会計の赤字

こうして水源をダムに求める政策は、産業界にも建設業界にも歓迎された。ダムのような大型の公共土木事業は、大量の需要と雇用力を生みだすことになると、経済界はこぞって賛成し、産業界も市民の生活用水がダムの表流水で賄われたら、それだけタダの地下水に依存した生産活動が維持でき、水のコストを払わなくてすむ。そして最も歓迎したのはゼネコンと建設業界、そして橋渡しの政治家たちであった。このような背景をひめて、市民には「上水道こそ文化的」と、必要以上に誘導してきたのが、行政側の深慮遠謀の策であった。

このため生活者の水哲学「自然への畏敬」や「節水」は軽んじられ、地方にまでダムの水を上水道源に使わせるようになった。この時期には福井県下でも、広域上水道の政策がすすみ、小さな市町村の上水道源まで、地下水からダムの水に切り替えられた。水はまずくなり、多くの市町村の上水道会計は赤字で苦しむようになった。このころから大野の御清水には、よその土地からおいしい水を求めて、ポリタンクで水をくみに来る人が目立つようになった。

大野市の場合も、昭和五三（一九七八）年に市街地の南部六〇〇戸に上水道を敷設した。でも井戸枯れの原因が地下水融雪と判明し、それを条例で禁止してからは、冬の大量井戸枯れは影をひそめた。そして上水道をつけた家庭でも、おいしい地下水は手ばなさず台所の水はホームポンプで、上水道の水は、地下水が枯れたときの緊急用にして、普段は洗車や庭の散水用に基本料金の範囲内で使っていた。このため市の上水道会計は、毎年一般会計から多額の市税を繰り入れ、その額は平成一一年度末で市債と合わせて四十数億円の巨額に達している。

最初から市民と行政が力を合わせ、自らの地下水環境に対する調査をすすめ、それにのっとって飲料水確保の手段を講じていたら、このような失敗は防げたはずなのに、県の強引ともいえる指導が、大野市の上水道をつまずかせてしまった。

このように一度施設をつくってしまうと、水道会計のつじつまを合わせるためには、地下水の浪費を放任して、井戸枯れを広げる政策に傾く。節水をすすめ融雪を規制して大野の地下水を守ろうとすれば、井戸枯れが起らず、したがって上水道は普及しないという、奇妙なジレンマに陥ってしまうのだ。こうして大野市の水政策はいまなお混乱が続いている。

まさに「二兎を追うものは、一兎をも得ず」を地で行く形になった。こんなことになったのも、自らの足元を見ずに「全国画一の上水施設をつくることが行政の使命」と錯覚したからである。もし大野市の首脳部が「地域の地下水収支のバランスをとる」という発想で水政策を立てていたら、もっと自然を重視した展開になり、市の上水道会計も健全運営ができたはずである。

こんな状況下で終始一貫、大野の地下水保全を主張する私は、開発派の議員や、補助金行政から抜けだすことのできない市の首脳部から、目のかたきにされた。このため「大野の子どもたちに、おいしい水を残したい」という願いは、賽の川原で石を積むように「三歩すすんで、二歩さがる」のくり返しであった。

6　人間的良心をしぼませるお役所カラー

地下水問題を避けてきた職員

この政治の欺まん体質を、一番わかっているのは内部の職員であろう。いままで庁内の職員は、一部の人をのぞき地下水問題を避けて通る人が多かった。県は大野市に対し、上水道への移行をせまっている。国や県の開発行政に順応することがもっとも楽で責任は問われない。それに反し、大野の独自性を発揮した地下水政策を実現するには、地下水環境の基本にせまっていかねばならぬ。それが大変だったのではないか？　おまけに開発優先の首長と議会の雰囲気を察知すれば、苦労してまで地下水の実態究明に取り組むより、「水問題」は避けて通るのが無難だと思う心理もわからなくはない。ひところの庁内は、職員が「地下水」という言葉を口にすることさえ、遠慮がちであった。

いままで職員がこの問題を避けてきた原因の一つに、大野の地下水の実態を知らなかったことが考えられる。コンサルタントに牛耳られて、一般職員が地下水に対して勉強する機会はほとんどなかった。

一般の大野市民は私たちと同様に、地下水に対する畏敬の念はみなもっている。ところが職員と話しているうちに、微妙にずれていることに気がついた。地下水に対する職員の意識は、土木工学の技術過信の発想で、地下水は人間に克服される対象物としてとらえているのか、土木工事関係部署の職員などは、地下水は工事の邪魔者といった感覚が強かった。だから全国画一の上下水道施設に対しても最初から肯定的で、大野の地下水環境との整合性を、どうとっていくのかに対して、真正面から取り組もうとする姿勢は見られなかった。

庁内を覆う事なかれ主義

職員一人一人は資質に優れ、良心的で大野を愛している人たちである。大野の地下水問題に対しても、正しい判断のできる集団である。その集団の人たちがこのように「事なかれ主義」に陥っているのでは、大野の未来は開けない。いままで行政から発信されてきた水情報は、その多くが中央から流されてきたもので、大野市独自の調査にもとづくデータはまれであった。もう少し早期に、地下水に対する庁内の情報収集態勢が組まれていたなら、職員の考えや行動はもっと地に足のついたものになり、市民といっしょになった、大野の地下水環境にマッチした水政策の展開につながっていたはずである。

考えてみればこのような政治態勢がまかり通ってきたのは、基本的に大野に地方自治が育っていないからである。職員として市民に直接責任をもつことより、補助金をくれる県や国のほうを気にするこのお役所カラーこそ、首長や議会の体質同様に、大野の地下水だけでなく、大野市全体を衰退に導く元凶である。失敗をおそれ、自己を改革する意欲を失った人たちから、新しい大野は育たない。

第三章　トヨタ財団の助成と市民の調査活動

昭和六〇（一九八五）年〜昭和六三（一九八八）年

1　専門家を探し求めて

柴崎達雄博士との出会い

一〇年余りの水を守る運動や議会へ出て痛感したのは、政策の根幹をつかさどる行政や議会に、大野の地下水政策の大局を見通せる人材が育っていないことだった。先にも触れたが、下水道対策委員会を傍聴したその夜、私はなかなか眠れなかった。理事者も議会も「下水道はつくらねばならぬ」と言うだけで、誰もその具体案はもっていないのだ。

私はこれから大野市がすすめなければならぬ下水道政策は、地下水との関係をもっとも重視しなければならないと考えた。そして行政と市民の徹底的な話し合いと、それを専門的な立場から指導助言できる専門家の、三者のチームワークが不可欠だと感じた。大野のような地下水位の高いところでは、実際の下水道工事では地下水脈を切るため工事費はかさみ、市の財政破綻は免れない、と眠れぬままに本棚の前に立った。そして一冊の本をとりだした。それは水収支研究グループの柴崎達雄博士編集による地下水学の学術書であった。以前、東京の知人から「野田さんは地下水に取り組んでいるから」と贈られたのだが、難しい数式がいっぱいで、私には三分の一も理解できず書棚に置かれたままになっていた。こんな難しい本を書かれる先生なら、ひょっとしたら知恵を貸していただけるかもしれない。そう思った私は一睡もせずに朝までかかって、見も知らぬ先生に救援依頼の手紙を書きはじめた。

このことがきっかけになり、その後先生から親身のご指導を頂くようになった。

先生と最初の接触ができたのは、手紙を書いて一週間後だった。たまたま金沢へ講演に来られるというので、私は同僚の藤田議員、そして役所の小林課長（現収入役）にも同道をお願いし金沢に向かった。そして大野の窮状を訴えて助言を求めた。先生は私たちの話を聞いてくださり「それでは、一度大野の現地を見てから、相談にのりましょう。これからも調査のため、金沢には来ることがありますから」と約束された。

大野盆地は日本の地下水問題の縮図

昭和六〇（一九八五）年五月一九日、先生は八名の学生さんとともに大野に来訪された。福井から車で四〇分、花山峠を越えて大野盆地へ入ったとたんに先生は、「あ、ここは地盤沈下している」と叫ばれた。いままで大野に長く住んでいるが、地盤沈下などという話は聞いたことがない。そのうち傾いている建物を見つけられた先生は、それを指さして「あの建物、傾いているでしょう」と、呆然としている私たちに教えてくださった。

そして篠座神社、本願清水、義景清水町、御清水等を視察され、そのあと水の仲間や市の担当、議員有志の待っている公民館に向かった。

先生は、「私は今日初めて大野市に来たばかりで、たった二時間ばかりの観察にすぎないが、大野の地下水環境には、現在、日本各地で起きている地下水問題のすべてが凝縮して現れている貴重なケースである。人口二万余の市街地で、いまも地下水が家庭でそのまま飲めるところはほかにはないし、コンコンと湧く泉があるかと思えば、すでに枯れた泉もある。その一方で地盤沈下は西部の軟弱地帯だけでなく、市街地の一部にもすでに始まっている」とその特異性を解説された。さらに言葉をついで、

「でも幸いなことに大野市は、直径一二キロメートル程度のこぢんまりした盆地で、しかもこの中の行政区は大野市だけである。他の自治体がはいっていないことは、今後の水政策も非常にやりやすい。ここには行政の方も議会の方もみえているので、どうかこの利点を生かし、貴重な地下水の保全にまい進されるように。私たち外部の者は、助言はできても直接手は下せない。この水を生かすも殺すも、みなさん大野の人にかかっています。できるお手伝いはします」と結ばれた。

私はこの日まで、一二年前に目にした「地下水対策手おくれの前に」の新聞記事のグラフが、柴崎先生の作成されたものだということを知らなかった。大切にしまっておいたこの切り抜きを、「私の地下水開眼になった宝ものです」とさしだしたところ、「アレッ、これ私のつくったグラフだ！」と、その奇遇に双方が驚いた。

この柴崎博士との出会いによって、大野の水を考える活動は大きな転機を迎えた。先生は早速お

弟子さんの学生を派遣してくださった。その上、調査資金の工面に「トヨタ財団の助成制度」のあることを紹介してくださった。自分たちで悩んでいるだけでは道は開けなかったのに、先生との不思議な出会いで、大野の地下水を守る運動に救いの道は開かれた。私たちは水の組織を再編し、若い人を中心にした「大野盆地地下水研究グループ」を立ち上げ、トヨタ財団の「身近な環境を見つめるコンクール」を目指して、調査活動を開始した。

こうして大野の水を考える会は「市民の手と足を使った地下水調査」をもとに、実証科学の作法で地域の水問題解明に歩みだすことになった。

2 大野盆地の湧水調査

女子学生さんと始めた湧水調査

私は私宅の二階に学生さんに泊まってもらい、地下水調査の手ほどきを受けながら、仲間とともに大野盆地の実態にせまっていった。その第一歩が湧水調査であった。市民の手による大野の地下水調査の大切さを私たちに実感させるために、まず足元の湧水の実態を見て歩くことから出発した。その次は、井戸調査であった。真名川以西の一二三ケ所の地点を求め、家庭や事業所に協力をお願いしながら、地下水位や水温、そして電気伝導度・pHなどの測定を中心とした、初歩の基本調査だった。

会員による湧水調査

井戸調査の技法を学ぶ

最初の調査は、湧水の位置を確かめることから出発した。そして手伝いに来てくれた女子学生の藤原さんといっしょに、大野盆地の湧水調査をすることにした。朝の片付けがすむと、二人で自転車をこいで大野の湧水調べにまわったが、この湧水めぐりは結構おもしろかった。本願清水や義景清水から始め、御清水地区へ足をのばすと、コンコンと水の湧く泉水もあったが、大半は枯れてみじめな姿になっていた。清瀧《せいりゅう》、新庄《しんじょう》、本願清水、篠座、右近次郎《うこんじろう》、下舌、上舌、阿難祖《あどそ》、これらの区域は、木本扇状地の西側先端部に広がる湧水群である。

農地の基盤整備とともに姿を消した大野の湧水

郊外の農村部の湧水地へ足をのばすと、もう湧水は跡形もなく整地され田んぼになっていた。小学生のころ学校帰りに、道草して泳いだ記憶がよみがえった。草取りをしていたおばあさんに言葉をかけると「ここは、前はいい水の湧いた御清水やったけど、基盤整備でつぶされてしまったわ」と、話してくれた。上庄でも下庄でも、それぞれの集落で同じような話を聞かされた。

この調査で私は初めて、日本の農業近代化が、湧水の枯渇という犠牲の上に成り立っていることを知った。私は大野盆地の地図上に、枯れた湧水の位置をプロットしていった。この地図を市役所にもっていって見せると、職員の多くは驚きと興味を示したが、なかにはプイと顔をそむける人もいた。議会での反応は、もっとシビアだった。農村出身の議員は、「機械化しないと農業はやっていけないんだから、湧水のつぶれるのはしかたがないわ」と、枯れた湧水地の図面を見ながらつぶやいた。

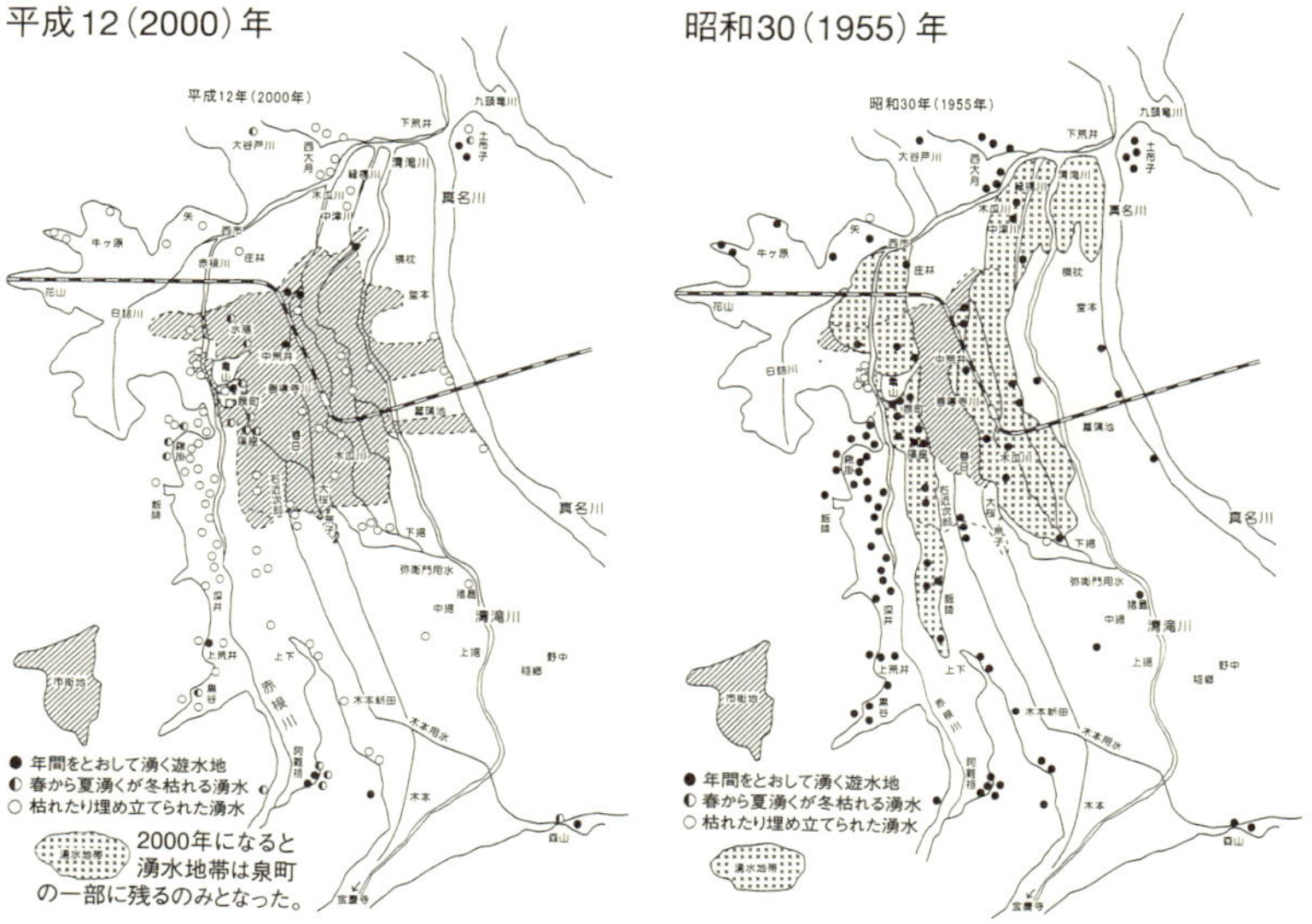

図ーⅢー1　消えた大野周辺の湧水群
昭和30年から平成12年の55年間に大半の名水が消滅した

この機械化農業の前は、秋刈り取った稲の干し場になる、ハンの木の”ハサ木“が並んでいたが、そうした風景も湧水の枯渇といっしょに、姿を消していることがわかった。さらに市街地をめぐり、大野盆地の地下水環境が、まだ自然状態であった昭和三〇年代を基準に、昭和四〇年代、五〇年代と一〇年ごとの変化も聞き取り調査をしていった。昭和三〇年代の四〇ケ所の湧水は、経済成長期の昭和四〇年代になると工場用地や都市計画の犠牲になって、一六ケ所も姿を消していた。昭和五〇年代に入ると、湧水は市街地南部から枯れてくる。そして昭和六〇年代になると、年間通して湧くのはたった四ケ所に激減し、出来上がった湧水の変

図－Ⅲ－2　大野市市街地湧水枯渇の変遷

昭和30（1955）年代

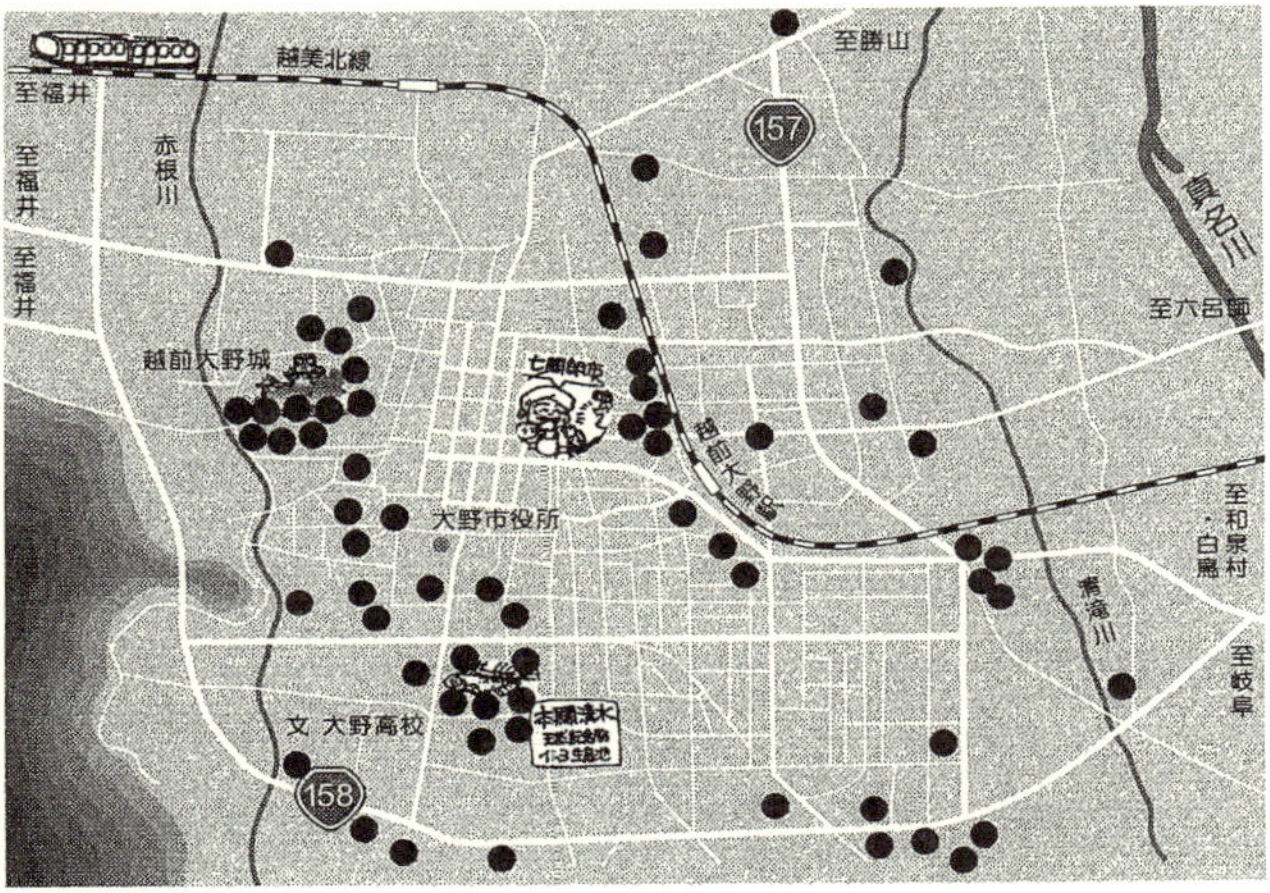

昭和40（1965）年代

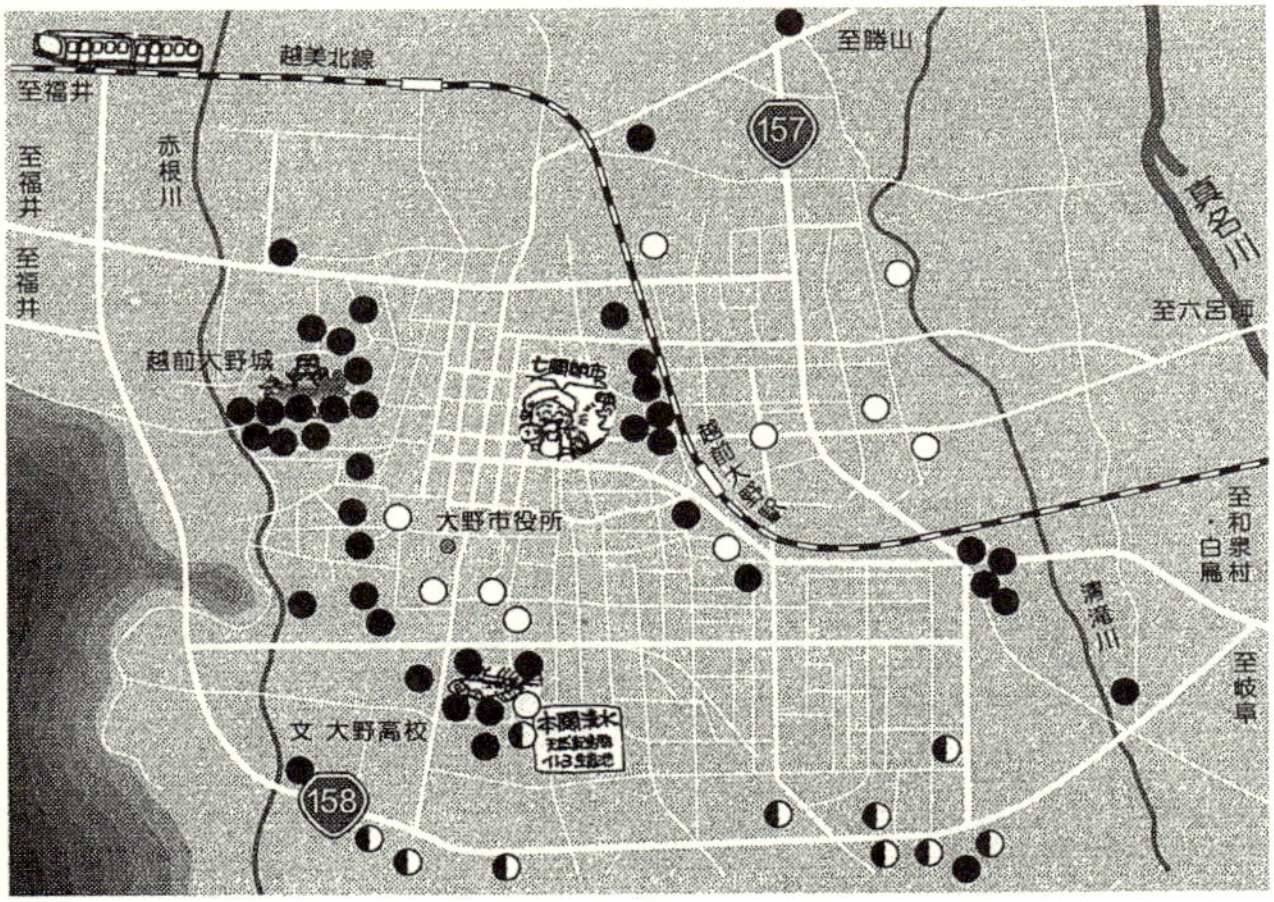

● 年間をとおして湧く湧水地
◐ 春から夏湧くが冬枯れる湧水
○ 枯れたり埋め立てられた湧水

昭和50（1975）年代

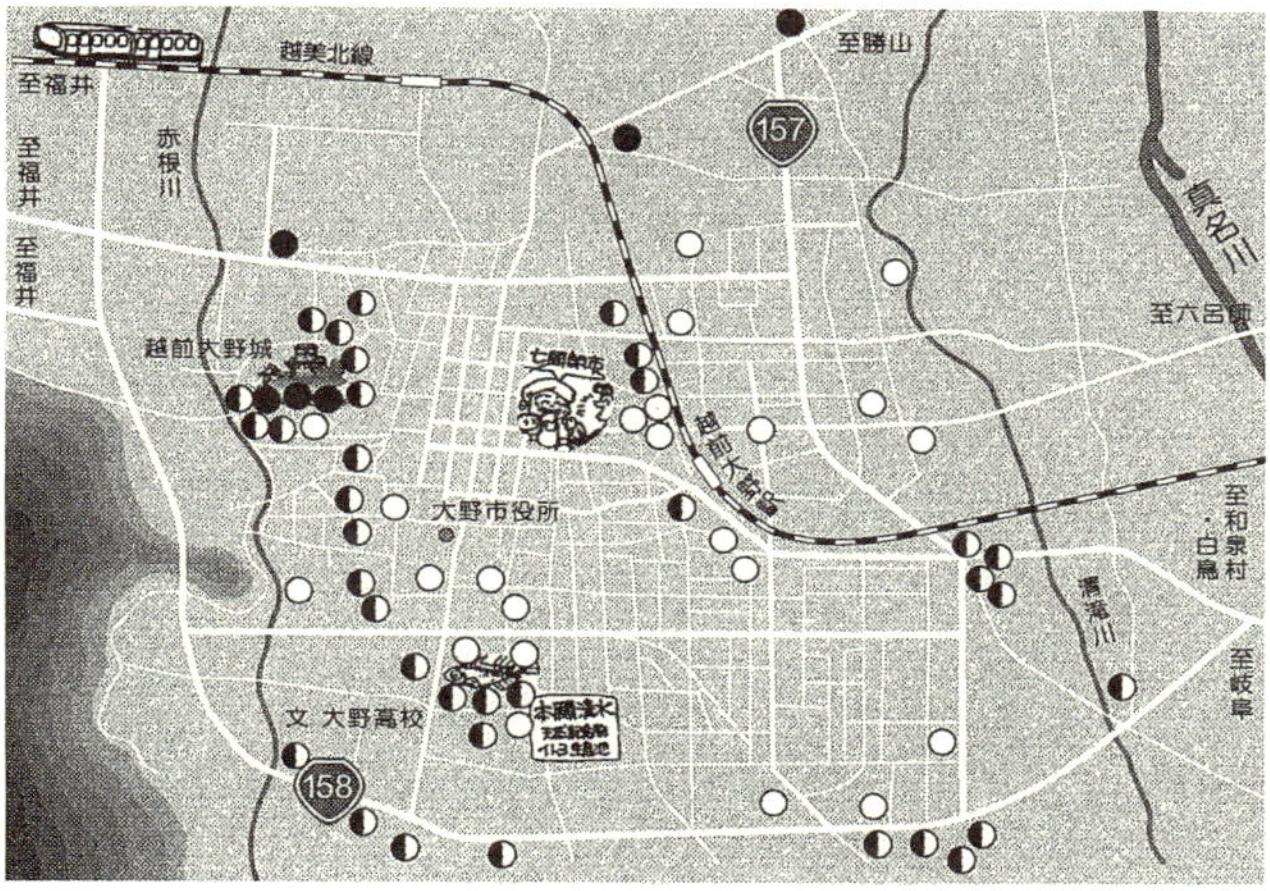

昭和60（1985）年代

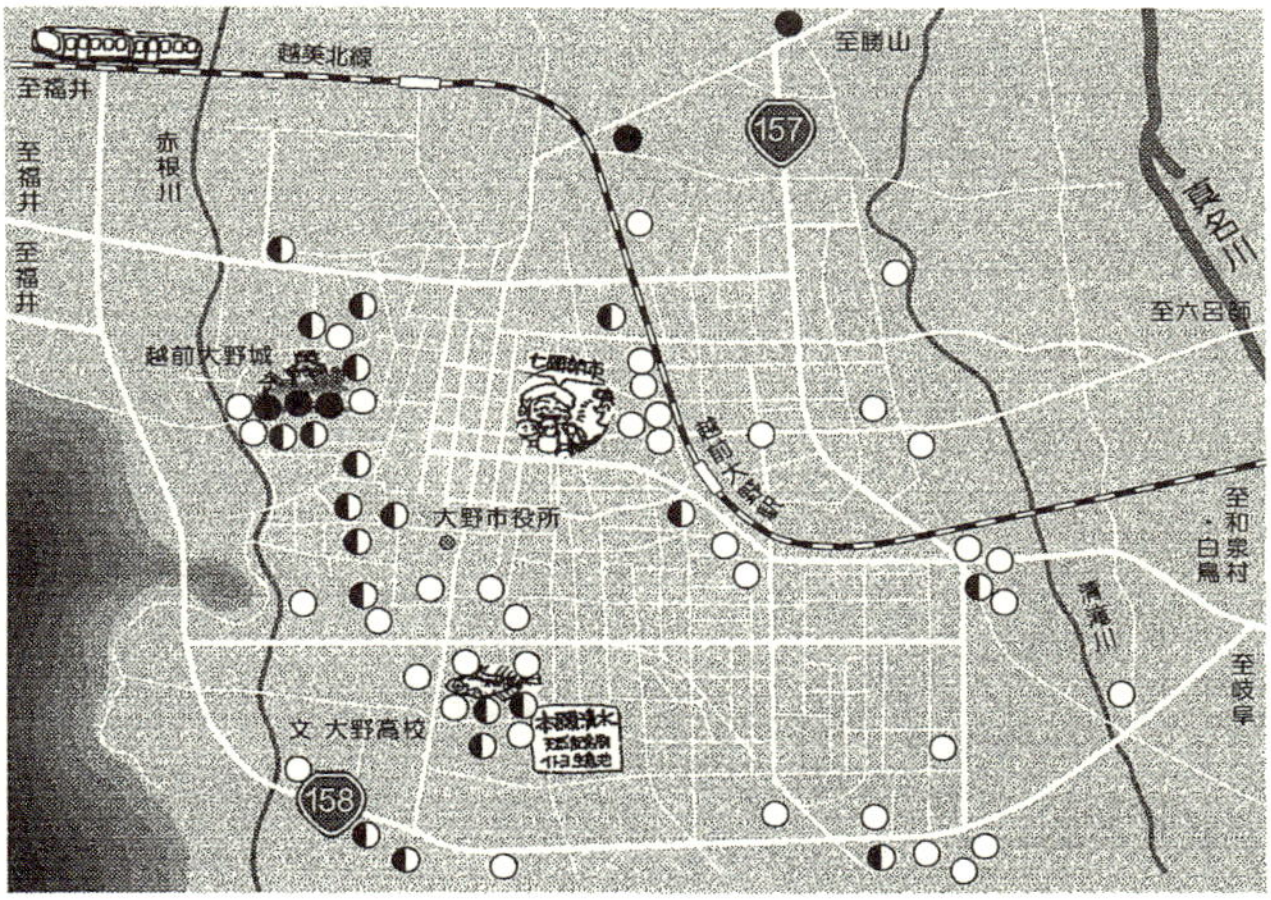

● 年間をとおして湧く湧水地
◐ 春から夏湧くが冬枯れる湧水
○ 枯れたり埋め立てられた湧水

平成7（1995）年代

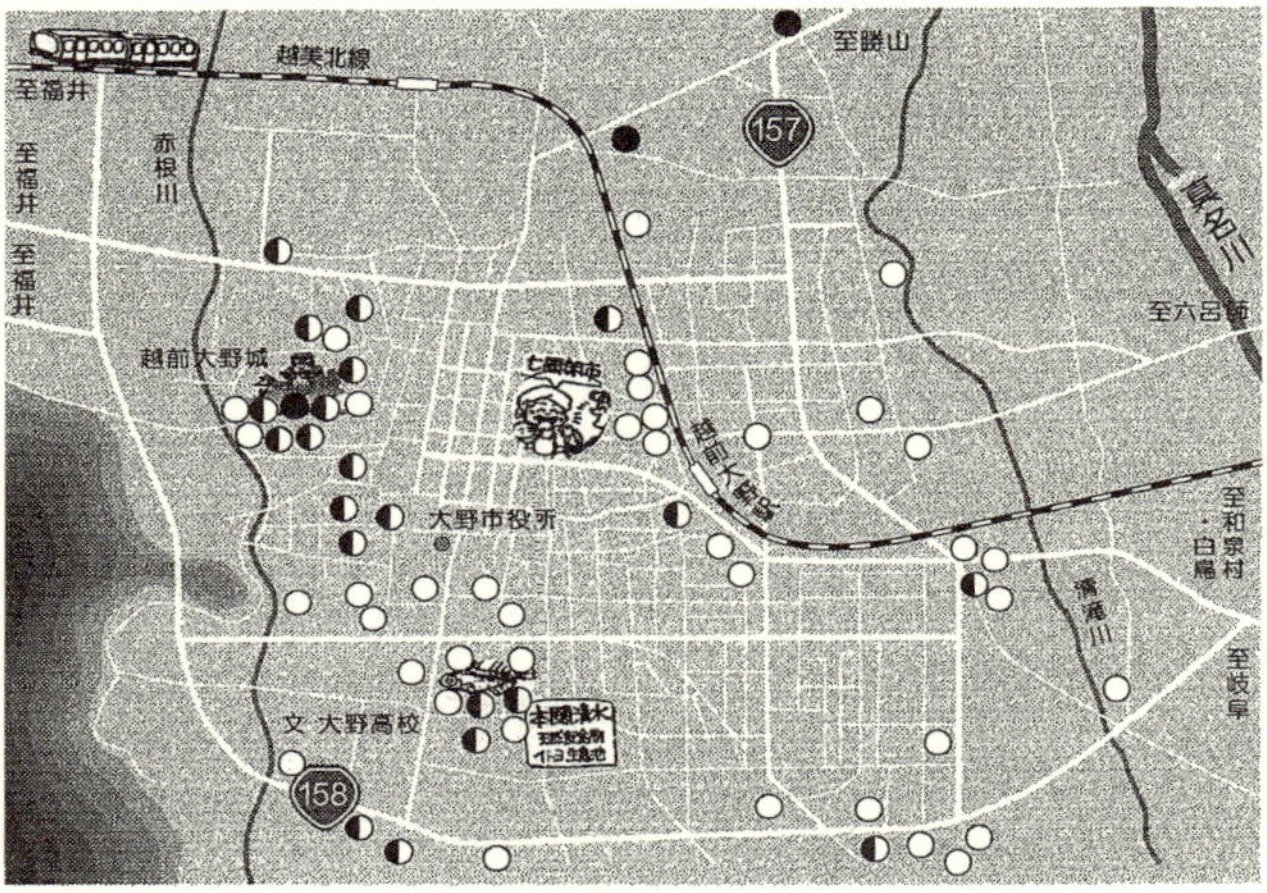

● 年間をとおして湧く湧水地
◐ 春から夏湧くが冬枯れる湧水
○ 枯れたり埋め立てられた湧水

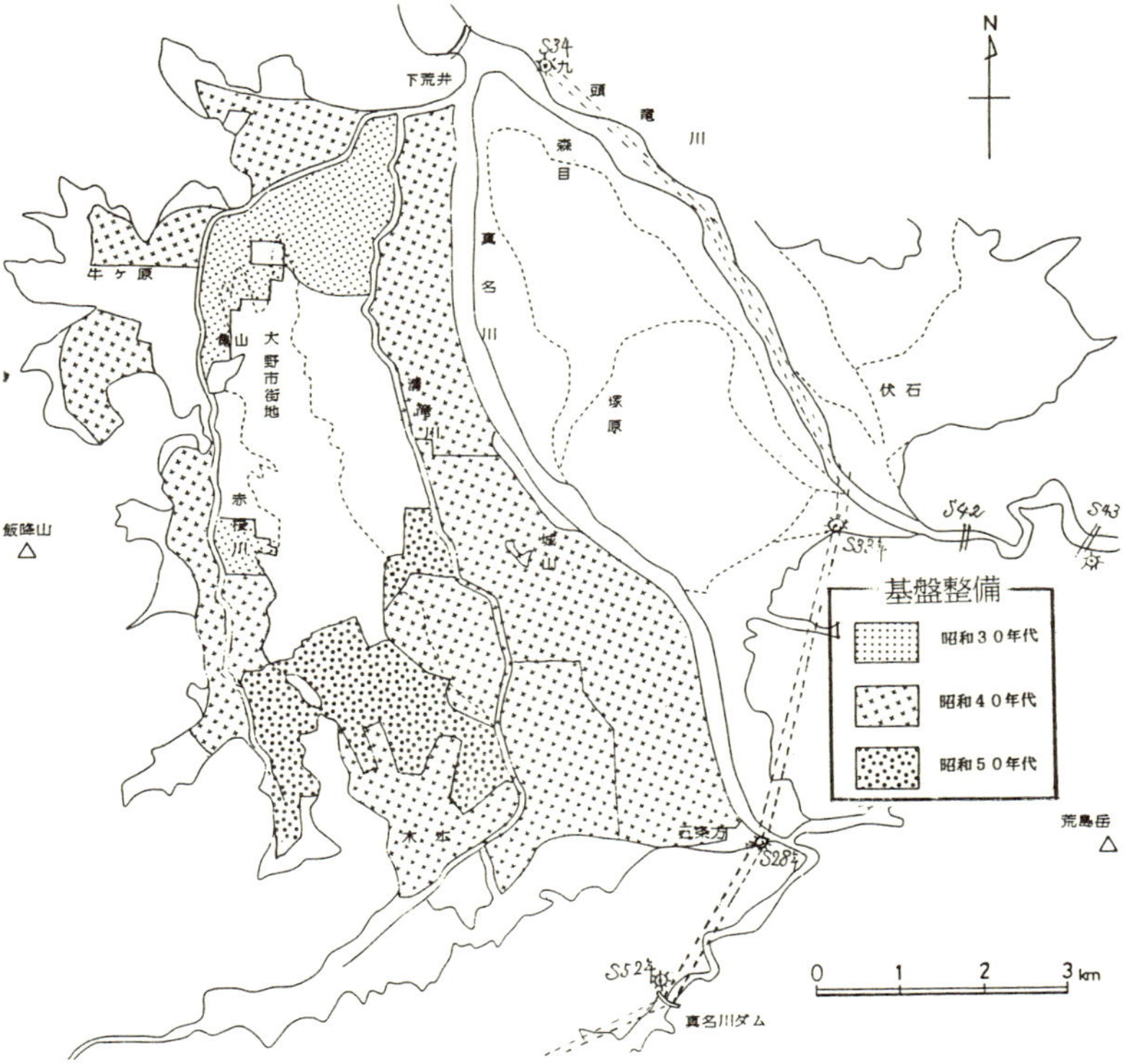

図—III—３　大野盆地の農地基盤整備の進行状況

化図を見て、大きなため息をついた。

3　大野盆地の河川調査

盆地を流れる四本の一級河川

湧水調査と並行して河川の調査も開始した。大野盆地には、九頭竜川、真名川、清滝川、そして赤根川の四つの一級河川が流れている。この中で大野盆地の地下水に直接影響をもつのは、九頭竜川をのぞいた三河川で、特に盆地中央を流れる真名川と清滝川が、市街地の地下水に大きな影響力をもっている。

その真名川の水は、昭和三三（一九五八）年、発電のために九頭竜へ毎秒一六トンももっていかれ、大野の地下の水は激減した。流域の上流にある集落など、一挙に九メートルも地下水位が低下し、それまで使っていた井戸は干あがってしまい、それを機に簡易水道が敷設された。

清滝川は石灰岩質の部子山《へこさん》、銀杏峰《げなんぽう》から発し、木本から北に向かって扇状地を形成し、その先端は大野市街地北部まで達し、その先端部分に地下水が湧水となってわきだす湧水地帯を形成している。こうして清滝川は直接大野市街地の地下水涵養源になっている。小さな川がつくった扇状地にしては、その規模が大きいのは、銀杏峰の山塊が石灰岩の崩壊地形を形成しているからだと、同行の地質専門家に教えられた。大野の地下水がおいしいのも、その石灰岩質の木本原扇状地をくぐってくるせいだとわかり、地下水のことを理解するには、大地の成り立ちから学ぶことが大切だということを心に刻んだ。

しかし、この清滝川の水量はあまり多くない。その上木本の集落を過ぎるころから、その水は地下にもぐっていくこともわかった。

もう一つの赤根川は、盆地西部の低湿地帯を流れ、大野盆地の排水河川になっている。公共事業でつくった用水の排水も、ほとんど赤根川に集められ、水量は清滝川より多い。しかし水はよどんだ感じである。鉄分も多い。ちなみに電気伝導度は清滝川の三倍以上も高かった。昔の人はその川水の性質を見ぬき、石灰岩質でみがかれた川に「清滝」、鉄分の多い水の流れに「赤根」と名をつけたのであろう。この赤根川のほうから市街地へ地下水の流れこみはないと、これも同行の地質専門家にコメントされた。大きな川の調査はおもに若い男性会員があたり、川の流量を調べる方法も初めて教わった。女性は市街地を流れる木瓜川と善導寺川を追うことにした。

双子の湧水川、木瓜川と善導寺川

市街地を流れる木瓜川と善導寺川は、湧水を源とする双子の川であることがわかった。湧水の川にはよくショウブが育っていた。昭和三〇年代には下据に県の農事試験場があった。以前、試験場の技師から次のような話を聞いたことがある。

「下据の試験場ではいろいろな野菜を栽培してみたが、根菜類はどうしてもうまく育たない。土を掘り返してみたところ、地下四〇センチのところまで水が来ていて驚いた。地下水位がこんなに高いから、根菜の根がダメになるのだと初めて気がついた」と聞かせてくれた。この技師の言葉が証明するように、下掘から明治村一帯は木本扇状地東部でもぐった地下水が、再び地上に出てくる湧水地帯なのである。

木瓜川はその湧水群から発した湧水川で、市街地南東部から北西に流れ、国道の勝山三番線と交差して、下庄の中津川の西を下り、赤根川に合流する。

もう一本の湧水川が善導寺川である。その源流は明治村よりやや北に下がった市街地、現在の春日、弥生町一帯の湧水群である。現在の弥生公園には、かつて大きな湧水池があったが、昭和五四年にその池は埋め立てられてしまった。善導寺川一帯の湧水は、工場の大量揚水で現在ほとんど姿を消しているが、この木瓜、善導寺の二つの川は、戦後も昭和三〇（一九五五）年ごろまでは家庭生活の川として茶碗や鍋を洗っていた。地元で〝コード〟と呼ばれる洗い場の階段が、いまもあちこちに残っている。しかし洗濯機や水洗トイレの普及とともに、現在この川は生活排水の捨て場になり、かつての清涼な湧水の川の面影はない。この善導寺川は市街地の北で木瓜川に合流し、下庄の穀倉地帯をうるおしている。

4　湧水地帯に集中している繊維工場

大量揚水を可能にした豊富な湧水地帯

この河川調査でもう一つわかったことは、大野を代表する繊維工場の多くが湧水地帯に集中していることであった。繊維工場は加湿と温度調整のため、大量の地下水を使用する。このため工場はあらかじめ地下水の豊富なところを探して、そこに立地して、深井戸で毎日数千トンから一万トンもの地下水をくみ上げてきた。木本原扇状地の西部湧水群である篠座町から糸魚町、高砂町西部から泉町、清瀧町、城町、水落町、そしてもう一つは、木本原扇状地の東部湧水群にあたる木瓜川・善導寺川の流域に工場が集中している。

家庭の浅井戸に直接影響をおよぼすことは少なかったが、長年の大量揚水で付近の湧水は、年を経るごとに枯れていった。清冽な湧水池だった山王神社の池も今はよどんで、湧水があるのかさだかではない。通称「あけぼの」と呼ばれる寺町の東は、地下水が豊富でたくさんの湧水があり、見事な泉水をもつ家庭も多かった。しかしいまは、その名残をしのばせる枯山水となっている。

中荒井清水には、かってイトヨがたくさん泳いでいた。それもいまでは水量が細り、付近の住民が必死になって湧水の姿を守っている。

染色工場の排水公害

ひところの善導寺川は、織物・染色工場の排水で非常に汚れていた。市民が苦情を申し入れても、役所は見て見ぬふりをすることが多かった。証拠写真をつきつけられて、初めて腰をあげるといった状態で、ついに流域の家庭の浅井戸から、染色の色のついた水が出てきて、大騒ぎになった。市はようやく盆地北部の真名川べりに土地を斡旋し、工場に移転を勧告した。しかし企業は経営難を理由に、いまも現地で操業を続けている。

市は善導寺川の川底を、コンクリートで固めるなど応急処置をしたものの、大野盆地の公害対策まで含めた、根本的な土地利用のあり方を考えていない。そして、このようなトラブルが起きたとき、きまって政治家は産業界の利益になるような動きをしてきた。こうした政治体質が、大野の水環境の破壊にも手を貸してきたのだ。市民の代表である議会が、地域の将来に責任を感じてきたならば、このような解決の仕方は、とれなかったはずである。

5　湿地埋め立ての駅東都市計画

深い排水路で地下水を抜き捨てる

地下水調査をすすめていくと、こうした水質汚染問題のほかに、都市計画によって、大がかりな地下水位の切り下げ工事がすすめられてきたことに気がついた。

昭和三〇年代に行われた駅東の都市計画では、宅地造成のため湿地を埋め立て、浅い地下水位を切り下げるため、三メートルほどの深い排水路を掘り、地下水を吐き出させていた。この地域は調べてみると、木本原扇状地先端部分の東北部にあたり、下据、明治村、東中と同様、扇状地で蓄えられた地下水が湧出する地帯になっている。

私は古くからの農家の人に、どの位置に湧水や湿地帯があったかを聞いて歩いた。農家の人たちの話をまとめてみると、いまのＪＲの福井大野駅付近は一面にガマが生えていた湿地帯で、いくつもの湧水があったという。特に大きな湧水は、元の青果市場やイトヨ保育園一帯で、農家の人はここでよく野菜を洗ったり、洗濯をしたものだと証言してくれた。

昭和六一（一九八六）年に、駅東一帯をていねいに見て歩いたが、現地を見わたすと現在でもガマの群落が残っており、開発前の駅東地域の状態をしのぶことができた。駅前の鉄筋の建物には、地盤沈下を示す抜けあがり現象が、至るところに発生していた。四センチから一〇センチくらい抜けあがった建物もあり、特に木瓜川の周辺では、階段がずり落ちたり基礎が傾いたりしている建物も見かけた。

農家の人の証言がこのような形で現れていることに驚いた私は、現場を写真に収めて市役所に届けた。このことから市は初めて地盤沈下の調査を開始することになった。

地下水を邪魔者扱いする土木関係者

現場調査で一番心が痛んだのは、宅地化で湧水を埋め立てたところに出合ったことである。土砂で埋め立てられて行き場を失った湧水が、わきの堤防を崩して川へしみだして、それが川底から湧きだしているのである。付近の人はあまりにももったいないので、川底に臼を埋め、川の水量の少ないときは、その臼の地下水を使っているのだと訴えた。なんという心ない仕打ちをしたのかと、この都市計画に怒りをおさえることができなかった。

いまでこそラムサール条約ができて、湿地帯の大切さが理解されるようになってきたが、昭和四〇年代の大野市では、このような湿地帯つぶしの都市計画を、何のためらいもなく実行したのだ。税金を使って大野の大地から地下水を絞りだすことに懸命だったとは――、としばし絶句して現場に立ちすくんだ。こうした工事を何のためらいもなく実行できたのは、土木学界や業界が、地下水の大切さを全然わかろうとしなかったからだ。土木工事の際、突然の出水でいのちを失うこともあるし、出水で予想外の工事費がかかる場合だってある。こうした現場に出くわす土木技術の関係者は、「地下水は邪魔者」としか、考えられなかったのかもしれない。

役所の中や議会で、「地下水は大野の宝、子どもたちへの最大の遺産」と訴えても、冷ややかな反応に出くわすのは、こうした部門の担当者に多かった。このような「地下水に対する認識」の相違が、対立を深めてきたとすれば、生活者の意見を言う代弁者の数を増やす必要がある。このことに気づくまで、私はずいぶん時間を空費した。

6　調査で学んだ自然への畏敬

枯れた湧水跡のお地蔵様

市街地東南部の清滝川西岸で、その一帯の水田調査をしていたときであった。そこはまだ開発の手がのびず、用水も自然な状態のままで、川べりにはショウブが生い茂っていた。二本の用水が合流した地点には小さな祠があり、中にお地蔵様が祀ってあった。「ああ、ここにも湧水があったのだなあ」と、私はすぐわかった。いままで多くの湧き水を調査してきたが、湧水のあるところには必ず神仏が祀られていた。農家の人びとは多分ここの湧水で、農作業で渇いたのどをうるおしていたにちがいない。この調査活動のあと、間もなくこの一帯の水田は都市計画地になり、ショウブの生えていた用水路も埋め立てられ、コンクリートの舗装道路が十文字に走るようになった。

湧水の祠のあったあたりも宅地化して、人家が建ち並ぶようになった。そばを通るたびに、ここにはかって湧水が湧き、お地蔵様が祀られていたのにと、調査当時を思い出す。でもきっとこの家の主は知らないであろう。こうしてだんだん私たちは、祖先が抱いていた自然への畏敬から遠ざかるのであろう。

大野市の古代文化の発祥地をしらべてみても、湧水地帯に遺跡が発掘されることが多い。私たちの祖先は地下水で生活を支えられてきたのに、近代化という美名の下で地下水の浪費を続け、そして地下水環境の破壊工事をすすめてしまったのだ。

大地から地下水を絞りとる戦後の開発

湧水探訪から河川の調査、そして駅東の都市計画と、大野盆地の地下水環境の変化を調べてみると、戦後一貫してとられたのは、大野の大地から強制的に地下水を排除させ、乾いた大野盆地への改造計画であった。そのことを誰も疑わずに、これが善であり文化的なのだと思いこんできたことが、祖先の遺産である宝の水をここまで危機に陥れたのである。

いま問題になっている長良川河口堰、諫早湾干拓など、国の大型土木事業をめぐる混乱も、大野市の歩んできた道と、すべて根は一つである。福井県下でも昭和五〇年代からダム政策がすすめられ、ダムの水の買いとり先として広域の上水道事業が各地ですすめられてきた。その広域上水道がすすむにつれて、大野の御清水へは市外からポリタンクをもって、水をくみに訪れる人が増えてきている。コーヒー店経営と思しき人が水神様にお賽銭をあげて、拝んでから水をくんでいる姿を見かけるが、大野の人は長い間、天然の水に恵まれてきたことで水への感謝を忘れ、こうした市外の人に逆に自然の尊さを教えられている。

7 『おいしい水は宝もの』の出版

身近な地下水保全運動の歴史

昭和六〇（一九八五）年、柴崎先生にめぐり合いトヨタ財団の助成を受け、「大野の水を考える会」の調査活動は着々と軌道にのってきた。そして身近な地下水調査がすすむにつれて、私の心は逆に重いしこりを抱くようになった。それは地下水破壊の原因が、近代社会のもたらした農業政策や、国の水資源政策と密接にかかわっていたことがわかってきたからである。そのことの調整を抜きにして、大野の地下水政策は変えられない。けれども私はたった一人の新米議員、まわりはこんな開発行政をよしとしてきた顔ぶればかり、どう立ち向かえばよいのかと思案に苦しんでいた。

トヨタ財団の助成には、一つの条件がつけられていた。それは市民運動の記録を書いて提出することであった。

市民が地下水の実態を知らなければ、行政がどんなに地下水を破壊する政策をすすめても、それに反論することはできない。いままでいくたびも危険を感ずる水政策がすすめられてきたが、市民の側にそれに対抗できるだけの情報と理念が確立していなかったために、みすみす地下水破壊の水行政に追随してきた。本当に住民主体の水行政に転換するには、市民自身が情報をもち提案できるだけの力をつけることが基本なのだ。トヨタ財団は現在日本の陥っている官僚独占の弊害をただすには、市民社会の成熟が不可欠との理念から、「身近な環境を見つめるコンクール」を企画されたのではなかろうか。

昭和六一（一九八六）年、私たちもこの企画に応募し、全国一五〇余の候補から一〇団体の中に選ばれ、一八〇万円という大金の助成を受けることになった。その資金で調査の器具もそろえ、専門家を招くための経費にあてた。地下水の調査には私たちシロウトでは対処できない、専門の知識・技術を必要とする分野が多いのだ。このためトヨタ財団からの助成は、市民の私たちが大野の地下水環境の解明をしていく上で、大きな支えになった。

しかしその後の記録づくりは大変な作業であった。水の活動を開始してから一二年経過し、それを系統的に記述していくのは容易でない。結局、一二年間の系統的な資料をもっているのは事務局長の野田ということで、その責任は私にかかってきた。四〇〇字詰め原稿用紙四〇〇枚分の記録づくりは、いままで一〇枚程度の文章しか書いたことのない私にとって、大変な負担であった。会員にも分担してもらったが、本文は一貫性が必要なので、一二年間の記録のほうは一人で執筆し、締め切り前の一ヶ月間は、夫に清書を手伝ってもらい徹夜の日が続いた。

出版で広がるネットワーク

そしてやっと、『おいしい水は宝もの』を三〇〇〇部出版することにこぎつけた。いままでお世話になった方がたへ寄贈し、市民運動家や自治体職員、そして学生さんたちにも読まれた。この出版によって大野の地下水を守る運動は、全国に知られるようになった。特にうれしかったのは、各地の自治体で環境保全に取り組んでおられる方々との交流が、始まったことである。自治体関係者は大学関係者と異なり、学問の純粋性だけで、地域の水環境政策には取り組めないのだ。その苦悩を聞かせていただくことは、私にとって大野の大地から学ぶのとは別の、もう一つの深い勉強になった。そして日本の各地に、こんなに良心的な自治体職員がおられることを知り、ともすればため息の出るような現状にあっても、心の灯りを燃やしつづけることができた。

第四章　名水シンポジウム開催と国の水政策転換

昭和六〇（一九八五）年～昭和六三（一九八八）年

1　名水シンポジウム大野市への道のり

環境庁の英断

日本の水環境悪化が深刻になってきた昭和六〇（一九八五）年、環境庁はその改善を図ろうと、全国から名水百選をつのり、大野市も百選の一つに選ばれた。

その第一回目の名水シンポが岐阜県郡上八幡《ぐじょうはちまん》で開かれると知って、私たちはみんなに参加の誘いをかけた。郡上八幡は岐阜県といっても、山を越えたとなりのまち、それに昔は郡上藩の飛び地が大野市にもあって、当時の若い人たちはわらじがけで、郡上踊りに出かけたという、いわば古い親戚のまちでもある。

水の会が発足して一〇年、なにかと市の水行政がゆれており、この際みんなでよそを勉強してこようではないかと、会員一四名が車に分乗して郡上八幡町へ出かけることになった。

参加してみて驚いた。行政と住民がぴったり心を合わせて、山峡の水のまちを支えている。それに引きかえ大野のほうは、住民は地下水を守れと言い、市は県の要請もあってダムや上水道敷設にゆれている。

シンポの会場のほとりを流れる吉田川に飛び込んで、水とたわむれる子どもたちの姿を見て、経済開発で失ってしまった日本の川の原点がここにあるのだと、参会者一同熱いものが胸にこみあげてきた。基調講演でもこのことが強調され、「住民の水環境を守る自発的な努力」が、名水百選指定の不可欠の条件であると、環境庁は水環境の保全にはたす、市民参加の重要性を述べられた。

郡上八幡で大野の水自慢

「来てよかったね」と、その夜の懇親会の席はみんなおしゃべりだった。ちょうどとなり合わせの席に、NHKの解説委員である伊藤和明先生がおいでになった。「先生、郡上八幡の宗祇《そうぎ》水も立派ですが、山を越えた福井県の大野市にも、御清水や義景清水などきれいな湧水があります。今日は大野から一四人でまいりましたが、一度先生も大野市へおいでください」と私は大野の水自慢をした。

でもこんなえらい先生が、実際に大野においでになるとは思っていなかった。ところがその秋、先生は本当においでになった。そして市長を表敬訪問されて、大野市での水環境全国大会の開催を打診された。すると市長は、「それはありがたい。大野の宣伝にもなるし、ぜひお願いします」と、あっさり開催の約束をされてしまった。びっくりしたのは私たちのほうである。

「ヒョウタンから駒」とは、まさにこのことだ。ゆれる大野市の地下水政策に悩んで、解決のみちを求め郡上八幡へ出かけ、そのことが機縁になって、考えてもいなかった全国大会が誘致されるのだ。もし水の会が一四名も郡上八幡へ出かけなかったら、また、私が伊藤先生に大野の水自慢をしなかったら、こんな運びにはならなかったと思われる。驚きと喜びの反面、責任の重さがずしりとのしかかった。

それからの水の会は準備に大変だった。「さあこれからどうしよう。大野市は郡上八幡町のように、本当の水環境保全の精神は育っていない」と、理事者の姿勢に不安を感じていた私は、シンポを開くまでにこの調整ができるかしらと、その対策で頭がいっぱいになってしまった。

2　水環境シンポジウムを水観光にとりちがえた市長

河川水を上水道、地下水を工業に使いたかった市長

私たちの不安は、日がたつにつれて深刻になってきた。シンポ開催を決意したというのに、市は予算がないからと、翌年の秋田県湯沢市のシンポには、定年退職をひかえた課長一人しか出席させないのだ。これでは二年後にひかえた大野での開催に支障をきたす、と考えた水の会では、会から二人が参加して大会の運営やシンポで話し合われた内容などつぶさに観察し、記録にして市にさしだした。

そのかいもあってか、三回目の島原大会には市長以下八人が出席し、水の会も旅費を工面して七

人が参加し、翌年の大野市での開催に備えた。島原の会場について肝を冷やしたのは、名水百選のコーナーには、各地の名水百選の自治体からいろいろ出展物が並べられているのに、次年度開催地の大野市の展示場所はガラ空きになっているのだ。一瞬頭が空白になった。が、気をとりなおし急いでカバンに入れてあった大野市の地図やパンフレット、湧水の写真、それにおみやげに持参した大野の菓子や地酒を並べて、その場をとりつくろった。やはり心配されたことが現実になっていて、前年からの引き継ぎが手薄になっていたのだ。

そのようなことがあって島原大会から帰ってすぐ、私は理事者に相談をもちかけた。

「来年の大会には、いまから綿密な計画が必要です。特に資料の準備などは、もう始めないと間に合わなくなります。私たちも資料準備に協力しますから」と申しいれた。しかし市長は環境庁の名水シンポを「大野の水観光イベント」としてとらえ、この機会に市の観光宣伝をすることを中心に考えていた。大野市が名水百選になったのは、きれいな地下水がメインである。その保全がシンポの主眼でなければならぬのに、水環境の保全は「河川の美化運動」にとどめ、地下水保全に対する切込みは故意に避けようとした。

当時、福井県ではダム建設の事業がすすみ、ダムの水をひいて上水道を建設する計画がすすめられ、大野市もその路線を考えていた節がある。そしてシンポのための資料の準備は、一ヶ月前になっても手をつける様子はなかった。

「水の会」徹夜の資料づくり

私は環境庁の佐竹水質保全局長の「いやしくも名水百選を利用し、売名や利益誘導に走るときは、選定を取り消す」との、環境庁発刊の書に載っている巻頭言を広げて、市長の翻意をうながしたが聞き入れられなかった。

「もうしかたがない、市がつくらないのなら、市民の私たちでつくろう」と、それからの一ヶ月は、資料づくりに徹夜の日が続いた。

「大野市では参加者から資料代をとっておきながら、観光パンフしか出さなかった」では、大野市が笑われることになる。印刷屋にも無理を聞いてもらい、A4版で七六ページの資料が刷り上がったのは大会開催の前日だった。やっと間に合ってほっとした。印刷屋への支払いは『おいしい水は宝もの』の印税をあてることにした。

大野市での第四回シンポジウムのテーマは、環境庁との協議で「水環境の保全と住民活動」と決められていたので、私たち市民団体のつくった調査資料を全国の参会者に配布することは、大会の精神を地でいく形になった。でも主催者としての首長が、シンポの精神をとりちがえたため、環境庁や伊藤先生との間でトラブルが続き、市長側近や関係者の心労は並大抵ではなかった。

3　浮かびあがった地下水の流れ

八〇人の地下水調査隊

以上のようなトラブル続きで、はたしてまっとうなシンポジウムが開けるかと、私たちの神経はクタクタであった。大野でのシンポジウムを「水環境の保全と住民活動」のテーマに近づけるためには、残念ながら「水の会」ががんばるよりほかはない。ほかを見わたしても、この責任をはたしてもらえそうな組織は見当たらなかった。

寝てもさめてもシンポの心配をしているうちに、ふとひらめいたのは市民手づくりの湧水調査であった。大野の湧水はもう大半が枯れてしまったが、昔の大野盆地には、湧水がたくさんあったのだ。それをみんなで探しだし、地図の上に表せないだろうか?という発想だった。

「そうだ。大野市で初めて開かれる水の全国大会だから、みんなが自分も参加したと思える大会にしたい。大野は地下水が自慢なのだから、湧水の調査がいい。それに水が枯れて一番泣いたのも女性だから、この調査は女性が適任だ」と、会員以外の女性にも呼びかけていった。各地区をまわり趣旨を話すと、みんなは目を輝かせた。

「それはおもしろいわ。昔どこに湧き水があったかは大方知っているし、それにもっと昔のことは、おばあちゃんにも聞いてみるから」と思いのほかスムーズに協力体制がととのえられた。こうして主婦を中心にした八〇人の調査隊ができ、私は住宅地図をコピーして、一人一人に配れるよう準備した。無理にならぬよう調査の範囲を考慮して、それを赤ペンで囲んだ地図とシールをわたし、次のようなお願いをそえて、マップづくりを頼んで歩いた。
「いまも一年中湧くところは青のシール、枯れたり埋められたりしたところは赤のシール、夏は湧くが秋から冬に枯れるところは黄のシール、というようにね。交通信号と同じ赤青黄の考え方でね」と。

浮かびあがった三本の地下水の流れ

一ヶ月後、公民館へみんなが地図をもち寄った。そして二五〇〇分の一の大きな地図に、自分たちの調べてきた湧水の位置を、青・赤・黄のシールで埋めていった。すると地図の上には、いままで見えなかった大野盆地の湧水が、三本の筋状になって現れた。「うわっ」という驚きの声が、会場からあがった。いままであちこちに点在する湧水は知ってはいたが、その湧水の分布がこのように流れをもっていたとは、全然気がつかなかった。

三本の湧水の流れで一番大きいのは、木本扇状地の西の端を南から北に流れる湧水群であった。木本から阿難祖への越坂の麓、木本二軒新田、上舌、下舌、右近次郎、篠座、新庄、清瀧、それが亀山に突き当たり、一挙に湧きだすところが御清水地区である。いまは泉町と呼ばれているが、地下水と関係深い地名である。

二番目の流れは、木本扇状地の東端に並ぶ湧水群で、その先端が中据にあたり、下据の北と明治村の間で、いくつもの湧水が顔をのぞかせている。その下流が木瓜川と善導寺川の湧水川になり、

湧水マップをつくる会員たち

寺町東のあけぼの一帯の湧水群につながっていた。

もう一つの湧水川は、中挟付近で、いくつもの用水が合流する縁橋川の湧水群であった。国道わきの民家の庭には、いまでも立派な泉水があり水車がまわっているが、そばを流れる用水の改修ですっかりその勢いが衰えたと、家人は嘆いていた。中津川集落の東にある白山神社の裏には湧水があったと、仲間の藤田議員は語っていたが、訪れたときは藪になってじめじめしているだけで、もう湧水はなかった。その一〇〇メートルほど上手の工場の建っている場所も、湧水池を埋め立てて工場を建てたということである。いずれも基盤整備後のことで、縁橋川を直線に付け替えたり、田んぼの水を抜く穴あきパイプを地中に埋めて、一帯の地下水を吐きださせた結果である。

改修されて直線状になった縁橋川には、湧水川にしか生えない独特の水草が生い茂っている。排水が流れこみにごってはいるが、よく見ると地下から湧水のあることがわかる。東から清滝、縁橋、木瓜の三河川が流れているが、盆地北部の横枕、中津川付近にさしかかると、川底から大量の地下水が湧きだしていることも確かめられた。盆地の南部で地下にもぐった水は、盆地北部のこの一帯で再び地表に顔をのぞかせるのである。

この三本の流れとは別に、清滝川や真名川のわきには何ケ所かの湧水が見られた。集落はたいてい地面の少し高いところに形成され、それは「自然堤防」と呼ばれるのだと、学生時代の卒論研究以来、大野の地下水調査をすすめている金井さんに教わったが、その自然堤防が急に落ちこむ場所にも、湧水の跡が見つかった。地図と現場を対比させながら大野盆地の湧水の追跡を続けていくうちに、私たちはしだいに地下水の流れる具合が、実感として感じられるようになった。そしてこれらの湧水は、農地の基盤整備とともに姿を消していることも確認できた。

また大野盆地西部の山麓には、どこでも湧水が見られた。阿難祖、黒谷、上荒井、深井、飯降《いふり》、鍬掛《くわかけ》の各集落は、山に降った雨が山麓で湧水となって現れ、村の人はそれを生活用水にして、暮らしを支えてきたのだ。いまは生活用水の増加で深井戸が併用されているところもあるが、こうした現場調査をしてみると、私たちの祖先が足元の水を大切にし、生活の支えにしてきたことがしのばれる。深井、上荒井、中荒井、下荒井等、地名に「井」の字のついている集落が多いことも、この湧水調査での発見であった。

4　シロウト・サイエンスに歓声

シロウトだからできた調査とほめられる

私たちは地図上に現れた三本の地下水の流れに、すっかり感激してしまった。そしていつも助言をいただいている、地下水学者の柴崎先生に電話で報告した。すると先生は「その地図をぜひ見たい。送ってほしい」と言われた。

地図をごらんになった先生からは、「これは学者ではできない調査です。シロウトだからできたともいえますが、専門家では思いつかないことです」と、大変なおほめにあずかった。そして私が普通小包で送った地図は、大切に書留小包で送り返されてきた。私はそれを見て先生から「学問における調査資料の大切さ」を無言のうちに教えられ、改めて学問に対する私の精神のずさんさを反省した。この学問に対するずさんさが、水問題にかぎらず、大野市政の方向を誤らせてきたのではないかと、ギクリと胸にこたえた。

先生の言葉を伝えると、みんなは手をとり合って喜んだ。田舎の主婦のやったことが「学問的にも意義のある貴重な調査だ」とほめられて、それから時間のたつのも忘れて、調査の自慢話や苦労話が始まった。

夫や子どもたちに広がった郷土学習

「私はね、うちでこの調査のことを話すと、おじいちゃんが昔は白山神社の裏にいい湧き水があって、田んぼの帰りよく水を飲んだり、ウリを冷やしておいて食べるのが楽しみだった、と言っていた。でも基盤整備してからは、もう湧かなくなってしまったそうよ」とか、「田んぼの暗きょ工事をしたら、まわりの湧水がみんななくなったわよ。暗きょからそれはそれはきれいな水が出ていくのだから。でも地下水がなくなるから、暗きょはするななどとは言えないしねー」など話がはずみ、農業の機械化と湧水枯渇の因果関係を改めて考えさせられた。

またこの調査が、子どもや家族ぐるみの郷土学習に発展した話も聞かされた。「うちではね、子どもがおもしろがって友達を誘い、弥平《やへい》どんのおじいちゃんに、村中の湧き水のありかを聞いてきたの」とか、「私が調査の地図を出してシールを張っていたら、主人のほうが熱心になって、地図をのぞきこみ、この家の裏庭にはいい泉水があった。この家には前庭に泉水があった。と横からずいぶん教えてくれたわ。主人は医者だから、往診に行って泉水を見ていたのよ。だけど、昭和五〇年ごろには大部分枯れかかっていた。多分、赤根川の川底の切り下げが響いているのではないか?と、言っていたわ」と、この湧水マップづくりは、予想外に多くの人を巻きこんでいった。

湧水マップの会場への展示は、当日の朝まで拒否されていたが、助役のとりなしで、どうやら会場への展示を許された。訪れた多くの参会者はじっと図面を見つめ、なかにはマップに頭をこすりつけんばかりにして、湧水の流れを追っている母娘の姿もあった。この母娘も井戸枯れで苦労したのかもしれない。またマップづくりに協力したのかもしれない。県外の研究者と思しき人も、熱心にマップをのぞきこみカメラに収めていた。

そして私たちの初めて試みた「大野盆地の湧水マップ」は、東京都多摩地方の国立市や小金井市の「水みち研究会」の誘い水になって、一行がわざわざ大野の私宅に来訪された。琵琶湖研究所の先生方は、私たち水の会に「シロウト・サイエンス」の名をつけて、その活動を励ましてくださった。

5　もう一つのシンポジウム「水の会」の前夜祭

おわびの気持ちで前夜祭を開く

シンポジウムのとらえ方をめぐり、基本的なところで市長とくいちがった私たちは、こんな状態のところへ全国から参加していただく方に、申し訳ないという思いでいっぱいであった。なんとかしてこのつぐないをしなければと、私たちの手でシンポジウムの前夜祭を開くことを思いついた。

市の主催する表の大会では、地下水保全の住民活動の本音を伝えにくいと感じた私たちは、非公式の会場を準備して全国の参会者に、「もう一つのシンポジウムで、大野の夜と住民活動の連帯をお楽しみください」という、招待状を発送した。

会場の円徳寺には、「おいしい水は宝もの」のまん幕を張り、お客様を迎えた。どれだけの方が

大野市内の円徳寺で行われた水環境保全シンポジウムの前夜祭

来てくださるか、心配しながらの開催だったが、夜七時二〇分になると、明日の本会場で司会されるコーディネーターやパネラーの先生方が、全員そろってお寺の門を入ってこられた。「うわっ」と会員の声がどよめいた。「水の会」の代表として私をパネラーに送ろうとこの一〇ヶ月間、行政との間で苦労を重ねてきた会員の心のしこりが、朝霧のようにとけていくのを感じた。

ここへ来てくださった方がたは、地元でのシンポジウムをめぐる意見のくいちがいを、それとなく感じておられたのだ。そんな温かい思いやりに包まれて、私は明日の大会席上では、市の開発行政にも一定の理解をおきながら、今後、大野の地下水をいかに子孫に残していくべきか、水の会の理念を誠実に伝えていこうと考えた。それがみんなの労苦にむくいる、最大のつぐないだと思った。

まず私が「ようこそいらっしゃいました」のごあいさつをし、事務局長がスライドを用いて、

「大野の水を考える会」の一二年間の活動を報告した。

三八豪雪の町の様子を映しだす画面に、会場から驚きの声があがった。地下水融雪に頼って井戸枯れを起こした大野市民を、一口に「愚か」と責められない自然の猛威を、全国からみえたお客様にもわかっていただけた。人びとの暮らしと深くかかわっている大野の地下水を、今後どのように利用し、どのように保全していくかが、明日の大会のねらいなのである。

スライドはさらに、市民の調査活動の様子を描きだした。井戸枯れでお米もとげない家庭の暮らし、屋根の融雪装置が二〇〇〇軒もついた融雪マップ、そして保全条例の成立、地下水研究班の井戸調査など、市民の水を守ろうとする熱い思いがみんなに伝わっていった。

地酒をくんで本音を語る

前夜祭は第二部に入り、冷やした地酒をくみ交わしながら、交流が始まった。円徳寺の大きな本堂は全国の方がたと地元の会員でいっぱいになり、歩けないほどになった。

ＮＨＫの伊藤和明先生が立ち上がり、大野市で第四回のシンポが開催されるきっかけをつくったのは、郡上八幡で出合った「水の会」であったと、その経緯をみんなの前で説明された。名水百選選定委員会の会長である木原啓吉先生、霞ヶ浦の浄化に骨をおった主婦の奥井登美子さん、富山からは藤井昭二先生、沖縄から宇井純先生、読売新聞の大津解説員の姿も見えた。いろいろお教えいただいた地元福井工大の竺先生も見えた。いつも私たちを支えてくださった柴崎先生の姿は、ちょうど一月前に外国の研究所に赴任されて、残念ながらこの席には見られなかった。

このように大勢の方がたが全国から参加してくださり、山あいの大野市はいま熱い思いに燃えているのだ。そんな機会を伊藤先生がつくってくださったのに、私たちの未熟さから、シンポの正しい意義を市長に理解させられず、申し訳なさと無念さが入りまじって、言いようのない気持ちであった。それでも目前でくり広げられる前夜祭の光景は、全国各地から集まった人たちが、「水を愛するこころ」を肴に、目を輝かせて語り合っている。私もいつしかその陶酔の渦にとけこんでいった。

テーブルには、会員が手分けして準備した大野のお豆腐や枝豆、アユやアマゴの塩焼きなどがはこばれていた。「こよいはビールでなくて、大野の水の二次製品、地酒をたっぷりご賞味ください」と乾杯の杯をあげた。大野市には江戸時代、百数十軒の蔵元があったといわれている。良質の地下水が、おいしい地酒を育んだのであろう。私たちはいまも残る四軒の蔵元から自慢の冷酒を求め、漁師には真名川上流のアユを釣ってきてもらった。上流のアユほど身が締まり、下流のアユとは味が全然ちがうのである。

となりの美山町からは同志の萌叡塾《ほうえいじゅく》の方がたがかけつけ、無農薬の玄米のおにぎりが差し入れされた。この方たちは私たちがはるかにおよばない、純度の高い自然との調和を目指した生活を実践していらっしゃるのだ。そしてその人たちは大野の名物ともなっている七間の朝市で、手づくりのパンや自然の卵、アイ染めの作業衣、竹細工などを商いながら、大野の人びとととけこみ、私たちの水の運動を本質のところで理解してくださっている。

各テーブルでは、全国からみえたお客様と地元の会員が酒をくみかわし、夜のふけるまで話がはずんだ。

6　大会は地下水保全の核心にせまれず

「地下水は市民の共有財産」を主張

昭和六三（一九八八）年八月一一日と翌日は、市あげての大会になった。いろいろトラブルはあったけれど、大会の朝までにはすべておさまり、落ち着いて大会を迎えることができた。大野を少しでもよく見せたい思いは、行政も市民もいっしょなのだ。全国の名水市町村関係者や、民間の自然保護団体の代表者たち二〇〇人を前に、市は踊りの夕べを開き、市長やお歴々が四〇〇年前の殿さまや庄屋にふんし、大野の城下町が開かれた当時の様子を、「七間朝市ショウ」で演じて歓待した。

会場になった市民会館には、「全国名水シンポ」の長い垂れ幕がさがり、ホールには水引細工や地酒、菓子、繊維製品など、大野市の物産や観光パンフが展示され、名水を発送するコーナーも設けられていた。このときの女子職員のまめまめしい接待ぶりには、市外から訪れた人たちの賞賛をあびた。

水の学習コーナーには、大野の川にすむ淡水魚の水槽が設けられ、その反対側に、私たち主婦の調べた湧水マップも展示された。水の会が徹夜でつくった「大野の水環境保全と住民活動」の資料も、おみやげ袋に入れて全国の参会者に配られた。助役のねばり強い説得で、ようやく市長の了解が得られたのだ。会場に展示された地図の前では、みな足をとめ湧水の流れに見いっていた。本当に大変な思いの連続だったが、私たちはこれでやっと肩の荷が下りひと息ついた。

この全国大会のメインは、パネルディスカッションやフォーラムで「水環境の保全と住民活動」の論議を深めることである。地元の代表としてパネラーになった私は、「大野市は豊富な地下水に甘えて湯水のごとく地下水を使い、現在そのツケがきて、市内の湧水のほとんどが枯れてしまった。しかし湧水が枯れたのは、くみ上げの増加だけでなく、発電のために真名川の水を九頭竜川に移し、地下水のかん養源をつぶしてきた行政の責任が大きい」と、大野市の実情を正直に述べた。そして、「これからは、地下水を個人の気ままに浪費するのでなく、市民共有の財産として子孫に残していくため、新しい地下水の秩序づくりが大切」と、その実現にみんなの知恵をお借りしたいと参会者に訴えた。

この席には、環境庁の人も県の担当の人たちもみえているのだ。いのちを託する地下水を守るために、私たちはこの一四年間心血を注いできた。深夜の融雪見まわりや節水への呼びかけに、足を引きずった思いが体中をかけめぐった。しかしそれをそのままリアルに述べたら、市や県の面子は丸つぶれになる。感情をおさえて、「子どもたちにこのおいしい地下水を残すために、地下水を市民の共有財産と位置づける法的整備を、ぜひ国のほうで急いでいただきたい」としめくくった。

しかし残念ながら、パネルディスカッションやフォーラムだけで、こうした大野の地下水問題の核心にせまることはできなかった。それは時間の制限だけでなく、当時県の水行政はダムによる広域上水道政策に重点をおき、大野市もそれに追随していた。市長は「地下水保全」よりも、地下水を工業用や融雪に使えるように、「上水道敷設」をすすめたかったのである。そのためもあって、「大野の地下水を守れ」と主張する「水の会」は警戒され、私をパネラーにすることには最後まで反対した。市はこの大会を、おだやかな「河川美化運動と観光のＰＲ」にもっていきたかったのである。

県外の参加者からは、大野市のこうした態度を見透かすように「このおいしい水は、かけがえのない大野の宝だ」とか、「大野の地形と歴史、多くの人びとが守り育ててきた地下水を、二一世紀にぜひ残してください」と励ましてくださった。

しかし、いくら大会でそのような声があがっても、大野の市民が目覚めず、行政もまた地下水ばなれを考えているのだから、とても水環境保全の核心にはせまることはできない。

大会が終わっても私たちは、大野の水を守る運動の前途には、まだまだけわしい道のりが続いていることをかみしめた。でもこの大会が大野市で開かれたことによって、地下水の大切さは着実に市民の心に浸透するようになった。

第四回大会宣言

第四回の全国大会は、次の四つの宣言をして二日間の幕を閉じた。

一、地域のくらしの中で、水に親しみ、水と共存する社会の実現をめざす。

二、各地で人びとが守り育ててきた「名水」など優良な水環境をさらに発掘し、その保全の輪を広げていく。
三、水と環境に関する諸問題を調査・検討し、優良な水環境を積極的に保全するための施策を推進する。
四、環境教育をすすめ、水環境の保護と水質保全意識の効用を図る。
昭和六三年八月一二日
全国水環境保全市町村連絡協議会

7 国土庁、水政策に女性の視点導入

水政策を語る女性委員会

大野市で開催された、環境庁の第四回全国水環境保全シンポジウムは、市長が「水環境シンポジウム」を「水観光シンポジウム」にとりちがえて、関係者一同は大変な苦労を味わった。しかしこのときすでに、国の政策は転換しはじめていたのである。

昭和六三（一九八八）年に国土庁は、各界の水にかかわる女性二〇人を選び、「水政策を語る女性委員会」を発足させ、私もその一員に選ばれた。いままで国の水政策はほとんど男性の目ですすめられ、女性の意見が反映されることはなかった。水の統括官庁である国土庁が、女性の意見を求めること自体に、大きな国の政策転換の姿勢が感じられた。

女性の委員が一致してあげた水政策の矛盾は、これまでの国の水政策が男性の視点で、水を利用する立場ですすめられ、水の浪費に適切な手段を講ずることなく、ダムや水道、公共下水道など、施設万能主義の大型施設で対処しようとしてきたことへの厳しい指摘であった。そして「水といのち」への視点を見失い、水を支える農業、林業を軽んじ、水の浪費社会を是認する現在社会の危険を全員がとりあげた。これは男性が社会の効率、経済の拡大にそのエネルギーを傾けているのに対し、女性がいのちを育む性として、本能的に感ずる現代社会の危機に対する警告でもあった。

このいのちとかかわる自然の恩恵を忘れた弊害を、お茶の家元である故千登三子さんは、お茶の精神から説きおこし、日本人がもっていた自然観の喪失が、現代社会の病理現象だと嘆かれた。愛知県の女性林業家の大橋和子さんは、植林が国土の水をつくるのに、山を守る人がいなくなったと、山村の実態を述べられた。

長野の農家の酒井和子さんは、農業が国土の水や土を支えているのに、経済効率ばかり優先し、いのちの食べ物をつくる農業を切り捨て、大地が壊されている実態を述べ、農業政策の根本見なおしを訴えられた。

朝日新聞の論説委員である大熊由紀子さんが座長になり、それぞれの立場から、いのちと水との本質論が展開され、琵琶湖研究所の嘉田由紀子さん、女性科学者の中村桂子さん、食生活の改善運動をすすめられている近藤とし子さん、長良川河口堰問題にとりくむ天野礼子さんの顔も見えた。そうした方がたのご意見を聞きながら、私は大野の地下水を守る市民運動の中での実感を、次のように訴えた。

表流水にかたよる水政策の転換を要望

私は国の地下水政策に論点を据え、現代の水不足や水環境の汚染は、人間の驕りに起因し、自然の軽視がその原点にあることをまず述べた。目に見える川や湖の異変にはすぐ気がついても、人間は直接目に見えない地下水のことは、その破壊がかなりすすんでからでないと気がつきにくい。そのため地下水対策がおくれて、人間の飲み水としての貴重な地下水が危機に瀕している。いまも地下水を直接飲んでいる大野市では、大量の工場用水のタレ流しや、冬の地下水融雪で水位がさがり、井戸枯れで家庭は泣いている。大切に扱えば、まだまだ使える地下水を、「国が地下水を私水にしておくから、しかたがないのだ」と大野の為政者は手を打たず、上水道で解決しようとしている。これは本末転倒の水政策で、国が地下水を私水の扱いにしておくためである。今後は地下水を地域の環境要素として位置づける、法体系の整備をぜひお願いしたいと、発言した。

現在地下水はタダであることから、産業界も家庭も井戸さえ掘れば、あとはわずかな揚水の電気代だけですむ。工場は循環装置もつけず、大量の地下水をタレ流し、家庭もムダ使いが改まらなかった。このような政策を続けていけば、子孫に残すべき良質の地下水が私たちの世代でダメになっていくと、一四年間必死に地域の水を守ろうと努力してきた思いをこめて、地下水の法的地位の確立を訴えた。

この国土庁の会議で、以前真名川ダムの所長をしておられた、伊集院氏にお目にかかった。福井から来たということで私に目をとめられ、ダム建設当時の大野の水政策にかかわった話を述懐され、

「私は、あのとき大野市の首脳に、今後大野市が地下水を守るためには、絶対に木本原をいじってはダメ、と伝えておいたのですが」と話された。

でも大野市は、その後再び木本原の基盤整備を強行してしまった。そして現在その田んぼは減反政策を押しつけられている。米の生産のために大切な大野の地下水を犠牲にしたのに、これでは地元は浮かばれないと、私は持参した木本原の再基盤整備の資料を示し、地下水かん養の面積がこれまでの三分の一に激減した事実をみんなに聞いてもらった。地域住民のための水環境を総合的にとらえず、各省庁が自己の権益確保のエゴを発揮し、さらに政治家がそれに荷担し、大野市の地下水環境は破壊されたのだと、国の地下水政策の転換を真剣に訴えた。

その後、北陸農政局は、木本原第二次基盤整備事業で減少した地下水をおぎなう意味で、農業排水の地下浸透事業を開始した。国土庁での発言で少しは地方の実情が国にわかっていただけたのだと思う。それ以来何度か国土庁の依頼を受けた水資源調査の方が、大野市に来られるようになったが、そのつど、「水の会」の私に意見を求めて帰られた。こうして、いのちの水を守るための私たちの市民運動は、しだいに全国に知られるようになり、教育番組や環境図書にも掲載されるようになった。地下水学会や先進自治体のシンポジウムでも発表の機会が与えられ、環境庁の機関誌にも掲載された。

平成六（一九九四）年には、国土庁の水資源局長や秦野市長、榧根教授、映画監督の早川氏、それに私も加わって「地下水を考える」特集座談会が組まれ、その一部始終が国土庁の機関誌に掲載された。地下水は地域の共有財産との主張は、やがて国土庁の水循環の基本構想につながり、地下水公水論への根固めになっていった。

8　エイボン大賞の受賞

女性の政治参加と新しい市民運動への励まし

大野でシンポが開催された翌年の平成元（一九八九）年一〇月に、「水の会」の会長だった私に、「長年にわたる地域の水環境を守る市民運動と、女性の政治参加の新しい活動」の名目で、「エイボン女性大賞」が授与された。思わぬ表彰に驚きながらも、喜びがこみあげてきた。大野では女の発言に対してはまだまだアレルギーが強く、その中で地下水を守ろうと議会に進出し、水行政をめぐる政治の暗部に切りこんでいく運動は、忍耐の連続であった。

そのような地方の一女性に温かい視点を注ぎ、市川房枝先生と同じ大賞を授与されたことに、おおいに感謝した。そして水の会にも、副賞として一〇〇万円の大金が贈られた。この栄誉は単に私個人にいただいたものではなく、いままで苦楽をともにしてきた、水の仲間全員のものでもあった。こうした資金を得て、水の会の調査活動はますますはずみがつき、間もなく表面化した地下水の有機溶剤汚染に立ち向かう、原動力となっていった。そしてこれからも困難が予想される地下水保全運動を、私の終生の任務として続けていこうとこころに誓った。

そしてこの受賞を通し、日本の社会とアメリカの社会倫理に大きな較差のあることを実感した。

日本企業の多くが利益誘導の政治家に献金するのに対し、アメリカの一化粧品会社にすぎないエイボン社が、社会の浄化に身を捧げている日本の女性に対し、熱い支援を続けられることに感動した。

このエイボンレセプションには、日本各界のトップレディが参集される。労働省の婦人少年局長だった森山さん、社会党の土井党首、学者の猿橋さん、樋口さん、そしてマスコミ、芸術家の方々など、私たちにとっては日ごろ雲の上の人たちが一堂に会し、社会貢献した女性を励ましている。このエイボン賞の企画で、どれほど多くの女性が、勇気をあたえられたか計り知れない。

日本は経済成長こそ驚異の発展をとげたが、その民主主義の成熟度と企業理念は、アメリカには遠くおよばないと感じとられた。

第五章　地下水汚染と専門家の支援

昭和六〇（一九八五）年〜平成二（一九九〇）年

1　シリコンバレーからの警鐘

大野の地下水障害、量プラス質に

昭和六〇年代（一九八〇年代の後半）に入ると、大野の地下水問題には地下水枯渇などの量の問題に加えて、有機溶剤による水質汚染がしのびよっていた。

アメリカのシリコンバレーで、有機溶剤の地下水汚染が表面化したのは一九八一年、我が国の環境庁が全国一五都市の井戸調査を実施したのは、その翌年のことである。その検査結果によって、高い割合の有機塩素化合物による、地下水汚染が発見された。昭和五八（一九八三）年には国会でもこの問題が取り上げられ、翌昭和五九年には福井県を含めた全国で、この地下水の有機溶剤汚染にかんする調査が実施されている。

私がこの情報を知ったのは、水の機関紙『水情報』の紙面であった。「これは大変、大野の地下水がこれに汚染されたらいのちとりだ」と、私は議会や審議会にこの問題をもちかけた。「井戸枯れより何倍もこわいのは、化学物質による地下水汚染です。有機溶剤の調査を早急に実施してほしい」と提言したが、市は「県が何も言わないから」と、全然手をつける様子はなかった。

地元研究者のアクセスで内密調査

全国一斉の有機溶剤汚染が行われた昭和五九（一九八四）年に、私のもとへ「そっと有機溶剤の調査をしたい。手伝ってもらえないか」と、地元大学の先生が言ってこられた。学校には内密にしてほしいとのお言葉である。繊維、鉄鋼、機械工業、弱電、プラスチック加工、パチンコ、クリーニングなど有機溶剤を使用する業種をあげて、これら企業の場所を教えてほしいとおっしゃるのである。これらの企業からでる排水調査を実施して、被害を早期にくいとめたいとの申し出に、私は福井という身近なところに、こんな熱心な先生のいらっしゃることを知りうれしかった。早速、議会の同僚である藤田さんに協力を呼びかけた。私は当時まだ車をもっておらず、藤田さんとの共同作業は心強かった。

住宅地図と電話帳を頼りに市内くまなく探し歩き、これらの企業の位置を地図上にプロットしはじめた。調べてみると、以前、有機溶剤を使用したと思われる繊維工場のいくつかは、すでに廃業している。そんなところは黄色でプロットした。こうした調査中に先生は、「よその有機溶剤汚染調査の例では、有機溶剤汚染は発生源のすぐそばより、一〇〇メートルから二〇〇メートルほどはなれた地点で見つかることが多いのですよ。理由はまだわかっていませんが」と話してくださった。

この先生の一言は、三年後の有機溶剤汚染が明るみにでたさいに、私の頭に「発生源はクリーニング店?」とひらめかせ、行政側の情報隠しを追及していく有力な手がかりとなった。

それにしても有機溶剤をとり扱う企業は多かった。心配だったのは市街地の上手に、新しい弱電産業やプラスチック工業、繊維産業が立地していることだった。市は交通の便だけ考えて、市街地南部を通るバイパスに面して、ここを工業地帯にしておいたのだ。

有機溶剤汚染の情報は、最近聞いたばかりだからしかたがないとしても、工業地帯が公害の発生源になりやすいことは常識である。情報のおくれが大野の政治家や企業経営者の環境への無関心のまま、大野盆地の自然環境を無視した都市計画になっていることに胸が痛んだ。私は議会でこのことを追及しつづけたが、その改定ができたのは平成八(一九九六)年で、実に一二年の歳月を要していた。

2 昭和六二年、有機溶剤の汚染発見

環境審議会会長、渋る行政にハッパ

出版物や水関係の研究会、地元研究者と歩いた実態調査で、有機溶剤汚染のこわさにジリジリする思いで三年経過した。そして昭和六一(一九八六)年の環境審議会で私は、「化学物質で一度地下水が汚染されると、なかなかもとへもどらず深いところの地下水まで、汚染する危険がある。市はそうなったら上水道をと考えているのでしょうが、大野のおいしいお酒や豆腐などはつくれなく

なります。それでもかまわないのですか」と、なかなか動こうとしない理事者の態度を追及した。

この言葉に驚いたのは、審議会会長である食品業界の重鎮であった。

「カネの問題ではないでしょうが。大野の浮沈にかかわる問題ですよ」と、渋る行政をしった激励して、とうとう有機溶剤調査の予算をつけさせてしまった。さすが会長の迫力はすごいなと、いままで努力しても押し切られてきた自分の非力と比べて、会長の力量に脱帽した。

そして審議会委員には、お役所の顔色ばかりうかがうイエスマンでなく、ことの本質を直言できる人材の登用を痛感した。

汚染井戸三ケ所、一本の筋状に

昭和六二年の暮れ、調査結果が判明した。市街地の中心部の三地点で、基準値の二〇から五〇パーセントの、テトラクロロエチレンの汚染が発見された。しかしその扱いは極秘にされ、市民には無論のこと、庁内でもかん口令が敷かれた。基準値には達していなかったものの、大野の名水にも汚染の影がしのびよっていたのを知った私は、この先どうしたらよいのか、必死になって先進地の研究者に助言を求め、そして県にも問い合わせた。

昭和五九（一九八四）年に行われた国の一斉調査のときには、「福井県には汚染はない」との報道だったのに、今回の大野市独自の調査では、軽微だが汚染が出ている。本当に昭和五九年の調査時に、大野市には汚染がなかったのだろうかと、県にたずねてみた。すると県の担当者は「大野市は調査対象に入れてありませんでした」と返事してきた。

私は思わず「大野市では、住民が直接地下水を飲んでいるのを、県はご存知のはず。そんな大野市をなぜ調査対象からはずしたのですか」と、声が高くなった。県の担当者は、大野の特殊性を全然わかっていないのだ。

翌年の調査では、三ケ所の井戸の汚染度は基準値内ではあったが、前年よりも汚染度がすすんでいた。汚染井戸を地図上に表してみると、これら三ケ所の井戸は一直線上に並んで、北方に一キロほどのびており、地下水の流れそのものを示しているように見えた。

これを見て私は、汚染源は第一汚染井戸の南、約二〇〇メートル上流にあるクリーニング店ではないかとにらんだ。ほかにテトラクロロエチレンを使うような工場は、市街地には見当たらない。役所に地図を持参し「大騒ぎにならないうちに立ち入り調査をして、早急に適切な指導を講じてほしい」と要請した。

しかし長い間、国や県からの指示待ち行政になれた自治体には、目前の新たな緊急事態に対応する能力は失われていた。平成元年一〇月には、水質汚濁防止法の改定で全国一斉の汚染調査が開始され、ついに大野市で基準値の〇・〇一ｐｐｍをオーバーする汚染井戸が発見されて、名水のまちは大混乱に陥った。

3　情報かくしで広がるパニック

県と市のダブルミス

平成元（一九八九）年一二月六日、各新聞は「大野市、武生市で地下水の有機溶剤汚染」と大々的に報道した。いままでおいしい水だと信じていた大野市民には、まったく青天のへきれきで、市内はパニック状態に陥った。

私は昭和五九（一九八四）年の全国一斉調査の際、県が大野市を調査地点に選んでいたら、あるいは二年前の市独自の調査時点から手を打っておけば、市民はもう少し冷静に判断できたのにと、秘密主義を通してきた行政の態度がうらめしかった。

こんな事態になったらふつうの人は心を痛めて、沈痛な面持ちになるのに、議員や職員の中には、「やれやれ、これでやっと上水道ができるわ」と、声高に話す者もいた。施設万能主義と、上水道工事の利益がまず頭に浮かび、家庭の飲み水が汚染されて打ちひしがれている市民の心は、わからないのであろうか。

そして行政が直ちに着手したのは、「汚染地域の住民に、安全な水を供給する責務がある」と言い、簡易水道の敷設に走った。こうしたとき行政のとるべき原則は、「市民に正しい情報を知らせる」ことである。しかし行政のとった態度は「発生源かくし」と、「正確な汚染地域のいんぺい工作」であった。

誤解を招いた横割り町名の汚染地区発表

不安の極限におかれた市民は、各地で行政に説明を求める集会を開いたが、公害関係の主導権を握っていた県の係員は、その席上で、「発生源は不明、汚染地区はいまのところ、元町、本町、要町、新町、中野町」というだけで、どの地域でどの程度の汚染が発生しているのかさえ、一切説明しなかった。市民は自分の飲んでいる地下水が、汚染しているのか、していないのかを必死になってたずねるのに、「発生源は不明」をくり返すだけで、「汚染した地区にすむ人は、井戸水をわかして飲むように」との説明に終始した。

大野市街地の町名区画は、南から北に東西方向の横割りになっており、この元町、本町、要町という行政の説明では、聞いた者に「大野市街地の北半分がすべて汚染地区」と印象づけてしまった。この説明が新聞報道され、まち中はハチの巣をつついたような騒ぎになった。

平素地下水問題に熱心でない人も、自分の町内が汚染地域に入ると言われてみんな逆上した。水の会にはそんな市民の相談が殺到した。市の説明会にも出かけてみると、あまりにも一方的な説明をするので、私たちが取り組んできたこれまでの有機溶剤汚染に対する経過を述べた。

「本当は昭和六二（一九八七）年一一月、市の調査で市街地の下三ケ所に、基準値以下ではあるが、一本の線になって汚染が見つかっていた。しかしこのことはかん口令がしかれ、今日までことをみなさんにお知らせできなかった。今回発見された新町の汚染個所は、いままでの一本の汚染の流れに入っているのではないですか」と、県の担当者に向かって、もう少し市民の立場に立った説明を求めた。しかし担当者は口をつぐむだけであった。

4　立ち上がる市民と専門家の支援

県外の専門家にSOS

こうした行政の秘密主義に、多くの市民は「もう市や県には頼れない」と考えるようになった。しかも市民の側は、初めて聞く化学物質の名前を覚えるのさえ大変なのに、ましてや井戸の汚染状況などは知るよしもなかった。全然情報をもたない市民の側は、行政が隠してしまえばそれっきりなのである。

私たち水の会は、いままでトヨタ財団支援の「身近な環境を見つめる運動」の中で知り合った、全国の専門家にＳＯＳを発信した。そして有機溶剤による汚染の特徴と、気をつけるべき要点を教わり、それをイラストにして「有機溶剤汚染Ｑ＆Ａ」をつくり、不安におののいている市民に配布した。

それでも市中のパニックは収まらず、途方にくれた私たちは、いままでたびたびご指導いただいてきた、滋賀県琵琶湖研究所の嘉田由紀子先生に相談した。

関西の水がめである琵琶湖を抱える滋賀県では、水環境の研究は世界的に有名である。人文科学系の嘉田先生、理化学系の大西先生、そして住民活動の野矢先生ら三人が、松飾りもとれない一月五日に正月休みを返上して、ボランティアとして、大野の助っ人としてかけつけてくださった。そして有終会館において、市民の地下水汚染学習会が始まった。

嘉田先生たち一行の「琵琶湖の汚れた水を飲んでいる私たちは、大野の地下水がとてもうらやましい。汚染したといってもほんの一部分で、兵庫県太子町の汚染などと比べたら、針の先でついた程度です。大野のみなさんはこんなおいしい地下水を、この程度の汚染で全部捨ててしまってもいいのですか？」と、かんで含めるようなご助言で、みんなの顔にやっと少し明るさがもどった。

地下水を捨てては絶対ダメと専門家

「市民のみなさんは、自分がもっている井戸を手放しては、絶対にダメですよ。手放したらさらに汚染は進行します。この程度の汚染ならば飲みつづけながら、汚染をとりのぞいていくのが対策の基本です」と強調された。

三人の専門家の説明で、参会者は有機溶剤汚染に対する基礎知識を学び、少し冷静さをとりもどした。

この地下水を捨てたら絶対ダメという考え方は、前年に大野市職員や環境審議委員に講演してくださった、千葉県公害研究所長の楡井久博士（現・茨城大学教授）も同様であった。私は市民の混乱にどうしたらよいかと、楡井博士に助言を求めた。先生は「市民が飲んでいるからこそ、地下水は守られるのです。人が飲んでいるからこそ、汚染防止や井戸の枯渇を防ぐ努力をするのです。飲まなくなったらその努力をしないので、地下水破壊は一挙にすすみます。それに大野市の汚染は多分千葉県よりずっと軽いはずです。飲みつづけながら、汚染除去を考えていかれるように」と、汚染土除去と瀑気《ばっき》の効果を教えてくださった。

私たちは、これらの県外専門家たちの忠告をかみしめた。

市民の調査した汚染マップ

やっと激しいパニックは収まったが、放っておけないのが、旧四番通りの汚染であった。最初新町で見つかった〇・〇一三ppmの数倍の〇・〇七ppmの汚染が発見され、その対策が急がれていた。でも県は汚染状況をひた隠しにして、これを機に大野市街地の上水道化を考えていた。

私たちはそんな行政を待っていてもしかたがないと、ことの真相に一歩でも近づきたい思いで、市の調査で二年前から汚染が判明していた三本の井戸を中心に、付近の家庭の協力を求めながら「水の会」独自の井戸調査を開始した。これには経費もかかり苦労もあったが、多くの市民から水質検査の情報が寄せられ、五〇本あまりの井戸のデータが集まった。

それを地図に落としていくと、汚染井戸は一本の細いすじ状になって、七間のクリーニング店の下手より、旧四番通りと三番通りにかけて、北の方向にのびていた。土地の低い中荒井地区で、やや汚染地域の幅が東に広がり、それが新町方面へ流れていくのである。

井戸の深さと汚染の関係も調べてみた。同じ場所でも深井戸の汚染は一本もなく、汚染は六から七メートルの浅井戸でとどまっており、ほっと胸をなでおろした。汚染はまだ浅いところでとまっているのだ。これなら大野のお酒屋さんや食品産業は生きていけると心から喜んだ。そして早速このデータを印刷し、市民に配った。私たちシロウトのかぎられた調査ではあるが、このデータでい

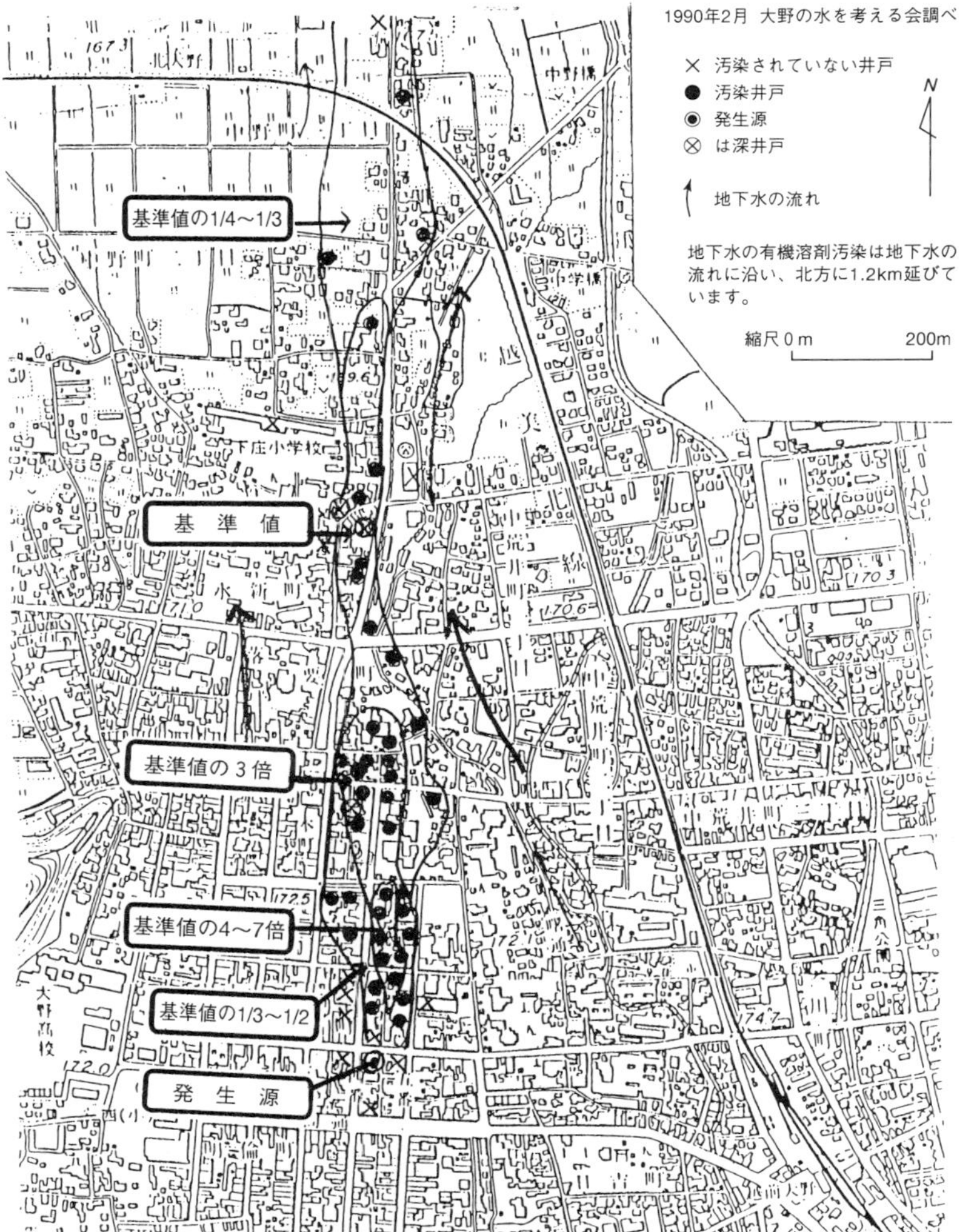

図ーVー1　市民が調査した汚染マップ
汚染源のクリーニング作業場の汚染地下水の流れが明瞭に読みとれる

ままでの行政の発表、元町、本町、要町の横割り汚染地区の指定でびくびくしていた多くの市民は、大野の地下水汚染がごく狭い範囲にとどまっていることを知り、ほっとした。

けれども県は、この段階におよんでも頑強に調査内容をかくしつづけ、住民の不信感をつのらせた。実際大野市の地下水汚染範囲は、武生市の二〇分の一程度の規模で、幅約五〇メートル、長さ一・二キロの狭い範囲だったのに対し、行政が正確な情報を伝えなかったばかりに、大野市の市街地大半が汚染されたようなイメージをあたえ、〝名水の郷〟の印象は決定的に崩されてしまった。市内外の取引が多い四軒の酒蔵では、「もう大野の酒は買えない」と顧客に言われて泣いた。豆腐屋もまた泣いた。

私たちは自分たちの調べた汚染マップを提示し、県や市に発生源の特定をせまるとともに、一日も早く汚染土除去にふみきるよう要請した。

今回の有機溶剤汚染を機に、福井県と大野市は、一挙に上水道化をもくろんでいたが、こうした外部専門家の理路整然とした意見と、市民の抵抗で回避された。しかし行政の上水道志向は、依然として根強いものがあり、O－157事件でも再燃した。そして汚染防止の努力も中途半端にし、地下水かん養政策もほんの申し訳程度で、生煮えの水政策は続いていった。

5　ソーラーシステムの人見先生、汚染現場に

人見先生の家族旅行

平成二（一九九〇）年の夏休みも終わりに近づいたころ、ソーラーシステムの水質研究者である人見先生が、家族連れで大野にあそびに来られた。ソーラーシステムのメンバーは、水やゴミの物質循環、特に水質や雨水研究にかかわる行政マンや大学・企業の研究者、マスコミ関係などを横断した組織で、その研究は当面する社会の緊急課題を追求している。その著書『都市の水循環』『都市のゴミ循環』は私のライフワークと直結し、大野への来訪に案内をつとめることにした。

人見先生の家族旅行は、水質の専門家らしく大野の水環境の実態調査を含めたユニークなものであった。岐阜県に近い和泉村奥地の伊勢川では、小学六年生のご子息といっしょにサンショウウオの観察をし、市街地では用水の水質調査もされた。大野に長く住んでいたのに、私は和泉村の奥地に、こんなにたくさんのサンショウウオが生息しているとは、全然知らなかった。

市街地の用水の水質調査では、ご自身が考案された簡易採水器の使用法をご子息に手ほどきしながら、パックテストで確認する作業を指導されていた。人見先生の水質研究者として、また家庭の父親として、完ぺきに近い行動を目のあたりにして、私はカルチャーショックを受けた。私の家庭などは、たまの家族旅行は遊園地へつれていって、その帰りにおいしい店で外食して帰るぐらいしか、子どもにさせてこなかった。これでは子どもたちが、地域環境に目覚めた社会人に成長するわ

けはない。こんな大人が多いから、大野は自らの手で地下水を破壊してきたのだ。「覆水盆にかえらず」とは、まさにこのことだと、自らの失敗をかみしめた。

和泉村から宿舎に帰ろうと、七間通りのクリーニング事故現場にさしかかったときである。私はここが有機溶剤汚染の現場で、いま汚染土除去の工事が始まったところだと説明すると、「ぜひ中を見せてほしい」と案内を乞われた。

人見先生は保健所技師として、日本で初めて水道水源井戸の、有機溶剤汚染を発見された方である。ひょっとして大野市への家族旅行は、行政の技術マンとして、有機溶剤汚染の研究活動も入っていたのかもしれない。この店の顧客でもある私は、当主に「東京の研究者の先生が、中を見せてほしいとおっしゃるのですが……」と頼んでみた。当主は「いちおう市に聞いてみるから」と電話で了解をとると、市の担当者もかけつけてこられた。

人見先生の申し出と市の理解に助けられて、貴重な汚染現場を知る機会があたえられたことを神に感謝した。そして現場の様子はカメラに収めた。すぐには公表できなくても、のちのち歴史の一こまとして、現場写真を残しておくことは、大切だと考えたのである。

赤く染まったガス検知管

中に入ると屋内は、柱だけにして床板もはずされ、深さ三メートルほどの穴が二ケ所掘られていた。この穴は二日前に掘られたということで、人見先生は科学者らしく、カバンから小さなテトラクロロエチレンのガス検知管をとりだし、片隅のシートの上に積まれていた汚染土にあてた。すると検知管はパッと赤色に変わった。色が変わるということは、その土にテトラクロロエチレンがあるという証拠である。検知管の色が変わるたびに、私はドキリとした。クリーニング溶剤の置かれた場所が、もっとも強く検知管に反応した。それからすすぎ水を流したと思われる側溝からも、テトラの反応が出た。人見先生は土を掘りとった穴にはしごで降りていかれ、ガス検知管で調べておられたが、その結果を対策の一助にと市の担当者にていねいに説明されていかれた。

このあと一時間余りたって喫茶店で休憩中、人見先生はビニール袋をとりだし、フウッと自分の呼気を吹き込み、それをガス検知管で測定された。検知管はすぐ真っ赤になり、高いテトラガスの反応が出た。私は目がクラクラッとした。先ほど汚染土除去の穴に五分ほど入っておられたとき、ガスを吸いこんだのであろう。わずか五分ほど吸いこんだ呼気ガスから、このような反応が出るのでは、平素クリーニング業にたずさわっている人の健康にも、何らかの影響があるにちがいない。私たちの便利な生活が、こんな化学物質の力を借りて営まれ、働く人の健康や水環境に大きな犠牲を払わせている事実を、赤く染まった検知管は私に教えてくれた。

初めて知る化学物質のこわさに私は身震いした。それと同時に化学にうとい自分が打ちのめされる思いだった。そして大野市の行政組織の中に、これら化学物質公害に対応できる技術職が、一人も配置されていないことにがく然とした。

人見先生が東京へ帰られてから二ヶ月ほどたって、私のところに有機溶剤汚染を調べるガス検知管一式が、説明書とともに送られてきた。住民が公害にせまる手法を身につけることが大切だと、テトラクロロエチレンや、1-1-1トリクロロエタンの検知管を、メーカーから寄贈の形で届けてくださったのだ。私は大野のことを、ここまで心配してくださる人見先生に感謝した。

私は人見先生のご好意を生かすには、自分たちだけで使用するより、この予想外の贈り物を、公害行政の第一線にある保健所に役立ててもらうほうが、より大野市のためになると考えた。そして大野保健所に持参し、私たちに検知管の取り扱いを指導してほしいとお願いした。保健所の技師は、「私も初めてなので、一ヶ月ほど研究の時間をあたえてほしい」と了承され、その後、市の担当者も立ち会って、技術講習会が開かれた。若い人ほど関心の度合いが高かった。こうした実際の知識と技術をもった人たちを、地域に育てていくことが、いのちの水を守る最大のとりでになるのだと感じた。

このときもっとも熱心に取り組まれた高校教師の長谷川さんは、その後間もなくガンで亡くなられた。大野にとっても水の会にとっても、かけがえのない人材を失った。

6　子どもに環境教育を

子育てを間違えた日本の戦後

この有機溶剤汚染の混乱で、福井県の対応のまずさはどこに原因があるのか、じっと考えてみた。現代の社会はいずこも経済至上主義の傾向が強いが、福井県は特にその傾向が強いように思われる。社会のあらゆる場面で開発にエネルギーが注がれ、地域の環境保全に対しては極めて消極的である。

全国にある原発の三分の一も、福井県に集中を許したことを見てもそのことがよくわかる。県議会をはじめ市町村の議会勢力も、ほとんど土木業界とつながっており、そういう政治風土をゆるしてきたのは、私たち福井県民の価値観が、開発によるカネもうけに傾いてきたからである。

共働き率日本一、母親の多くは仕事と家事に奔走し、家庭における男性の協力も少ない。戦後からいままで多くの子どもたちは、放任か、塾か、スポーツにエネルギーをそがれ、自然と触れ合う時間をもたずに大人になってきたのだ。そんな育ち方をした子どもが大人になり、カネ中心の価値観を増幅させたことは容易にうなずけた。大野は自然がいっぱいと言いながら、どれだけ親子で自然と触れ合ってきたのかと、私は人見先生親子の家族旅行で、子どもの教育について考えさせられた。私たちは人見さんのように環境問題のベテランではないが、大野の山や川で親子がともに遊ぶ経験を、年に一度くらいはつくってやりたい。そのとき親は子どもに向かって、自分の育ったころの大野の自然と、現在のちがいを話して聞かせ、ともに考えることから、二一世紀の大野ビジョンが生まれるはずである。

それに学校教育の中でも、地域の自然環境に触れる学習が少なくなっている。受験競争の激化で直接自然と触れるより、ペーパー上の知識が先行し、現場から学ぶ機会が著しく減っているように思える。

戦前の分校の思い出

私は大正一五（一九二六）年の秋生まれ、そのほとんどを昭和世代に生きた。昭和八年に分校の一年生になったが、午後になるとよく先生は近くの山につれていってくださった。清滝川の上流で川に入り、メダカをすくい、川の石をそっと起こして、隠れているカジカをつかまえた思い出は、いまもよみがえってくる。田んぼのオタマジャクシ、あぜみちに咲くキンポウゲ、そして小高い山にのぼって大野盆地を見わたし、北東の経ヶ岳を指さして「あの山は大昔ボーンと火を噴いて爆発した山で、その向こうの白い山は白山、あそこに光る川は真名川というのだ」と、大野の大地の成り立ち教えてくださった。私はそんな先生の話に魅せられて、「あの高い山の向こうはどうなっているのか」と、鳥になって飛んでいきたい衝動にかられた。年を重ねて老境に入ったいまも、直接自然に触れて学びたいと思うのは、子ども時代分校で教わった先生のおかげだと思う。

現在、全国的に環境運動が盛んになってきたが、その多くが歌声運動や芸術活動など、情緒の域を脱しきれていない。人見先生親子のように、小さいときから体ごと自然と交わり、自然の環境にせまる科学の目を、子どもたちに植えつけていくことが、二一世紀への礎石ではないだろうか。

戦後の安直な消費文化に、まず私たちの世代がおぼれ、その中で育てられた子どもがいま五〇代から四〇代、そして昨今孫の世代に、想像を絶するような異常行動が多発している。私は人見先生のご家庭を見て、現代社会の子育ての盲点を知らされる思いがした。

7　立ちおくれる県の公害行政

発生源特定の大野市に怒る県

水質汚染防止法の改定で、大野市の地下水汚染が大々的に報道されてから、七ヶ月たった平成二（一九九〇）年六月三〇日、大野市はついに「汚染源は七間のクリーニング店」と発表し、汚染土除去にふみきることを公表した。

「市民に細かい証拠を出されて、これ以上隠し通せない」と、発表にふみきった大野市に対し、「なぜ大野市は勝手に発表したのか」と、県当局の怒りはすさまじかった。担当の市生活環境課長は、県と市民の間に立って心労で倒れてしまった。

このような県の態度は、武生市の汚染に対しても同様であった。県は地元研究者の調査データを改ざんして、発生源は不明ととりつくろった。その結果、武生市の汚染の広がりは、大野市の二〇倍以上に達し、隣接の鯖江市水道水源の井戸まで汚染させてしまったのである。

こうした一連の県の姿勢から推測すると、昭和五九（一九八四）年に行われた有機溶剤の全国一斉調査のおりの、「福井県に汚染なし」との公表に、大きな疑惑が生じてくる。武生市の汚染源の企業は、福井県や武生市が積極的に誘致した企業であった。その企業が有機溶剤汚染源になっていたとは、県民に知られたくなかったのであろう。でもこの企業体の地下水汚染は、すでに滋賀県で判明しており、福井県が隠しても、いずれ知れわたる問題であった。大野市にしても昭和五九年の調査対象に入っていたら、クリーニング汚染は発見されていたのかもしれない。そして適切な手段を講じていたら、汚染はもっと軽くすんだと思われる。企業誘致には熱心でも、公害や環境問題に無責任な福井県の政治体質のゆがみを、私はこの事件でいやというほど味わった。

私は昭和五九年の国の有機溶剤汚染調査を知って以来、地下水を飲んでいる大野市民にとって、この有機溶剤汚染は死活問題だと、学会の研究会に出かけ、文献も読んで地下水汚染の情報を集めていた。また地下水汚染対策のすすんでいる千葉県を訪ね、水質公害研究所や君津市役所の、地下水汚染に対する取り組みを学んできた。

産業保護に傾く県の公害行政

アメリカなどでは汚染者の責任を明確にした「PPP原則」にもとづくスーパーファンド法が確立していると聞いていたが、福井県の行政体質の旧態ぶりに、改めて民主主義の根の浅さと、行政の不勉強さを痛感した。いろいろなネットワークで、市民側は県外の専門家とも交流し、「地下水汚染対策は、早期に汚染土除去をすることが基本」ということを学んでいる。しかし県は直接住民と接する機会が少なく、産業界の利益を代弁する県議会勢力に押されて、公害についての新しい情報蒐集には積極的でないのだ。

市の担当者はこうした県の閉鎖主義と、新しい情報を手にした市民との間に入って、苦労が絶えなかった。私たち大野市民は「地下水汚染対策は、住民が地下水を捨てずに、飲みつづけながら行うこと」を、専門家から学んでいる。市はこうした住民の前に、ついに汚染土除去にふみきったのであるが、県は大野市の決定が気にいらなかった。

私たちは「初めて行う汚染土除去は、よく失敗すると聞いている。経験の深い千葉県君津市の技師に、現場指導を受けてはどうか」と進言した。工法の失敗で逆に汚染を広げてしまった例を学会で聞いていたので、慎重に汚染土除去の工事をすすめてほしいと願ったのである。担当課長は私たちの提言を受け入れ、早速その手配をした。すべての準備がととのったとき、県が邪魔をしてこの計画は流れてしまった。

「大野市が千葉県の援助を頼むのなら、今後いっさい、県は大野市に協力しない」と、むくれたのである。汚染土の除去を完全にして、県の公害行政の責任をはたすことより、自分たちの面子が優先したのであろう。そしていよいよ汚染土の除去が開始されたが、私たちの心配が当たって、県の作業は「汚染土の取り残し」という、重大なミスを犯してしまった。

そしてその後の処置も中途半端に終わらせ、市民の関心をそらす方向に向かってしまった。福井県の公害行政の担当者がもう少し謙虚な姿勢で、経験の深い県外の技術者の知恵と技術を受け入れていたら、いまごろ大野市の汚染は、終結宣言ができたのではないかと、残念な思いをしている。

8　現場観察で汚染土取り残し発見

早朝の現場観察

平成二（一九九〇）年九月一一日、いよいよクリーニング店の家屋取り壊しが始まった。そして汚染土を運びだす作業が開始された。現場はテントでおおいかくされて、通行人は不安そうな目で作業の様子をながめていた。君津市の専門家の支援を断り、県はどんなやり方で汚染土除去をすすめるのかと気になっていた私は、誰もいない早朝を見計らい、そっと現場観察に出かけることにした。

正式に現場観察を申し出ても、断られるのは目に見えている。大野市の地下水汚染という歴史的事実を、市民の目で確かめておきたいと考えた私は、少々不穏当だとは思いながら、毎朝五時に現場へ足をはこび、テントの中でどのように作業がすすめられたかを、写真に収めることにした。

作業現場では、表土から三・五メートルまでの地層がきれいに現れていた。表面から一メートルほどは黒い土だったが、その下は灰色をした地層になっている。敷地の二ケ所に、三メートルほど汚染土を除去した穴が掘られていた。毎日少しずつ作業はすすめられていったが、九月二二日、汚染土を除去した穴に水がたまっているのを発見し、私はすぐ市の担当に連絡した。

取り残された有機溶剤汚染土

取り残されていた汚染土

たまっている水は汚染していることが予想される。下流へ浸透しては大変だと考え、くみとってほしいと連絡したが、この作業は公害対策事業として県が取り仕切り、市は勝手に処置がとれないというのである。結局連休が重なり二日間も放置されたままになった。

しかたがないので私はたまっている水を採水し、ガス検知管で調べてみると、基準値でおさまらない高い濃度の汚染が出た。昨夜の雨でまわりの土から、汚染物質が流れこんだのかもしれない。そう考えた私は、隣地の境界線に近い東側の土を、表土から五〇センチ、一メートル、一・五メートルと土を採取し、その分析を県外の検査機関に依頼した。内緒で立ち入り調査した引け目からである。

採取した翌日から、この穴の埋め戻し作業が始まった。間一髪で汚染除去の実態にせまることができたと胸をなでおろした。土を検査機関に出してから一〇日目に結果が届いた。検査した土からは、基準値をはるかにこえる汚染が出てきたのである。隣地との境界線近くの、表土一メートルから一・五メートルの部分が一番ひどかった。

やはり心配されたように、経験の乏しい人たちだけでは、汚染土の取り残しが生じたのである。市の課長は青くなった。私は心配する課長に「幸い汚染は地下一メートルから一・五メートルの部分が強く、二メートル以下では検出されていないので、その部分を手掘りして、あとの検査をしっかりすれば何とかおさまるのではないでしょうか」と進言した。ことを荒立てるばかりが、最高だとは思えなかったのである。

こんな経過で市の担当者の神経はずたずたになり、私たちも胃が痛くなるような思いをしているのに、県の公害に対する姿勢は、官僚主義そのままであった。市民に知らせないことが、不安を広げないとでも考えているのだろうか、発生源のクリーニング店の汚染現場は、間もなくコンクリートで固めてしまい、汚染除去の経過も見えないようにしてしまった。

9　汚染土除去の講習会に参加

県と市の受講を要請

大野市がクリーニング事故で大騒ぎをしているころ、すでに国のほうや学界では、有機溶剤汚染の対応策がすすめられていた。平成二（一九九〇）年九月に日本地質学会主催の、「汚染土除去技術講習会」の案内が、私のところにも送られてきた。

私は案内状を見て、これはぜひ県の担当に行ってもらいたいと、早速県庁に出向き、係官の派遣を要請した。しかしいくら待っても、県は派遣する気配はなかった。市も誘ったが、県に遠慮したのか誰も行く様子はなかった。現に大野市でも武生市でも、有機溶剤汚染で住民はとたんの苦しみを味わっているのに、どうして行政は汚染土除去の勉強をする気持ちになれないのかと、悲しかった。

「しかたがない。私では十分理解できないとは思うけれど、福井県から誰も行かないのだから」と、自費で千葉県で開催される一週間の講習会に参加を申し込んだ。県や市と交渉している間に全国から参加者が殺到して、定員が二八人もオーバーしてしまったが、無理をお願いしてやっと受講生の仲間に入れていただいた。

旧河道の地下水流速はダルシーの法則の三〇倍

講習は地下水の有機溶剤汚染対策の、最先端を行く技術講習であった。

参加者も行政マンやコンサルタントの若い技術系の専門職が多く、女性は私を含めて二人だけであった。おそらく私が最年長者で、しかも一番のシロウトにちがいなかった。

午前中は講義で、午後は実技と現場実習だった。君津市の鈴木技師は、世界で最初に汚染土除去に取り組んだ先駆者である。具体的な汚染状況解明や除去の手法を、スライドやＯＨＰで説明し、午後は現場に出かけて、汚染土の採取法や分析、瀑気井戸を使用して地下水の汚染物質を除去した、その経過を説明された。

また別の講師からは、地層調査のコア分析法を教えていただいた。グループで砂れき層、粘土層、微細砂、シルト層などのコア分析の実習を行ったが、私は生まれて初めての体験であった。まったく幼稚園的存在である私を、若い技術系の人たちはやさしく面倒を見てくださり、とても楽しい実験だった。このおかげで私は、調査井戸や柱状図の読み方がわかるようになった。

でもこの講習会に参加して最大の収穫は、農水技官小前隆美博士の講演であった。「旧河道を流れる地下水の流速」についての講義が、その後大野市にまきおこる一大事件の導火線になろうとは、このときは全然念頭になかった。

小前博士は、「普通地下水の流速は、地中の構造や傾斜、そして地下水量等の細かい要件で決まり、一般にダルシーの法則と呼ばれている。しかし旧河道だったところは、この法則より三〇倍の速度で地下水が流動することが、最近の実験で確かめられた」と、ＯＨＰを用いて解説された。そして、「今後、農村地帯の工業化がすすむであろうが、このような旧河道にあたる土地を、工業化することは極めて危険である」と結ばれた。

この講習を終えて大野に帰って一ヶ月後、私は市の土地公社理事会の席上市長から、旧河道にあたる中据地区への、企業誘致計画の説明を受けるのである。

10　草の根議員全国大会の開催

市民派議員のネットワークで反省する

地下水汚染問題でゆれている最中に、大野市議会に対して「草の根議員全国大会」の開催が申し込まれた。私は昨年の全国水環境シンポで、市と環境庁の間で苦労した経験から、とても大野市での開催は無理だろうと考えたが、議長は、「いいじゃないか、なんでも一番にすることに意義がある。二番煎じは誰でもできる」という判断で、議会をあげてこの大会は開催された。平成三（一九九一）年七月のことである。

封建的な政治風土の中で、多くの市民が「大野はおくれている」とコンプレックスに陥っている中で、時代の先を読む議長の政治感覚に、私は大野の未来に一条の明るさを見る思いだった。

マスコミも新しい市民派議員の活動を注目し、こうした会議が封建色の濃い地方で開かれることを大々的に報道し、全国から続々と市民派議員が集まった。地元マスコミはもちろんのこと、中央の朝日、毎日、読売、中日などの新聞社の主幹が顔をそろえ、パネラーとして登壇もした。

こうしたはこびに至った背景には、トヨタ財団の「身近な環境運動」の支援がある。多くの場合地方での環境運動は、産業優先の政治勢力に押されて悪戦苦闘しているのが実情だ。その先頭に立つ市民派草根の議員たちが、一堂に集まり平素の悩みを語り合い、孤立から連帯へと輪を広げていくことをねらったこの試みは、全国の市民運動に大きなはずみをつけることになった。そして困難に直面している大野の水を守る運動に、大きな勇気をもたらした。

この草の根議員会議には、女性議員の顔ぶれが多く見られた。福井県は女性議員の数は全国でも最低のランクに入る。議会ではたいてい一人、県下七市でも女性議員のいない議会もある。全国会議では、環境・福祉などの政治課題のほかに、男性中心の政治の世界で、女性議員がどう活動したらよいか本音の部分も語られた。政策立案能力の不足や女性議員と女性団体の関係には、人間の根底にひそむ嫉妬の感情があげられた。

卑近な問題として、ブラウス姿で議会に出たら叱られたなどの話題も出た。これには参加した市民や女性をもまきこんで、ことの本質より形式に走りがちな、現代社会の風潮を反省するよい材料ともなった。

議長の英断でこの草の根全国会議は、大野市民に新しい地方政治のあり方を実感させ、議員自身の体質を反省する一つのきっかけになった。

第六章　水源地への企業誘致計画と住民訴訟

平成三（一九九一）年～平成五（一九九三）年

1　土地公社理事会で誘致計画発表

土地公社は行政のダミー

昭和時代が終わり平成に入っても、大野市の政治目標は経済成長を追い、若者を地域につなぎとめようと、企業誘致に懸命になっていた。私が地下水の土壌汚染除去の講習会から帰ってきて一ヶ月後、平成二年度大野市土地公社理事会の席上で、中据に自動車部品工場を誘致する計画がもちだされた。

土地公社とは、行政の円滑化のため、あらかじめ土地購入にあたる外部組織であるが、その構成人員は市長が理事長、助役が副理事長をつとめ、市の幹部職員と議会の正副議長・常任委員長、それに監査役も、全員市の執行部と議会の中枢で組織されている。行政体が直接土地の売買にかかわることは、いろいろ障害があるので公社組織にしたまでで、実態は大野市行政そのものである。当時私は教育民生常任委員長の立場で、あて職として土地公社の理事をつとめていた。

中据は川の流れを意味する地名

市長の発言に驚いた私は、つい一ヶ月前に汚染土除去の講習会で学んできた内容を、この席で披露し次のように発言した。

「もともと据《しがらみ》という語源は、川の流れにものが引っかかる状態を意味する言葉で、上据、中据、下据の三集落は、清滝川が流れたことを物がたる地名です。先般参加した汚染土除去の講習会で、講師をつとめられた農水省の小前技官は、旧河道を流れる地下水の流速は、地下水の流動状況を示すダルシーの法則の三〇倍ということで、もし地下水に汚染物質が入りこんだら、とめようのない場所だと言われました。だから中据に化学物質をあつかう企業の誘致は、極めて危険な計画だと思います。企業誘致はぜひ、公害の発生しにくい場を選んでください」

初めて聞く話に、土地公社理事全員は緊張した。そしていろいろ質問が始まった。みんな頭の中で清滝川の流れにそった集落、上据・中据・下据と、清滝川を描き、私の説明に深くうなずいた。

市長は思わぬ成り行きに顔色を変えた。

「この話は実はもうすでに企業に打診してある。企業はとってもこの土地が気にいっている。有名メーカーの下請けで、将来性のある企業である。絶対公害など出さない。ぜひ土地公社の皆さんの了解を得たい。この企業を断ったら、もう永久に大野に企業は来てくれない」と理事の一人一人に、イエス、ノーの回答をせまった。助役も市長のあとから、深ぶかと頭をさげた。その市長や助役の言葉に、役所の部課長はみんな黙ったまま、顔をあげなかった。最後が私だった。

「もう、野田さん一人だけ、どうか承認してもらいたい」と、市長は私にイエスの答えを求めた。

私は、「いくら市長の仰せでも、大野市の将来のために、化学物質をあつかう企業の中据進出は賛成できません。それに昨年起きた七間のクリーニング汚染に対しても、市と県はいいかげんな処置をして、市民は大変怒っています。地下水の上流に化学薬品をあつかう企業を誘致させ、これ以上市民を苦しめないでください。化学薬品をあつかう企業は、万一事故が発生しても、危険度の低いところを選んでください」と、進出場所の変更を求めて譲らなかった。

2 強引な誘致計画に怒る市民

誘致は半年前にお膳立て

政策決定は表面的には民主主義の形をとって、土地公社という正式機関の承認を義務づけているが、ここに至るまでには、行政はすっかりお膳立てをととのえている。ことが正式に発表されるときには、ほとんど変更できない状態になっているのが、現在の行政テクニックである。この中据への企業誘致問題は、農村の後継ぎになる男子雇用型の企業誘致という、大義名分があったが、もう一つは市長の次期選挙にからむ利益誘導も隠されていた。

市長は事前に地元地権者や一部の議員、そして相手企業と九分九厘話をつめて、土地公社理事会で承認をとりつけるまでに、ことは運ばれていたのだ。そして私から「農水省技官の旧河道への企業立地の危険性」の話を聞かされ、大きな計算狂いが生じた。地方議会の構成はそのほとんどが自営、あるいは企業などの経済界の代弁者である。市民サイドから環境保全に目を光らせる議員は少数で、しかも私はたった一人の女性議員であった。私の意見にはうなずくものの、最後の決定権は経済優先の多数派議員に握られていた。

このような議会体質であればあるほど、行政側が環境問題をチェックする体制を固めねばならないのに、現状は逆なのである。市民の私たちがやむにやまれず自費で研修を重ね、資料をつくって市民へのアピールを続けているのに、地域の環境保全の責務をもつ行政側が、環境問題から逃げているのだ。逃げてさえいなければ、たとえ首長がこんな無謀な計画をもちこんでも、行政の事務レベルで回避できたはずである。

現実の役所機構は残念ながら、「はっきり意見を言う者は冷や飯」を覚悟しなければならない。だから黙って首長に従っている職員の気持ちは理解できる。しかし福井県下全体に広がる、自治体職員の環境問題に対する無関心さは、放置しておけないほど蔓延している。このような市職員の無気力さは、帰するところ地方の産業界や、その利益代弁の議会が追いこんでいることが多く、一方的に職員を責めることは酷である。しかしこのままでは「大野市がつぶれる」と、大声で叫びたくなるような現状であった。

自治体職員が組織をあげて、「環境を守る気概」と「公害に対する基礎研究」、そして「情報公開」、この三原則を確立していたら、中据のような地下水かん養地への企業誘致など言いだせるはずはないのだ。庁内や議会が誤った首長の強引さに引きずられていくさまは、悲しいともなんともいえない思いであった。

怒る市民

先のクリーニング有機溶剤汚染で、死活問題に直面したのは食品業界の人たちであった。いくたびも会合を重ね、まず市民の代表である市議会議員に、理解を求める活動に入った。平成三(一九九一)年四月一二日、食品業界一九団体が署名簿をたずさえ、市と議会に工場用地変更の請願にふみきった。しかし市当局は強気で「公害の心配などはまったくない」とつっぱねた。

この請願には議会でも議論が沸とうしたが、さすがに市民の代表として、理事者のようににべもなくつっぱねることはできず、調査の約束をした。そして相手企業のある愛知県へ視察団が派遣されることになった。でも強力に反対をとなえていた私は、視察団からはずされた。私は若い議員に「しっかり見てきてね」と頼むことにした。ところがこの議員も企業側からマークされ、見たいところへ行こうとすると「議員さん、こちらへ、こちらへ」と、シークレットサービスを受けたと苦笑していた。どんな視察がされたのか詳細は不明だったが、その後の理事者側の裏工作は執ようさをまし、議会はついに「三対二」で、企業誘致案を通してしまった。

3　市民側は「地下水汚染シミュレーション」で対抗

津郷教授のシミュレーション

地下水汚染を取り上げた今回の運動にとって、一番問題なのは市民も行政も、化学物質に対する知識が乏しいことである。おまけに単なる化学物質の性質だけでなく、それが地下に浸透しさらに地下水の流れにそって、どのように拡散していくのかは、一般市民の理解の限界をこえている。

水の会では若手の会員で「大野の水を蘇生させる研究チーム」をつくり、そのリーダーに福井高専の津郷教授をお願いしていた。津郷先生はちょうど武生市での有機汚染調査に取り組まれており、その研究をもとに中据で地下水汚染が発生したら、どのような拡散になるかを、シミュレーションしていただいた。なかなか市民サイドの立場に立って地下水環境の指導助言をしていただける専門家が少ない中で、県内でこうした先生にめぐり合えたことは、本当に幸せなことであった。

平成三（一九九一）年二月一六日に、その作業が完成し市民に対する公開講座を開催した。会場には二百数十人が参加し、ＯＨＰに映しだされる図面に見入り、先生の説明に聞きいった。大野盆地の上手にある中据の工場予定地から、汚染物質が漏れだす様子が一ヶ月ごとに描きだされる図面を見て、みんなはかたずを呑んだ。

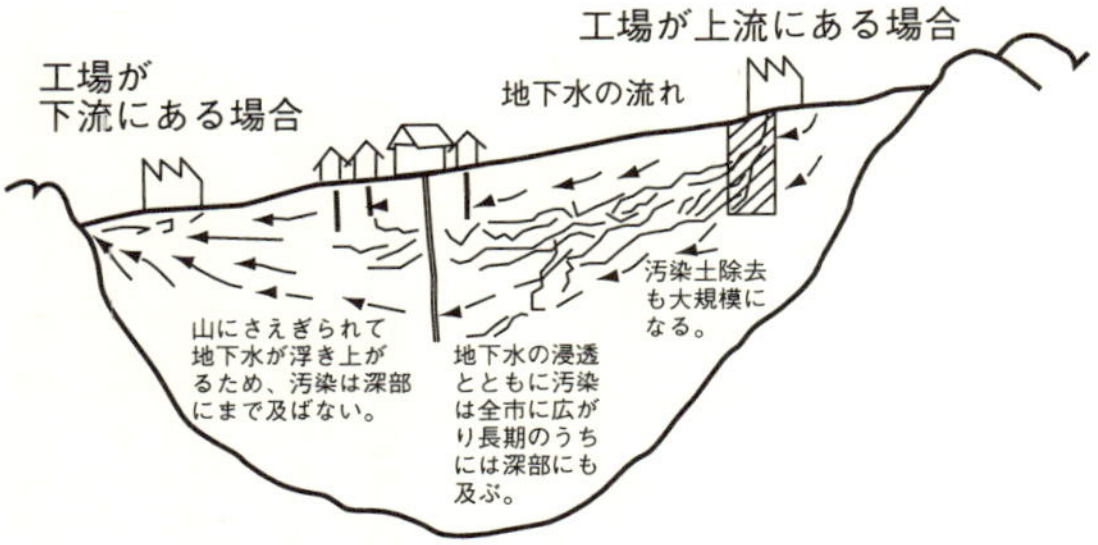
工場が上流にある場合
工場が
下流にある場合
地下水の流れ
汚染土除去
も大規模に
なる。
山にさえぎられて
地下水が浮き上が
るため、汚染は深部
にまで及ばない。
地下水の浸透
とともに汚染
は全市に広が
り長期のうち
には深部にも
及ぶ。

地下水汚染シミュレーション

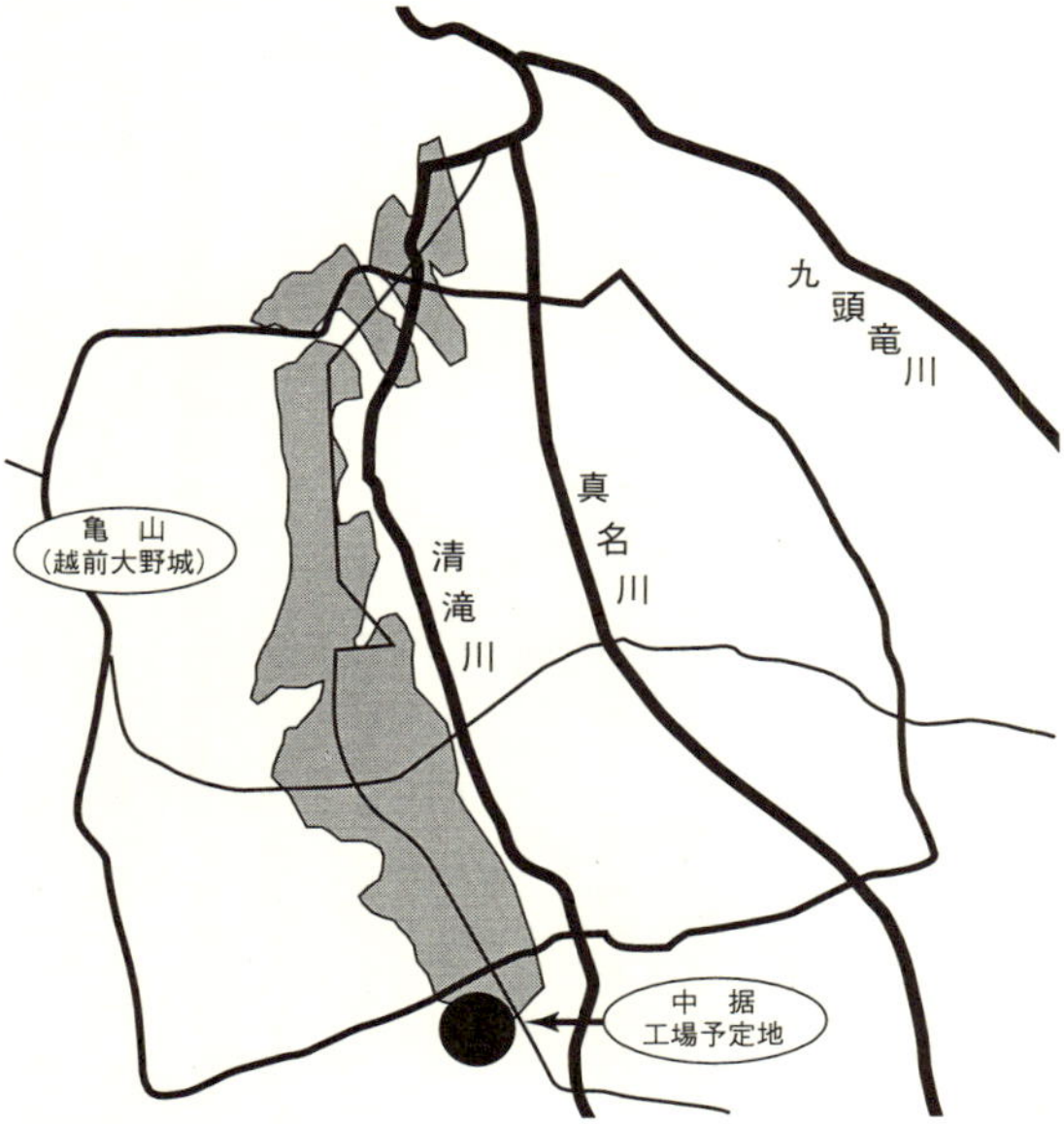
九
頭
竜
川
亀　山
（越前大野城）
清
滝
川
真
名
川
中　据
工場予定地

図―Ⅵ―1
もし中据で汚染が発生したら、汚染地下水は１ヵ月半で盆地末端まで流れ下る。大野盆地地下水研究グループの資料をもとに津郷教授（福井高専）によるシミュレーション

六ヶ月で大野盆地を縦断する汚染物質

中据から大野盆地地下の汚染は私たちの目に直接見えないが、汚染物質が地下へもぐりこんでから、約一ヶ月後には市街地南部に到達し、二ヶ月後には市街地全域を覆い、約六ヶ月で汚染物質は

地下水の流れにのって、大野盆地最北端まで到達することが、シミュレーションで示されていた。

いままで私たちはこのようにわかりやすく、地下水の流れの説明を受けたことはない。中据に工場誘致を考えた行政も議会も、こんな地下水の流れを知らないのだ。こんな状態で汚染がすすむということがわかっていたら、企業誘致などは考えなかったであろう。知らないということの恐ろしさを痛感するのと同時に、福井県にこうした地下水汚染の研究者が少ないことを憂いた。

市の理事者や議会は、このような学習をしたことがないので、気軽に水源地への企業立地を考えたのであろうが、このシミュレーションを見れば考えなおしてもらえるにちがいないと、私たちはこの資料をもって、もう一度市長や議会に中据への企業誘致を考えなおしてほしいと要請した。しかし反応はまったく逆だった。

4 チラシ合戦と「ウソ」の報道

賛否両論のチラシ合戦

こうした政策決定の中枢へ働きかけをする一方、水の会と食品業界有志は協力して、「なぜ中据への企業誘致に反対するのか」というチラシをつくり、市民への情報発信を始めることにした。多くの市民に地下水の流れをわかりやすく説明する資料には、いままで地道に続けてきた水の会の実態調査が大きく役立った。

こうした私たちの積極的な広報活動に、企業誘致推進派も黙ってはいなかった。「危ないというなら根拠を示せ。上水道もつくらず水が汚染されては困るというのは、町の者のエゴだ。町の者はタダの水を飲んでいて、工場が来て水を汚すのは危険だという。そんなことではまちは発展しない」と、新聞の折込みチラシ合戦が始まった。

でも推進派の考え方こそ、環境破壊、地下水汚染の根源なのだ。誘致派は、「環境破壊を是認」しての企業誘致であることを、まだ自覚できていないでいるのだ。そして陰湿な人身攻撃が始まった。酒の蔵元の玄関には化学肥料や農薬の袋が積まれ、リーダーの自宅には脅迫電話や、車のタイヤに穴をあけられる事件が続いた。狭い顔見しりばかりの地域で、水環境を守りたいとする側と、雇用の場を確保したいとする側の、二つの流れが対立する有様に、多くの市民は心を痛ませた。この調整こそまさに政治の課題なのに、大野の地域にはすでにその調整能力は失われていた。

それでも私たちは、実態調査にもとづいた資料で「企業誘致に反対するのではない。中据の地点に企業を誘致したら、市街地の飲み水が危険にさらされるのだ。だから誘致の土地を危険度の少ないところに、変更を求めているのだ」ということを冷静に訴えつづけた。まず大野盆地の地形図を示し、盆地北端なら監視井戸も一本ですみ、万一汚染しても一～二メートルの土を除去することで対処できる。それに反し中据では、監視井戸も数本必要で、その上汚染したら現在の地下水位から見て、一八～二〇メートルの深さまで土を除去しなければならない。しかも地下水の流れはダルシーの法則の三〇倍という速さでは、すぐ対処しなければ手おくれになってしまう。

この予定地の少し上手の清滝川西岸で、市は地下水の流速調査を実施している。それによれば南東から北西に向かって一日に八メートルから一二メートルの速度で動いている。このように行政は自ら調査を行いながら、現実の政策はそれらを無視して強行しようとしているのだ。

市報で「公害の不安まったくなし」とウソの発表

この企業誘致政策には、最初から地下水保全の意思はまったく見えないのだ。以前七間で起きたクリーニング汚染事故の対応から察知しても、中据への企業誘致は最初から、地下水放棄の態度でのぞんでいたことが見え隠れするのだ。

こうして平成三年七月号の市報には、有名な親企業の名前をあげて、「地下水汚染、出さない、出さない優良企業」とウソの発表をし、大々的に自動車部品工場の進出決定を報道した。しかし大野市はこの進出企業に対する公害調査は、ほとんど手をつけていなかった。あとで述べるが、この企業は常習的な工場廃油のタレ流しで、たびたび事故を起こし、地元市役所の公害課から厳重な注意や指導を受けていたのである。

5　訴訟への決意、誰が原告になる？

ひそかに決意、自分が立とう

ここまで事態がすすむと、あとに残された手段は住民訴訟しかなかった。市を訴えるという大野市始まって以来の大事件が、幕を切って落とされようとしている緊迫感で、私たち市民側の苦悩は極限に達していた。何とかして回避できないものかと神に祈った。とここにおよんでも私たちの周辺には、裁判の具体的なすすめ方を知っている者は誰もいない。弁護士を頼むつてさえ知らないのだ。

ようやく福井市の佐藤辰弥弁護士を探し当てて、私たちの思いを聞いていただいた。裁判を起こすにも、まず誰が原告になるのか、それが一大事であった。誰だって、市長を相手に訴訟を起こすなどとは考えてもいなかったのだ。

佐藤弁護士は、

「原告は、食品業界の人だけでは弱いと思います。"この裁判は大野市民のいのちの水を守るための訴訟だ"、という大義名分をはっきりさせるためには、一般の市民、特に女性の原告が必要です」と、諸外国に比べ未成熟な、日本の公害裁判の実情を説明された。

私はいく晩も眠れぬ夜が続いた。そしてひそかに議員をやめて、自分が原告に立とうと決意した。「大野の水を守ろうと議会に出たのに、自分の力不足で市長や議会を説得できなかったのだから、その責任をとろう」と、覚悟を決めて原告を選出する集会にのぞんだ。

大久保京子さん助っ人に

ところがその席上、思わぬ展開になった。大久保京子さんが「野田さん、原告は誰でもいいんでしょう？　私がなるわ。野田さんには議会でもっと水のために働いてほしいから」

この声に会場から大きな拍手があがった。先に請願書の発起人になった食品業界の男性のところには、「市の政策に反対するような団体には、今後一切補助金を出さない」と、議員から圧力がかかり、代表を下りる羽目に陥っていた。社会的にいくつものしがらみを抱えている男性にとって、こんな場合旗色を鮮明にすることは、個人の意思だけではこえられない苦境に立たされるのだ。こんな状況下で原告になってもらえる人を探すのは難しく、水の会幹部は友人の間をまわって説得を重ね、ようやく六人の原告団が固まった。

原告団が立ち上がった段階で、佐藤弁護士は「日本の民事訴訟は、原告側に立証責任が課せられているので、その対応にこれから全力を傾けねばならない」と私たちに告げられた。私はこれまでの資料を整理して、企業誘致をめぐる行政の対応や市民側の行動の経過を、佐藤弁護士に届ける役目を自分に課した。

6　進出企業は公害マークだった

現地調査で判明した企業の公害

進出予定の企業は、大量の油を使用する自動車部品製造工場で、常識で考えても公害の恐れは否定できなかった。議会の調査団からはずされた私は、まだ相手企業の場所すら確認できていず、九月議会を前にどうしても、相手企業の実態を確認しておきたかった。会員の中村さんと二人で、企業の立地する愛知県O市へ出かけ、まずO市の環境保全課を訪ねた。

進出企業の名前は伏せ、担当者にO市の公害行政のあらましをたずねた。O市の担当者は市の公害条例を出し、「当市では、国よりはるかに厳しい環境基準値でのぞんでいます。なかでもY川流域は工場が集中しているので、もっとも厳しい規制であたっていますが、その中にしょっちゅう油をタレ流す企業があって困っています。実は昨年も事故を起こして、指導したところです」と告げられた。

市役所を辞してY川の堤防にあがって、周囲を見わたした。問題のA企業はこの流域にあると聞いてきたが、すぐそれらしき工場が見つかった。近寄って工場の様子を観察すると、工場は二本の道にY字状にはさまれ、裏手にまわるとそこは田んぼで、一本の用水が工場のほうから流れていた。

もう少し工場の操業状況を知りたいと思っていると、かたわらの家から洗濯物を抱えた主婦が出てきた。私は女性の出現に心が軽くなって、「こんにちは」と声をかけ、ここに来たわけを手みじかに説明した。

するとこの主婦は「それはご苦労さんなこと。あの工場はしょっちゅうこの用水に油を流すので困っているの。去年などはこの田んぼにまで油が入り、市が調べに来たのよ。稲が枯れて、工場は補償金を出したはずだわ。細かいことは地主さんに聞いてみたら？　地主さんは向こう側の二軒目の家よ」と親切に教えてくれた。

私はこの主婦との出会いに感謝した。地主の家を訪ねると、まったく主婦の言ったとおりで、「でも工場の人は、けっして悪い人ではないのだがねー」と言葉をそえた。何のことはない、O市の環境保全課で聞いた油タレ流しの工場というのは、大野にやってくる予定のA企業だったのである。大野市の理事者も議会の調査団も、何を見てきたのであろうか。

翌日、議会で私はこの事実をのべ、これまでの市長の答弁「公害の心配はまったくない優良企業」はくつがえった。各新聞社はどこも大きな見出しで報道し、いままでの市の欺まん性が、世間に公開される結果になった。私は愛知県の現場へ出かけての実態調査が、こんな形でむくわれて、いままでウソをつきとおしてきた理事者と、それに妥協した議会の男性たちに、「事実」の重みをつきつけることができ、長い間の胸のつかえがとけていった。

でも私の胸のつかえはとけたが、おさまらないのは多数派の男性議員たちであった。いいかげんな調査がバレて怒った面々は、私に水行政特別委員長の辞任を求めてきた。どちらが間違っているのかと反論はしたが、「負けるが勝ち」と議会会派の離脱手続きもいっしょにとった。委員長は辞任しても、役所のウソとそれに迎合してきた議会のいいかげんさが、市民の前に明らかになったのだから、これくらいのことは甘受しようと、私はいっそう調査にエネルギーを傾けていった。

若い人たちの土壌採取

しかし原告の重責を引き受けた、若い河原さんたちの行動はもっと的確だった。「野田さん、中村さん、ありがとう」と、私たちの労をねぎらうと、すぐ翌日河原さんと荒子さんはO市へと車を走らせた。そして工場排水口直下の土と、その一〇〇メートル下流の用水の土と、油の流れこんだ田んぼの土と、それから工場排水に全然関係のないO市の土を、一キログラムずつ採取してきた。

そしてそれを公的検査機関で調べてもらったところ、工場排水口地点の土一キログラムから、八二グラムの切削油の成分が検出された。この検査記録は後日の裁判の中で、「油の流出は大雨による一過性の事故」という企業側の主張は通らなくなり、油タレ流しが常習的に行われたことを証明する、有力な証拠となった。

公害規制値の甘い福井県

企業誘致事件の取り組みの中で、私は企業進出の重要な鍵を握っているのが、各自治体の公害規制の基準値であることを知った。私は北陸三県と岐阜県、滋賀県、そして地下水都市宣言をしている熊本市の、水質基準値のデータを取り寄せて比較してみたが、福井県の規準値がもっとも甘かった。それに対しA企業の立地している愛知県O市や熊本市などは、項目によっては福井県の五倍から一〇倍の厳しさであった。

この環境基準値の数値を比較してみるだけでも、その自治体のおかれた立場や、環境保全に対する姿勢が読みとれる。A企業はひょっとして、公害規制の厳しいO市から逃げだして、規制の甘い大野市に来たかったのかもしれない。

大野市は地下水を飲用としているにもかかわらず、地下水を上水道水源としている熊本の基準を見習おうとせず、もっとも甘い福井県の水準に合わせていた。「おかしいのではないか」と、私は議会の委員会で現物を持ち込んで追及したが、市は「県以上の規制はできない」と答弁をくり返すだけであった。でもそんな理事者の答弁が通用しないことは、O市がY川流域を特に厳しく規制しているごとを見ても、行政側の安易な言い逃れにすぎないことはよくわかった。調べれば調べるほど、環境に対する福井県と大野市の姿勢は後ろ向きであった。このような行政の姿勢が、住民訴訟にまでことをもつれさせる、最大の要因になっていくのだ。

7 名水訴訟を闘う市民の態勢

佐藤辰弥・梶山正三の二人の弁護士

平成三（一九九一）年七月二六日、ついに「大野の名水を守れ」と、市を相手にした住民訴訟が始まった。公害の未然防止を願った「中据工業団地造成差し止め訴訟」である。原告団長は中村雄次郎氏がなり、食品業界の有志、水の会の幹部、主婦代表と、バラエティにとんだ六人の原告団が編成された。

今回争点となるのは、公害が発生するか、否かをめぐる、科学的な因果関係である。いままで全国と交流をもってきた「水の会」の運動を知り、大野の窮状を助けようと、東京第一弁護士会の梶山正三先生が、ボランティアとして支援しようと申し込まれた。

梶山先生は、大学で水質の研究をされた理学博士で、卒業後は東京都の環境保全局に勤務された、公害Gメンの実力者でもある。そして現在は弁護士として、公害裁判の支援活動をされている。地元福井の佐藤先生と二人で支えていただけることになって、私たちは小おどりして喜んだ。

名水訴訟の署名運動

「名水保存会」が裁判支援に立つ

裁判を前にして、市民の支援活動も広げねばならない。あらたに八人が発起人となって、「大野名水保存会」を結成した。「水の会」が研究を主にしていくのに対し、「名水保存会」は水を守る輪を市民に広げていくことを目的とし、当面は全国規模の署名と資金カンパで、裁判支援の強化を申しあわせた。そしてその年に高槻市で開催された水郷水都全国大会では、この大野市の名水訴訟を、全面支援する決議をしていただいた。

佐藤弁護士は、裁判の意義を次のように説明された。

「この裁判は、市や議会がゴーサインを出したが、本当に公害が発生しないかを改めて問う裁判になる。日本の法律はまだまだ公害に対する規制が十分でない。だから原告だけにこの裁判を任せるのでなく、市民全員で応援してほしい。公判の傍聴には、できるだけ多くの人が来て見守ることが大切である」と、市民の共同責任の自覚をうながされた。

裁判の進展は佐藤先生や梶山先生にお任せするとして、傍聴者確保の責任は、私たち「水の会」と「名水保存会」で、がっちり固めていこうと誓いあった。

そして福井市までの交通手段にはマイクロバスの確保をし、まわりの人びとに傍聴への協力を呼びかけていった。

8　判決は「公害の未然防止の願い」却下

訴状抜粋

造成工事等差し止め請求事件

請求の趣旨

一、被告（市）は次の行為をしてはならない。（別紙記載の土地造成を禁止）

一、その土地をA企業に売り渡してはいけない。

訴訟費用は被告の負担とする

請求の原因

一、原告は大野市民であり、日常生活において井戸水利用しており、本件土地の地下水の汚染に影響を受けるものである。被告は本件土地に中据《なかしがらみ》工業団地を造成し、株式会社A社に売り渡そうとしている。

と述べ、被告（市）は地下水を飲んでいる市民の基本的人権に配慮せず、地下水かん養域に公害発生の危険が高い企業誘致を図ろうとし、さらに被告（市）は、公害発生の調査を怠ったことを請求の原因にあげている。

そして次の三点から差し止めを求める根拠にあげている。

一、人格権

個人の生命、身体、精神および生活に関する利益は何人もみだりに犯してはならず、原告らは「おいしい水」を飲める幸福を享受している。

二、財産権（所有権）

原告等は大野市内に居住し井戸水を利用しているが、有毒物質により汚染されれば、利用価値が損なわれる。

三、環境権

環境権は、人が健康な生活を維持し快適な生活を求めるための、よき環境を享受し支配しうる権利で、みだりに環境を汚染し破壊するものに対しては、妨害の排除または予防を請求し得る権利で人間が生まれながらにして持つ基本的人権の一つである。

以下省略

以上が、訴状の抜粋である。私たちがこの裁判に求めているのは、公害の未然防止であった。しかし、私たちの願う公害の未然防止は、まだ現在の日本の法律には整備されていない。いままでの公害裁判は、事故が起きてしまってから、その被害を金銭でつぐなうことしかできず、公害そのものの解決にはならなかった。だから今回の「まだ実際に起きていない公害の未然防止」を訴訟の土台に据えようとする裁判が、けっして容易でないことは、最初から弁護士の説明で覚悟はしていた。

市側弁護人「若者や主婦は原告の資格なし」を主張

しかし驚いたのは、市の代理人である弁護士の「若者や主婦は財産をもっていないから、財産の一つである井戸水の汚染を論ずる資格がない。したがって原告の資格がない」という主張であった。これには意表をつかれた。人間の生存権にかかわる「水を飲みたい」という主張は、憲法でもっとも強く保障された基本的人権である。それを否定する市側の弁護士の主張は、「大野市自体が市民の人権を軽んじている」と言われてもしかたがない。

でも裁判官は「六人の原告適格」と「大野市長の被告適格」は、ともにあることを認めた。この市側の弁護士の発想でもわかるように、私たちの主張である「良質の地下水を、地域共同体の宝として子孫に残したい」という環境哲学に対し、行政は「地下水を個人の私的財産」としてしかとらえていないという、基本的なくいちがいが鮮明になった。

9　日本の公害裁判は市民に立証責任

市民側にきびしい立証責任

今回、行政の企業誘致計画に、住民が立ち上がれたのは、市民の手による地下水調査が基礎にあったためである。私たちは中据で汚染が発生したとき、汚染物質が地下水の流れにそって拡散していくシミュレーションの図表で、汚染の危険は十分立証できると解釈していた。

しかし裁判官はそれだけでは納得せず、私たち原告に「企業の汚染物質の量がどれだけ地下に漏れると、何時間後に原告の井戸に到達し、どの物質がどれだけ地下水に入ると、人間の健康にどれだけ被害が生ずるかを、数値をあげて説明せよ」と求めてきた。私たちはこんなきびしい因果関係の立証は、とてもできないとさじを投げようとした。

鮮やかな梶山弁護士の立証

ところがこのきびしい証明を、梶山正三弁護士は見事にはたしてくださった。

平成五（一九九三）年一月二四日の公判の準備書面には、九ページにわたりその因果関係が述べられているので、その大綱を引用する。

1　企業の使用する油類の月間使用量と、環境に放出されると見込まれる量

2　それらの成分分析と毒性の関係（アミン化・塩素化・硫黄化の毒性）

3　漏出の蓋然性と環境への影響度
4　地下水への拡散と流速
5　家庭に届く時間と、到達ピーク時の汚染物質濃度は〇・四三ｐｐｍ

これらの内容を、千葉県で起こった地下水汚染の実例や、先般大野市で発生したクリーニング事故および、仙台地裁の判決例などを引用しながら、「企業誘致による地下水汚染の因果関係は、十分に認められる」と陳述し、さらに「この訴訟は原告ら六人だけが反対しているのではなく、九〇〇〇名以上の大野市民が、工場の誘致先変更を求めている」と結ばれた。

理学博士という水質化学の専門性、そして公害行政の第一線でつちかわれた豊富な経験、そして化学物質公害の最新の事例を駆使しての弁論に、さすがの裁判官もこれをくつがえすことはできなかった。

裁判官ははじめから、この立証はとても原告にはできないと予想し、和解勧告を考えていたようである。ところが案に相違した市民側の立証を見て、最初に認めていた市の被告適格を、途中から土地公社にすりかえてしまった。

「市には被告適格があるけれども、現在の土地の管理権は大野市土地公社にある。したがって被告は土地公社である」と、民事訴訟の原則を逸脱し、平成五年三月五日実質審理を放棄して、門前払いの却下の判決を下してしまった。

本来、裁判官は原告、被告のいずれにもくみせず、公正な審判をつらぬく責務がある。しかし公判中裁判官は、しばしば行政側を弁護すると見られる発言をくり返し、原告側には過酷なまでの立証を求めた。そして原告がそれをはたすと、今度は一転して、当初認めていた市の被告適格を破棄し、「市民は訴える相手を間違えた」と、審理を放棄した態度は、アンフェアーと見られてもしかたがない。

判決の三日後、進出予定のA企業は、景気の悪化を理由に、正式に進出を断念するむねを市に伝えてきた。私たちは却下の判決には不本意で、控訴の手続きに入っていたが、企業の進出断念で事実上願いはかなえられたと、この訴訟を終結することにした。

10 アメリカは、企業に立証責任

アメリカのスーパーファンド法

我が国の民事訴訟では、因果関係の立証はすべて原告の責任となっている。しかし公害問題の因果関係を、一般の市民団体が克明に立証するのは、本当にむずかしい。多くの場合企業は資料を公開せず、いままで地下水に関する公害が、表面的に裁判で争われなかったのは、見えない地下環境の公害立証が、市民側にとって極めて難しかったからである。

これに反しアメリカの公害裁判は、訴えられた企業側が、「公害を出していないことを立証する」のを前提にしている。しかもスーパーファンド法で、市民側の調査権を保障し、その費用まで政府と企業が分担することになっている。ところが日本の法律は、市民側に立証責任のすべてを負わせており、このことは日本が産業国家としての法的整備がおくれている証拠である。

戦後政治の分野での一党支配が長く続き、司法、行政、立法の三権分立の原則が崩れ、司法界は最高裁の人事権を通じて、次第に行政の力に屈してきている。最高裁のこの姿勢は、行政訴訟の判決にも現れてくる。世紀末の混乱期に入り、法が人権を守る機能より、社会的秩序を守るほうに傾いているからであろう。最高裁は原発を一五基も抱えている福井県の状況を勘案して、裁判官も保守的な人材を配置しているのかもしれない。

日本でも必要な市民調査権の保障

今回の名水訴訟の対応でも、私たちは原告立証責任のきびしさを実感した。現行裁判が原告に被害の立証責任を負わせるのなら、日本ではもっと市民の調査権を、保護しなければならない。それもせずに一方的に、市民に立証責任を負わせている現実を、司法界ではどう受けとめておられるのだろうか。市民の公害立証には、行政の調査拡充と、その情報公開制度がととのわないかぎり不可能である。

この行政の調査不徹底が、政策立案の方向をゆがめ、住民訴訟にまでもつれこむ原因になっていることを、今回われわれの住民訴訟を通じて実感した。

そしてこれらの公害にかかわる審議組織の形骸化も、指摘されなければならない。科学的な専門知識を必要とする公害問題の審議機関が、多くの場合、行政のイエスマンタイプの委員で占められ、真の専門委員が選ばれていないケースが多い。幾重にも市民の自由が保障されているはずの民主主義制度が、その運用を誤っていま世紀末の混乱を迎えている。

大野の名水訴訟を担当した裁判官は、訴訟却下の判決を下してから、一週間後名古屋高裁へ転勤になった。きっと罪刑法定主義との板ばさみのなかで苦しまれたことだろうが、民事訴訟の原則を逸脱したと思える裁判のすすめ方には、いまなお釈然としないものが残っている。

11　市民が示した裁判への意思

満席の傍聴席

市始まって以来の住民訴訟は、市の内外に大きな波紋を広げていった。そして地下水の大切さは、多くの市民の心にしみこんでいったが、一方、裁判が却下になったということで、これ見よがしに中据に鉄工所を建てた人もいた。それに神社の駿馬の台座には、「水の会」が公害を言いたてて、企業誘致の邪魔をしたと刻まれた。正直にいって、農業不振から企業誘致に夢をかけたい人の気持ちは理解できる。私はこの台座を見て怒る会員に「まあまあ、一〇〇年あとの人たちに、この判断は任せましょうよ。二〇世紀の終わりに、私たちの先祖はおいしい水を子どもに残したいと、裁判までしたんだって」と、静かに感じとってもらえるだろうと話しした。

それにしても名水訴訟に示された、大野市民のエネルギーは大きかった。自分たちのいのちの水を守ろうと、男も女も老人も若者も立ち上がった。一〇回におよぶ公判は、毎回傍聴席は満席にな

佐藤弁護士から説明を受ける傍聴者（福井地裁）

った。原告になって闘う決意をしていた私は、身代わりになって原告の大役を引き受けたくれた同志や、弁護を引き受けてくださった佐藤、梶山両先生のご好意にむくいるためには、傍聴席の満席確保だけはしなければと考えていた。バスをチャーターし、出発時間がお昼にかかるので、おにぎりなどの準備もした。近所の主婦たちは「むずかしい裁判のことはわからないけれど、私たちの傍聴が少しでも役立つのなら」と、毎回福井市まで傍聴に出かけてくれた。

しかし五回目の公判は、はたと困ってしまった。大野市街地の大半が氏子になっている、山王神社の祭礼日と重なってしまったのである。裁判所からは「明日は公判ですが、大野から傍聴に出てこられますか？」と打診が入った。第四回の公判のあと、五回目は五月一五日と決められ、祭礼と重なるので変更を申請したが許されなかった。裁判所はそれを気にされたのであろう。私は祭礼が原因で傍聴者が少なくなってはと、いままでと違う方面の知人や友人に協力を呼びかけていった。

当日になってみて驚いた。傍聴席はいままでとちがう顔ぶれでいっぱいになり、席にすわれない人も出た。この光景を一番きびしく受けとめたのは、裁判官と市側の弁護人ではなかっただろうか？

老女の励まし

大野の水を守るためとはいえ、市を訴えるという従来の道徳観に逆らう今回の訴訟には、言葉には言い尽くせない内面の葛藤があった。その中で勇気づけられたのは、八〇歳をこえた農家の女性の励ましであった。

「奥さんらのおかげで、このおばあは、いまもうまい水を飲ませてもろうている。奥さんらががんばってくれなんだら、いまごろクサい上水道になっていたじゃろう。裁判には金がかかるさかい、これをつこうておくれ。息子も嫁も承知してくれた、おばあの金じゃけに」と、大金一〇万円を置いていかれた。

また、いままで開発政治の先頭に立ってきた政界の人から、「中据への工場誘致は絶対させてはならぬ。よく立ち上がってくれた」と、これまた大金を寄付してくださった。お金の支援もありがたかったけれど、私たちの主張を開発派の重鎮にまで評価され、胸のつかえがおりた。私も議会の歳費をなげうってこの裁判をたたかった。

私たちがこの裁判によせた真の願いである「公害の未然防止」は、その後、国の水源保護条例に生かされることになり、着実に公害の未然防止の一里塚となった。

第七章　環境保全の夜明け

平成六（一九九四）年～平成九（一九九七）年

1　草の根選挙で環境派市長を送りだす

新人市長候補の決意に感謝する

バブルがはじけてからの大野市は、不況の嵐に見舞われて活気を失っていた。平成五（一九九三）年三月に名水訴訟は終結したが、この裁判を通じて、市民はいままで無造作に破壊してきた地下水の貴重さに、ようやく気づいた。そして新しい感覚の首長を求める気運が市民の間に広がり、市長改選の平成六年六月が近づいていた。

しかしこれといって産業のない大野市では、従来と同じように国に依存する、公共土木事業優先の行政をのぞむ市民も数多くいた。生産人口の二四パーセントが土木建設業で占められる土地柄では、その利益を代弁する勢力が、政治の重要部門に浸透している。三選にのぞむ現市長はすでに六十余団体の支援をとりつけ、その勢いに押されて対抗馬はいなかった。しかし現市長にあと四年間市政をあずけたら、大野の地下水環境も歴史的文化も、決定的に破壊されてしまう。心ある市民は政権交代の必要を真剣に考えていた。

その動きは若い世代から始まった。一番出馬条件に有利な一年生議員の天谷光治氏に白羽の矢が立った。候補者が立てられず、無投票で現市長の三選が予想されていただけに、私は新人・天谷氏の勇気に感謝した。

ボランティア選挙に燃える

しかし、勝てる公算は何もなかった。三選を照準においた現職の支援組織は万全で、片や一年生議員の天谷氏は、名前も顔も知られておらず、まずそのことから始めなければならなかった。私は大野の水の命運がこの選挙にかかっていることを思い、悲壮な決意で立ち上がった。自分の市議会議員の選挙なら、負けても自分だけが泣けばよい。しかし現職に三選をゆるしたら、大野市の将来に禍根を残すと、戦艦大和の出陣に似た思いで、朝六時にはもう車を走らせていた。

先の七間有機溶剤汚染事故の取り扱いといい、引き続いて起こった中据の企業誘致事件も、これらはみんな首長の政治判断が、方向ちがいしたために引き起こされたものである。

「大野の水を守るために、新しい市長を」と私は市民に訴えた。若者と女性がボランティア選挙に燃えた。札束が舞ういままでの選挙風景はすっかり影をひそめ、天谷陣営はかけつけたボランティアの若者、女性でいっぱいになった。手づくりのおにぎりをほおばって、まちへ飛びだしていった。

平成六（一九九四）年六月、現職に四〇〇〇票の大差をつけて、新人の天谷市長が誕生した。私は「ああ、大野にもやっと夜明けがきた」と、涙があふれた。

2　ＮＨＫ出版の「大野の豆腐はなぜうまい」

名水と食文化

封建的な北陸の田舎まちで起こったこの変動は、新聞やテレビでも報道され、地下水のまち・大野市の名は、全国に知られるようになった。

その秋、東京の環境問題研究家で組織された「ソーラーシステム研究グループ」の人たちが、大野に来訪された。先に家族旅行で大野に来られた人見先生の連絡で「このたび大野の水を主題にした特集記事を、ＮＨＫ出版の『食の科学』に載せたい。水の会のみなさんにぜひご協力をお願いしたい」とのお申し出であった。

私は早速、会員や名水訴訟にかかわった食品業界の人びと、議会の有志に連絡をとって、二十数人が菩提寺《ぼだいじ》に集まった。この人たちがこれまで大野の水を守る運動を支えてきたのは、「おいしい水を大野の子らに残したい」という一心からである。訴訟まで起こして、市長を交代させた大野市民の生の声を、女性会員の手料理をすすめながら、二〇年近い運動の苦労話を聞いていただいた。

おいしいお米と地酒、おいしいサトイモ、そしておいしいお豆腐などが、みんな大野の水で育てられたことを、改めてかみしめた。そして田中豆腐店の協力をいただき、豆腐製造の過程をカメラに収めた。もう一つ、大野の秋の伝統行事である「報恩講《ほうおんこう》」を、今井の西応寺さんでロケさせていただいた。いろりの〝ホダ火〟（いろりでとろとろ物を炊く火）を囲みながら、こんがり焼けたサト

"大野の豆腐はなぜうまい"

イモ田楽を肴に談笑する風景は、大野でも現在は貴重になっている。その一部始終も『食の科学』の紙面を飾った。

このおかげで大野の豆腐の評判が高くなり，福井市や京都への販路が広がった。こうしたふるさとの伝統文化と、おいしい地場食品のPRで「水をめぐる争い」に終止符を打ちたいのだ。そのようなふるさとの水を守りたい私たちの願いは、NHK出版の大きな支えに助けられて、「名水と食文化運動」はまちづくりの大切な要素として、しだいに定着していった。

3　情報公開と環境教育

情報公開への歩み

まちの中にも庁舎内にも、新市長に対する抵抗は残っていたが、それでも新しい息吹は少しずつ広がりを見せていった。新市長の公約である「おいしい水を飲みつづけられる水行政、城下町の文化を生かすまちづくり」は、大野の独自性を生かすものとして、多くの人に共感をもって迎えられた。そして従来の秘密主義を廃し、住民参加への行政に転換していくために、市民提案制度や、行政資料室の設置で情報公開に向かって歩みだした。

こうして新市長の「環境保全と人づくり」は、一歩ずつ前進しはじめた。これまでの開発主導の市長のもとでは、庁内では「水」という言葉を口にするのさえ遠慮がちだった職員も、しだいに「水」へのアレルギーが薄らいでいくのが感じられた。市長は、生活環境課を地下水問題の担当課にあてた。

そして最初に取り組んだのは、市民や職員の水に対する学習であった。東京から「水」の第一人者を招き、講演会やシンポジウムが開かれること自体、大きな変化だった。市がこのような「水」のシンポを開催するなどということは、前市長時代にはとても考えられないことであった。首長の交代ということが、これほど大きな変化を生むものかと、選挙のはたす意義を改めて考えさせられた。これまで顔を向けなかった水問題や環境問題の全国会議に、職員を派遣するようになり、ようやく行政として環境問題の扉は開かれた。

市職員の意識改革

私たちはこの市役所の変化に、希望が湧いてきた。いくら市民団体が叫んでも、行政側がその気にならないことには、政策化できないのだ、ようやくこれから同じ土俵の上で論議できるようになれそうだ。これまで私たち水の会は、全国の市民団体や研究機関とネットワークを組み、最新の情報に接してきた。それを市に提言しても、行政機関側の情報がおくれていて理解されず、対策の手おくれを招いたことは、一度や二度ではない。まず職員に気づいてもらうことが、政策立案の前提条件なのだ。

このように市のトップが職員を育て、それによって職員の意識が変化し、技術が向上していけば、市の環境行政は進歩する。この不断の努力こそが行政の体質を変えていく最大のエネルギーになると、市長の人づくりに対する熱意にエールを送った。「雨水博士」の村瀬誠氏の講演会も開かれた。同じ自治体の職員として、住民を愛し、住民サイドに立った下水処理の問題提起で、雨水排除のかたよった下水道政策を、保健所の職員から広く建設行政にまで広げていくすばらしさを、市の職員は感銘して聞いていた。大野市の場合は残念ながらあまりにも縦割り主義で、行政の横の連携ができていない。雨水博士の刺激を受けた大野市では、早速雨水の地下浸透の実験が開始された。

そして市民の水環境に対する意識の啓発に「明倫館《めいりんかん》」講座や「平成塾」の講座も組まれ、市民参加の学習体制もしだいにととのっていった。

4　ホタルのために河川改修を変更した県土木部

ホタル絶滅の危機

ここ二、三〇年の間に、大野の河川はほとんどコンクリート三面張りになり、「建設省は破壊省」

と叫びたいほど、様変わりをしてしまった。水辺に近づこうとしても、急なコンクリート斜面は人を川面に寄せつけず、子どもたちの生活は大野市でも、急速に自然の水から遠ざかってきた。

平成四（一九九二）年二月、ホタル観察を続けている吉田会員から「大変！　木瓜川のホタルが全滅する！」と注進が来た。行ってみるとショッピングセンター・リブレの三角公園前の木瓜川が、川底からユンボでかき荒らされている。ここは市街地でもっとも早くホタルが発生する場所なのだ。毎年春の五月から八月まで毎晩、大野盆地のホタル生息の観察を続けている吉田君にとって、身を切られる思いだったのだろう。

私は吉田君のつくったホタルマップをもって、大野土木事務所所長に面会を求めた。「もう工事が始まっているので、ご無理とは思いますが、どうかホタルが全滅しないように、何とかお願いできませんか」と吉田君の調査資料を見せてお願いした。

ホタルのために設計変更

所長はここ数年間の大野盆地における、ホタルの棲息状況の変化図をのぞきこんでおられたが、ホタルが前年より激減している場所は、すべて公共土木事業による、用水改修の個所であることを説明すると、所長は工事課長を呼んで「何とかホタルが生き残れるように、設計変更できないか？」と指示してくださった。

思いもかけぬ取り計らいであった。すでに工事の着工がされている事業を、途中で設計変更して応えていただけるなんて、いままでの河川行政では考えられぬことであった。そして木瓜川のホタルは残った。吉田君はいまも町内の仲間たちとホタルの保護活動を続け、木瓜川をホタルでいっぱいにすることを夢見ている。

私はこのときから「建設省は破壊省」というのを止めにした。亡くなられた建設省河川課長の故関孝和氏が、いのちをかけて書かれた自然への復帰が、大野の河川行政にも生かされたのだ。

私は机の上に、関課長の遺された著書『大地の川』を置き、静かに黙とうを捧げた。

5　市が天然ブナ林のナショナルトラストを

周囲の理解に支えられて

もう一つ行政の快挙に、平家平《へいけたいら》二〇〇ヘクタールのブナ林の買いあげがある。戦後九頭竜川は、本流も支流も上流からダムまたダムで自然の姿を大きく変えてしまった。このことが原因で大野盆地の地下水は著しく減少し、問題を抱えるようになった。ところがこの上流の平家平で、天然ブナ林二〇〇ヘクタールの買いあげ計画がもちあがった。山林の持ち主が自然環境に配慮したいと、市に打診してきたのである。市長はこの買いあげを、遠慮がちに議会へ提案してきた。水源かん養に買いあげるというと、反対勢力の議員がまたカネもないのにと、難くせをつけるのではないかと気を使われていた。

ちょうどそのころ、福井県の河川を代表する九頭竜川の保全団体、「ドラゴンリバー」の研究部

ナショナルトラストの平家平（大野市議会議員ら）

会が催され、会員である私は同僚の米村議員と二人で参加した。参会者は全員五分間、地域での保全活動を発表することになり、私と米村さんは平家平のブナ林買いあげの報告をした。そして「新人市長はこの計画を議会に提案するのに、とても気を使っています」とつけ加えた。

するとそれを聞いておられた建設省の九頭竜ダム所長は、「大野市さんがそんないいことをされるのなら、建設省が全面応援します」と力強いエールを送られた。マスコミも呼応して、各紙は大々的に大野市の計画を報道した。

こうした外部からの追い風で、議会の空気も一転してゴーサインになった。そして議員も現地視察の行事を組み、理事者と一体になってこの事業の盛り上げに動きだした。ドラゴンリバーからは、一〇〇万円の寄金が寄せられた。この大野市の天然ブナ林買いあげは、「行政版ナショナルトラスト」として全国の賞賛をあび、自治省からも表彰された。

これを機に市民植樹運動も活発化し、行政と市民の環境保全活動は、じわじわと地域に広がってきた。水は山のみどりを母として生まれる。戦後五〇年、ダムまたダムの九頭竜川流域に、こうした天然ブナ林のナショナルトラストが誕生した。いままでの市政に見られなかった画期的なこの試みは、周囲の温かい配慮で市民にさわやかな風を送っていった。

6　中野清水を市民が復活

市民と行政の提携

平成に入ると、市内の湧水はほとんど枯れ、大野市を代表する御清水さえ、ポンプアップでようやく体裁をたもつ状態になっていた。昭和六〇（一九八五）年以来国の「名水百選」選定をはじめ、「おいしい水」「水の郷」と、全国的に大野の地下水が注目されていくのに反し、実際の大野の湧水は悲しくなるほどの荒れようであった。

何度もの湧水探訪で、私たちはいま市街地でかろうじて命脈をたもっているのは、御清水一帯と市街地北部に二、三残るのみと確認していた。中野清水もその数少ない湧水の一つであった。でも汚れた生活排水が流れこみ、雑草も生い茂り、清水はゴミ捨て場になっていた。そのゴミの合間からコンコン湧いている湧水の姿は哀れだった。

一〇年余り前湧水探訪の際、水の会でも清掃奉仕の話が出た。しかし現場の様子から見ると、大がかりな機械力が必要で、私たちの人力ではとても手に負えないと、残念ながらあきらめていた。ところが平成九（一九九七）年、地元の人たちが立ち上がった。若い人たちが区長に働きかけ、その輪は大きく広がった。市民の奉仕と行政の提携で、都市排水は別系統の水路につくりかえられ、ドロをしゅんせつしてまわりには花も植えられ、中野清水は見事に復活した。

若手職員グループも応援

大野を代表する本願清水は、下中野から約二キロの市街地南西部にあるが、木本原の二度にわたる基盤整備の犠牲になって、湧水の量は激減しポンプアップで、やっとイトヨの水を確保している。もとの姿に復帰させることは、よほど抜本的なかん養政策を講じないかぎり、回復はむずかしい。本願清水は天正年間から町の上水として市街地に引かれ、市民の暮らしを支えてきた。でも現在は自然のかん養源の破壊と近代化による地下水浪費で、自然水位は低下し湧水の見られるのは亀山の麓と、市街地最北部の中野地籍にまで後退してしまっている。

本願清水に代わる大野の湧水として誇れるのは、平成の市民が復活させたこの中野清水ではなかろうか。私は見事復活した中野清水を見て、市民の熱い思いを、本願清水の二の舞にさせてはならぬと思った。そして現在計画中の下水道工事のすすめ方が、非常に気がかりであった。

中野清水復活運動の中心になったのは、市の若手職員グループであった。昼の職員の衣を脱いで、夜と休日は一市民として仲間を誘いあわせ、地域運動の核になっていった。大野市を愛する職員が地域づくりのリーダーになって、同世代の新市長の理想である、「環境保全と人づくり」が見事な花を咲かせて、市民は大きな拍手を送った。

7　情報公開条例の成立

まず情報公開から

新市長が「環境保全と人づくり」を旗印に掲げ、具体的な政策の第一歩をふみだしたのは「情報公開」であった。

行政の水政策をめぐり、前代未聞の住民訴訟まで引き起こした最大の原因は、行政の情報隠しによる不手際が、市民の不信を招いたことによる。以上のような苦い経験をバネにして、市は法律の専門家を座長にすえた、情報公開制度の審議機関をつくった。それとは別に市庁舎入り口ちかくに、市民が気軽に訪れることのできる行政資料室を設け、スペシャリストを配置した。

こうして大野市は、平成一〇（一九九八）年に議会も含めた情報公開条例を成立させた。議会とのあつれきで、平成九年からの公開が一年おくれの平成一〇年になったが、要請すれば平成一〇年以前の情報も公開されることになり、市長の情報公開に対する強い決意で、事実上議会の愚かな抵抗は克服できた。

しかし情報公開が実施されても、市民参加の政治が花開くには、まだまだ課題が残されている。

情報に対する一般市民の関心が薄かったり、その理解度が足りなければ、情報公開法の真のねらいである「市民の政策立案に対する参加」への効果は発揮されない。また情報を管理している行政側の意識が低いと、真に必要な情報は提供されず、改ざんしたりすることも警戒しなければならぬ。

情報化時代に必要な住民のレベルアップ

いままで大野市は情報非公開の時代が長く続き、そのため払った犠牲は大きかった。特に地下水にかんする情報は内容がむずかしく、住民が理解するのはかなり困難である。それをわかりやすく解説する記事が必要で、市民側も事前学習で予備知識をもってのぞまないと、せっかく手にした情報公開制度も、その効果は発揮されない。こうした知識不足は、なにも地下水問題にかぎったことではなく、広く医療や福祉などあらゆる分野に当てはまることで、市民の基礎レベルをあげる不断の努力が必要である。

こうした基礎研究の機関や人材の少ないことが、大野市住民の泣きどころである。市民側が情報の理解力を高めるためには、情報機器の活用もさることながら、専門家と市民との密接な連携が必要なのだ。そして行政と市民だけではわからない部分を、専門家集団に支えてもらい、三者が一体になって地域課題の解決に取り組んだとき、情報公開は真の地方自治、住民主体の政治体制の構築につながっていく。その目的を達成するためには、新市長の政治姿勢も、情報公開の手法も、市民の側も、まだまだ乗り越えなければならない課題が残されている。

第八章　地下水蘇生プロジェクトチームを結成

平成六（一九九四）年〜平成一〇（一九九八）年

1　専門家の応援をえて市民による本格的調査を再開

「水を考える会」の組織建てなおし

大野の名水訴訟が終わって、私たちは早速調査活動に復帰した。裁判は形式上市民の負けだったが、実質は市民の勝利であった。いつまでも裁判を引きずって、調査の手抜きは許されない。裁判を通じて実感したのは、実態調査の重要性だった。いままで水の会で大野の地下水環境の実態調査を続けてきたことや、相手企業の現場まで確認したおかげであそこまで闘えたのだと、また地道な調査を再開した。

昭和六〇（一九八五）年から私たち水の会は、市民の手による実態調査を続けてきたが、訴訟という政治姿勢も含めた活動で、その厳しさから水の会を退いていく人も出てきた。しかしこれから大野の水政策は、本当の正念場にさしかかるのだ。避けて通れない下水道問題も、地下水調査を抜きにしてはすすめられないのだ。それには市民側も自らの手で、大野盆地の地下水の実態にせまる努力が欠かせない。

そう考えると裁判の却下で心がゆらぐ人たちに同調して、調査の手を抜くことはゆるされなかった。そして新しくプロジェクトチームを立ち上げ、地元福井高専の津郷勇先生を助言者にお願いした。四年間の海外勤務から帰国された柴崎先生も、引き続きお弟子さんの金井君や山崎さんを派遣してくださり、私宅に泊まっていただきながら、大野の地下水調査の先達をお願いした。私たちはその後について、川や用水の水質調査をはじめ、真名川以西の一二三地点の地下水位を、夏の豊水期、秋の渇水期に分けて実施していった。

こうした基礎調査を積み重ねていくことは、それ自体知的満足につながっていったが、もう一つの側面は自然破壊の現実に直面し、どうしてこのような政策がとられてきたのかと、行政のこころない仕打ちに危惧と怒りの念を、おさえることができなかった。

地下水温は一定でない

御清水や義景清水の湧水量調査も実施した。三角ノッチでの流量測定方法や、誰でもできる〝ササ舟流し〟の手法を、金井さんから教わった。昔より湧水量の減った義景清水でも、日量五〇〇トン余りが湧いていることがわかった。

常識的には、年中変わらないとされている、地下水温の継続観測も実施してみた。実際に観測してみると、地下水温は年間で一・五度ほど変動することがわかった。気温の変化が三ヶ月ほどずれて地下水温に影響するのか、水温がもっとも低いのが三月の一三・五度で、一番高いのが一一月の一四・九度であった。

漬物の野菜を洗う一一月に、地下水温が一番高いことを知り、主婦の私はにっこりした。これは友人の国枝よし子さんが、毎夕食後の食事の片付けをすませてから、一年間にわたり辛抱強く続けてくださった、努力のたまものである。調査のために特別に水を使用するのでなく、生活のリズムの中での調査から、このような発見を生み、地下水についての科学的データが積みあげられていった。このデータで、地下水温は年間一定という思いこみは、厳密にいえば正確でないことがわかった。

2 「おいしい地下水」の水質

理想的なおいしい水の条件

昭和五〇年以来地下水審議会の答申で、大野市は市民の飲んでいる家庭井戸の水質調査を続けている。都会の上水道の水がまずくなるにつれて、天然の地下水が見なおされ、大野の地下水はその中でも「おいしい水」として脚光をあびるようになった。

市の水質調査でも、大野の地下水のカルシウムやマグネシウムの値は、ほとんどが五〇ｐｐｍ前後で、おいしい水の典型的な値を示している。蒸発残留物も一〇〇ｐｐｍ前後に集中し、鉄分もおいしい水の〇・〇二ｐｐｍの基準に七〇パーセントが入っている。何の手も加えずこんなにおいし

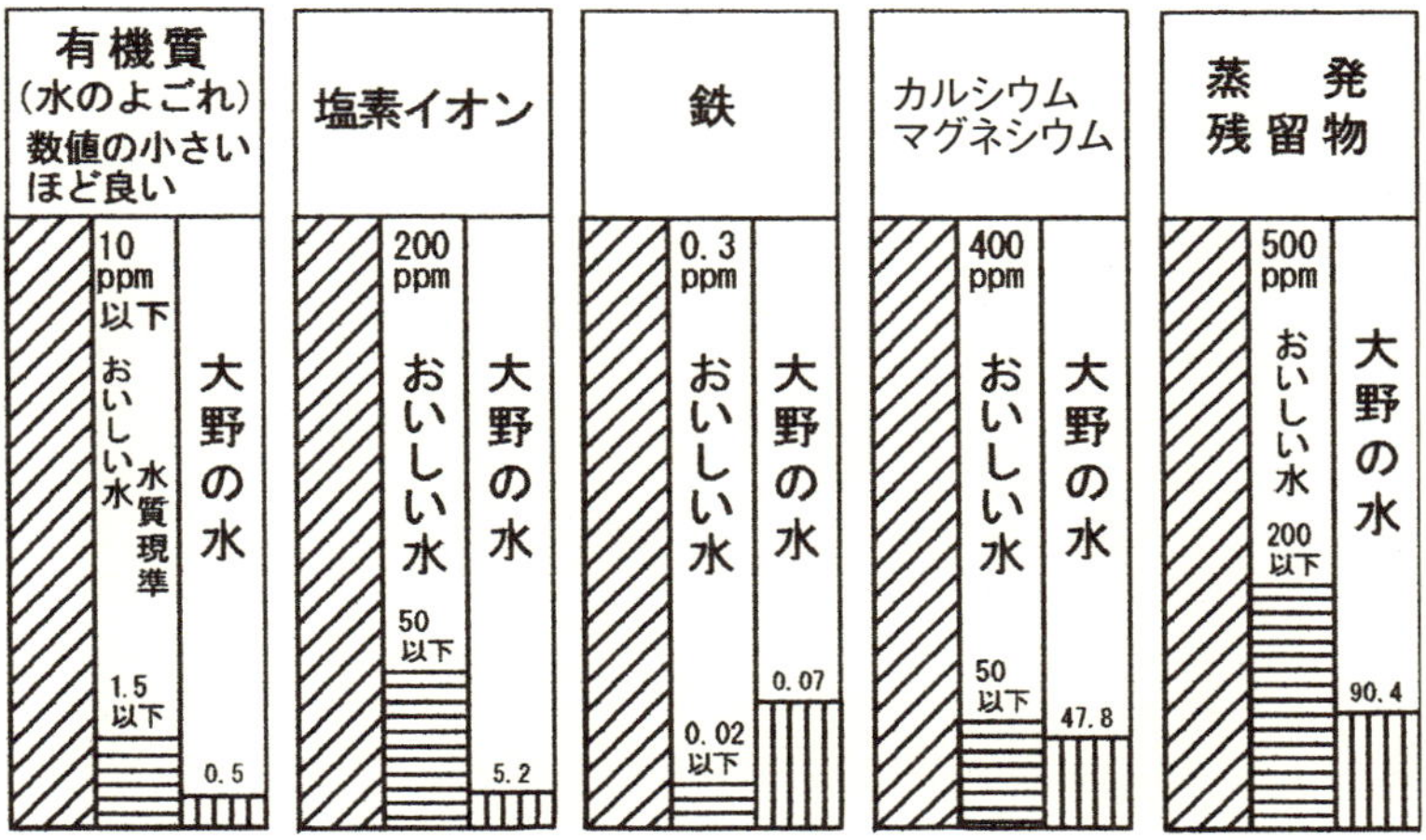

図ーⅧー１　なぜ大野の水はおいしいのか
飲料水基準、名水の平均水質と大野の水を比較する名水の平均水質に比べても、汚れが少なく、適度なミネラルが含まれている

い地下水をふんだんに使える幸せを、大野の人はもっと感謝してもよいと思う。私なども二、三日旅に出て、家に帰ってまずするのは、台所へ行って水を飲むことである。

硝酸性・亜硝酸性チッソの問題

でも水質調査で注意を要する問題がある。有機溶剤等の化学物質のほかに、私たちの生活系の排水で、地下水の水質が悪くなることも警戒しなければならない。すなわち有機質汚染の指標である、硝酸性・亜硝酸性チッソの濃度の変化を注意深く見ていかねばならない。

一〇年ほど前に地下水審議会で、一部の委員が「下水道もせず、大野の地下水はもうメチャメチャに汚れているのに、まだおいしい水だと言っている」と、私たちの地

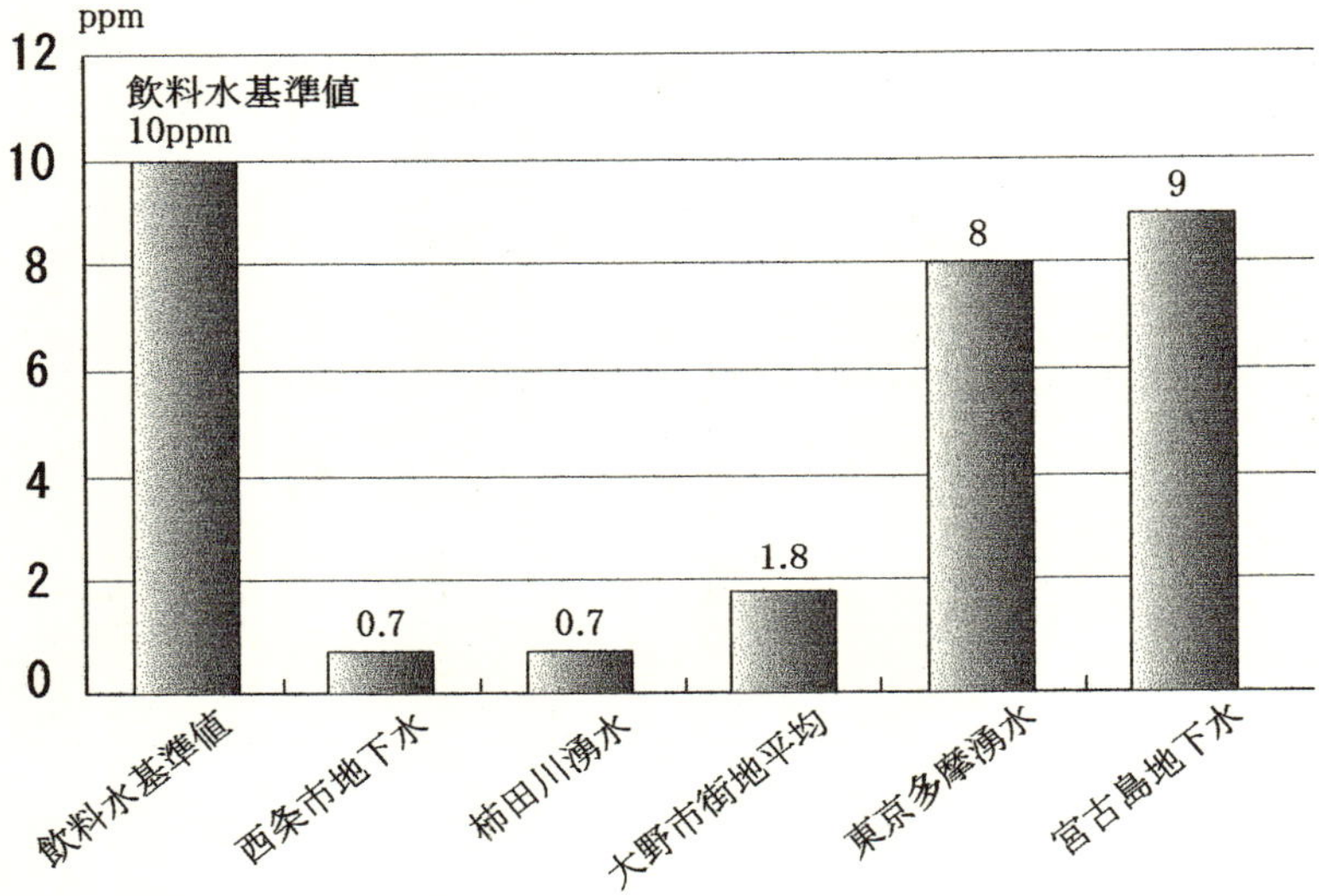

図－Ⅷ－２　ほかの名水と硝酸性・亜硝酸性チッソ含有量で比較する
大野の水は農薬・肥料による汚染がすすんでいない

下水保全運動に対する批判が出た。私はそのとき「市の調査データでは、そんなに汚染はしていない」と、次のように述べた。

地下水の有機質汚染の指標である、硝酸性・亜硝酸性チッソは、大野の場合は一ｐｐｍから二ｐｐｍ台で、国の飲料水の基準値一〇ｐｐｍをはるかに下回る数値である。そこでこのデータを審議委員に示し、「この程度の汚れで地下水を放棄したら、日本中飲む水がなくなるのではないか。それより審議会で取り組むことは、この水準をたもつにはどうしたらよいか、対策を立てることが先決である」と発言した。

しかし、硝酸性・亜硝酸性チッソについては、注意すべき点がいくつ

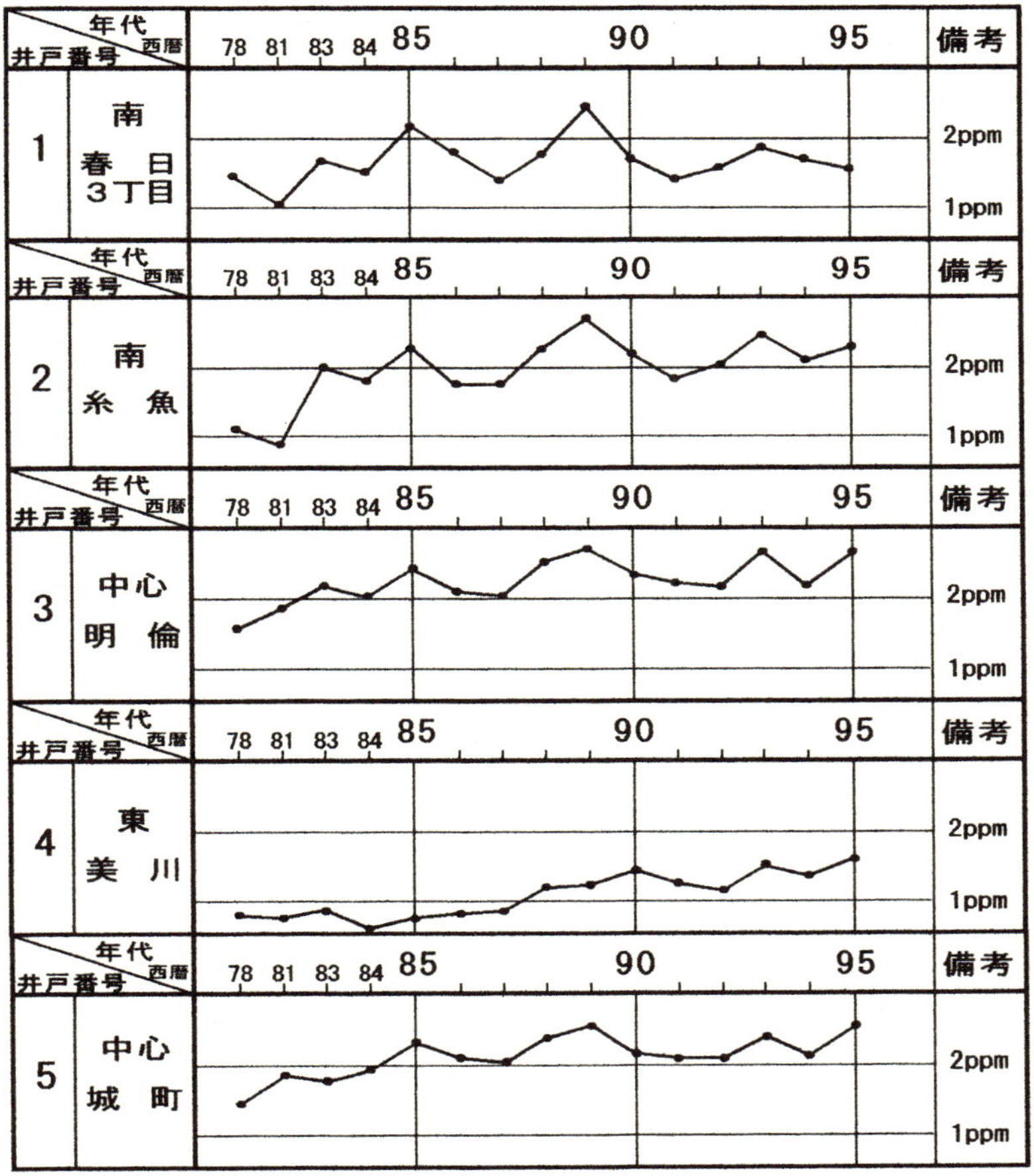

図―Ⅷ―3　昭和50（1980）年代から硝酸性・亜硝酸性チッソ含有量がやや増えている。それでも1989年をピークにして下っているのは、木本扇状地の農地基盤整備の影響か？

資料提供／大野市・大野の水を考える会　作成1989.9～

かある。し尿や化学肥料からの汚染を示すものとして、その基準値を一〇ｐｐｍとさだめているが、大野の地下水はその数値が昭和五三（一九七八）年以降の一〇年間に、一ｐｐｍほど上昇しているのだ。これは警戒しなければならない。だが、この数値が昭和六三（一九八八）年から三年間にわたり低下傾向になり、その後再び上向いてきている。この低下傾向は木本原の第二次基盤整備の時期と重なり、二〇〇ヘクタールの水田の休耕で、硫安系の化学肥料が使われなかったためと考えられる。

沖縄の宮古島でも地下水を飲んでいるが、地下ダムで自然の流れをせき止めたこともあって、サトウキビ栽培の化学肥料で、硝酸性・亜硝酸性チッソの値は、基準値の一〇ｐｐｍにせまっていると聞いた。このことから大野の地下水の硝酸性・亜硝酸性チッソの変動は、化学肥料の影響のほうが大きいのではないかと推察される。長期にわたり地下水の水質をたもつには、農業のあり方も真剣に考えていかねばなるまい。省力化をせまられている農業と、地下水の水質保全をどう調和させるのかは、国の農政の重要課題であり、そんな農業に切り替えていく努力を、消費者もいっしょに支える体制が組まれなくてはならぬ。

現在の消費者運動がどちらかといえば都市型で、地方の農業を知っている消費者運動の力が弱い。そのことが農業形態の地域環境におよぼす影響に対しては、理解が浅くなりがちである。ましてや、それが飲み水の水質に重大な影響があることについては、農業の指導機関ですら、まだこれといった有効な手だてはとられていない。幸い大野市では昭和五一（一九七六）年度から、地下水の水質調査を続けているので、私たちは市民サイドで、絶えずこのデータに注目していきたい。

3　農薬と地下水汚染

中据事件で議論沸とう

中据への企業誘致のさい、企業の立地をのぞむ農家の人たちが、酒の醸造元の玄関に、農薬と化学肥料の袋を山積みにして、「あんたたちまちの人は、うまい水だと言って地下水を飲んでいるが、私らはこんなものを田んぼにまいているのだぞ」とおどかしたことがあった。

けれどもこれは単なるおどしでなく、現実の農業の姿なのだ。農薬や化学肥料に頼る近代農業と地下水との関係を、きびしくまちの人間に知らせてくれたこの行為は、むしろよく本当のことを言ってくれたと、私は素直に受け止めた。

だが中据の農家のこの率直な抗議は、農協の幹部によって阻止された。「そんな過激なことをして、上庄の米が売れなくなったら大変ではないか」との説得で、化学肥料と農薬の袋は撤収されたが、ことの本質は中据の農家が言うとおりである。

私はさっそく農薬の勉強を開始した。奥越農業改良普及事務所へ出かけ、農薬にかんする書物を借り受け、大野盆地で使用される農薬の種類と、その量の確認をした。しかしそれがどのようなメカニズムで地下水にまじり、どの程度人間の健康を損ねるのかは、県の農業試験場に問い合わせても、返事はもらえなかった。そして「これ以上詳しい研究は、つくば市にある農水省の農薬研究室に聞いてほしい」と、研究室の住所と電話番号を教えられた。

つくば市の農薬研究室長からは、何万種類もある農薬の実験は、膨大な人手と予算が必要なため、農水省でも取り組めないと言われた。そしてこの研究室で手がけているのは、最も一般に使用されている農薬の、(1)土中への移行と、(2)植物への移行で、地下水までの調査は手がつけられていないという返事が返ってきた。最近になってゴルフ場の除草剤による水質汚染の批判が高まり、表流水への移行調査が始められたばかりという話であった。

プラスイオンとマイナスイオン

私はなぜ農薬の地下水影響を気にするのか、中据への企業誘致をめぐり、農家と地下水を飲んでいる町の住民との間に、緊迫した状況下にあることを説明し、農薬研究室長の判断を仰いだ。室長からは、「たいていの農薬は、プラスイオンだから土に付着して、水には移行しにくいので、あまり神経質になる必要はない」というコメントをいただいた。

そこで私は、県の奥越農業改良普及事務所からいただいた、大野盆地で使用されている農薬の種類を、使用量の多い順番に並べた一覧表を作成し、それに「プラス・マイナス」の記号を入れていただきたいと、研究室長にお願いした。送り返されてきた一覧表を見て、除草剤にマイナスイオンの記号が多いことが確かめられた。私は少し安心して地下水審議会でこのことを伝えた。ところが薬物に詳しい医師から、「私はよく農薬被害の患者に接するが、農薬には中性の物質も多いので、それだけでは安心できない」との意見が出て、再びつくば市の研究室に問い合わせたが、それっきり返事がなかった。

ところが翌年の二月に、研究室長から速達が届いた。福井市で日本農薬学会が開催され、あなたの疑問に答えられる最高の研究者が出席されるので、その先生に聞いてほしい、という内容であった。ご厚意を感謝しさっそく出かけた。

しかし当の研究室長の姿はみえなかった。手紙で紹介された農薬の研究者に直接おたずねしたが、この先生からも、「現在日本での農薬の影響調査は、地下水まで手がまわっていない」と告げられた。私は「いま大野市の家庭では、地下一〇メートルの浅い井戸の水を飲んでいます。農家の人は、俺たちはこんな農薬を使っている。大野の地下水は危ないぞ、といいます。私たちが今後とも地下水が飲みつづけられるか、否かの大問題なのです。どうか農薬と地下水の因果関係を調べてください」と大野の実態を説明し、学界での取り組みを要請した。

その三ヶ月後、私はつくば市の研究室を訪ねた。ところが室長は一ヶ月前に亡くなっておられた。ガンの病をおして、私に速達を下さった鈴木室長にお礼を申しあげることは、永遠にできなくなってしまった。

大野の私たちが、おいしい地下水を飲みつづけていくためには、農業のあり方も問いなおしていかねばならぬ。化学肥料や農薬を減らす農業に切り替えていくには、まちにすむ消費者もその一翼を担わねばならない。環境保全型農業のコストを、消費者も分担しないかぎり、二一世紀の食と水の安全は保障されない。つくば市の農薬研究室を去るとき、わたしはこの研究室の機能を充実させてほしいと心から願った。

4　O－157事件と大腸菌群問題

O－157事件と保健所の水質検査

平成八（一九九六）年、日本中にO－157旋風が吹き荒れた。学校給食など集団の調理現場での衛生管理が強化され、市はその対応に調理師を増員するなどして対処し、スーパーには抗菌グッズの商品が並ぶようになった。

大野市でも保健所を中心に井戸水調査が開始され、調査検体の三十数パーセント強から大腸菌が検出された、と報道されてびっくりした私は、さっそく保健所に、ことの詳細を説明してほしいと申し込んだ。これまでの市の調査では、三〇ケ所で一ないし二ケ所の出現なのに、今回にかぎりその一〇倍の出現率に、私は疑問を抱いたからである。しかし保健所は、個人のプライバシーを理由に、教えてくれなかった。以前の有機溶剤汚染のときと、まったく同じパターンであった。

市も驚いて再調査したが、結果は以前の調査とほぼ同じ率だった。マスコミもこの発表数値に疑念を抱き、詳しい調査手法の公開をせまったが、返答ははっきりしなかった。

私は「飲料水の水質調査には、採水のとき細かな注意が必要だと聞いているが、ひょっとしてもちこまれた検体は、採水のとき手をよく洗わなかったり、採水容器が汚れたりしていたのではないか」と、この点を保健所に確認した。案の定その確認はされず、しかも大野市以外からもちこまれた検体もまじっていた。保健所は大野市民がなかなか地下水ばなれをしないので、このO－157

事件を利用して、市民を上水道に誘導したかったのではなかろうか。以前の有機溶剤汚染のときもデータを隠し、混乱を大きくしたが、今回もまた同じパターンのように思われた。

大腸菌群検査陽性で捨てられてきた地下水

私は、この方面に詳しい東京の保健所の技師でもある雨水博士の村瀬誠氏に相談した。博士は、「保健所での検査は、大腸菌群の検査で、大腸菌そのものの検査はしていません。人間の大腸にはいっぱい菌がいて、有用な菌も、害をする菌もまじっており、そのうち悪さをする菌は、せいぜい一五パーセントぐらいです。だから大腸菌群が見つかったからといって、直ちにその水が飲めないと決めつけるのは早計です。いままでの保健所の指導は、このところを誤ってよい地下水を捨てさせてしまったうらみがあります」と教えてくださった。

私はこの村瀬博士のコメントを保健所にもちこんで、再度綿密な調査をお願いした。市の保健部も大野の地下水の命運にかかわるとの認識から、今度は行政自体による精密な地域別の水質調査が実施された。その結果、大野市街地の地下水にかんしては、ほぼ従来どおりの結果だったが、市街地周辺地域の一、二ケ所に、水質のよくない地点のあることも判明した。この大腸菌と大腸菌群のちがいは、私の議会報告紙『あかね』にも載せ、秋の大野市産業フェアーで「水のコーナー」を設け、ポスターやイラスト、チラシ等を準備し、市民の不安に応えていった。

O－157事件以来、世間のばい菌に対する警戒心が非常に強くなり、消毒に神経質になってきたが、私はこの無菌状態を広げすぎると、逆に人間の抵抗力を弱めてしまう危険を感ずる。極端な鬼っ子、O－157のような菌の出現を招くようになったのも、日本がおしなべて雑菌の少ない社会に変ぼうしてきたからだといわれる。最近は塩素も効かない菌の出現で、上水道の水質管理が危機を招いているとのこと、人工と自然を競争でなく、どう調和させるかが今後の課題ではなかろうか。私は自家菜園のトマトを、ちょっと水で洗ったまま口に入れる生活を続けて久しいが、そのような自然の生活がゆるされる幸せをかみしめている。

5　清滝川探訪

清滝川の源流を知る

清滝川の源流は盆地南西の銀杏峰の奥深くから発し、宝慶寺のすそを洗い下流の木本集落に達するまでの四キロメートルは、渓流である。そして木本集落に達するとそこから盆地北西部に向かって扇状地を形成し、川沿いにいくつかの集落を育て、その先端部分に大野市街地が形成されている。大野市街地の家庭がいまなお、浅井戸の地下水をそのまま使用できるのは、この清滝川の成り立ちに深くかかわっている。

こうした大野の地下水の成り立ちについて、少しでも多くの市民に関心をもってもらおうと、水の会では平成五（一九九三）年に清滝川の探訪を計画した。

清滝川は大野盆地の中央より、少し西寄りを流れ、上据にある上庄中学の前で、真名川から取水した農業用水が入りこんでいる。このため銀杏峰から発したままの川の姿には、普段は接することができない。ちょうどこの年に、五年ぶりにその農業用水の改修が行われ、一〇月と一一月の二回、一週間ずつ用水がとめられることになった。この機会こそ清滝川本来の姿に接する絶好のチャンスだと、私たちは事前の予備調査をして本番に備えた。

平成五年一一月、高校生から七五歳の老若男女をまじえた三八人が、清滝川上流から川筋にそって、下流へと探訪を始めた。

宝慶寺の銀杏峰から発する清滝川は、扇状地の入り口にさしかかる向段橋《むこうだんばし》まで、まわりの谷から集まった清冽そのものの一本の流れである。向段橋のすぐ上手に木本集落への分水口が設けられ、本流は東側の山際を木本扇状地にそって流れ下る。木本の向原地籍で大野盆地は平野部に開け、向原橋から下流は川表が一面のアシにおおわれ、水量が激減しているのを発見した。

木本を過ぎると水は地下にもぐる

「あっ、ここで清滝の水は地下にもぐるのだ!」とみんなが叫んだ。

堤防に立って北西の方向を見わたすと、ここ向原と中据カントリーエレベーターの屋根と大野市街地は、一直線上に並んでいる。この一目瞭然の光景に参加者一同は、中据の工場誘致の場所が、清滝川の旧河道にあたっていたことを確認した。そして中据への企業誘致が、いかに無謀な計画であったかを口々に言いだした。

「市役所の職員も、今日の探訪に来ればよかったのに」という声があがったが、それにはだれもが共感した。いままでの行政の水政策が、いろいろ物議をかもしたのは、職員と市民の共通の現場学習が全然足りなかったからである。

向原橋から森山橋までの約九〇〇メートルの川面は、アシでおおわれていた。森山橋の上手五〇〇メートルでは川面に流水が見られたものの、橋のすぐ下流で水はまた地下にもぐって、一面のアシ原が五〇〇メートル余り続いていた。大野市は将来、大型の地下水かん養の施策が必要になると思われる。そのときこそ清滝川の水が、地下にもぐるこの地点でのかん養が、効果的ではないかとみんなで語りあった。

上庄中学の少し上手で、また水が川面に顔をのぞかせていた。中学校前で真名川からの農業用水路が合流するのだが、今日はその用水がとまっている。このため水は木本向原寄りの流れで、ウグイが群れていた。清滝川は上据まではさらさらと少量が流れる状態であったが、下郷《しもごう》や猪島《いのしま》まで来ると水量がましゆったりした相の川に変ぼうしていた。

下据地籍まで来ると、陸砂利をとった穴に不法投棄のゴミを見つけた。そして下据集落の上手から、弥衛門《やえもん》用水で市街地へ大量の水が分水されていった。ここは、幕末の大野藩町方の先覚者、尾崎弥衛門氏が私財を投じて、市街地南部の原野開拓のために、農業用水路を開削した一大事業の堰であった。

東中から横枕まで水なし川

先人たちの労苦をしのびながらさらに下り、東中橋にさしかかると、水の量は激減し、その下流一〇〇メートルの東小学校脇では、水は完全に干あがっていた。近所の子どもたちが、ところどころに残った水たまりで、ピチピチ跳ねているウグイをバケツですくっていた。

もともと砂利層を走る清滝川は、近年の地下水位低下で東校一帯の自然水位がさがり、川面の表流水はみんな地下に吸いこまれていくのだ。清滝川が水なし川になっていたとは、現場を見るまで考えもつかないことであった。

昔の清滝川なら、たとえ真名川からの水がなくても、こんな無残な姿にはならないはずである。私たちが地下の水を食いつぶしたために、清滝の水が地下に飲み込まれていくのだ。参加者一同はこの恐ろしい現実を目のあたりにして、肝を冷やした。それから七間、中挟、中保、友江と下っていったが、川は水を失った白い石の川原のまま、それが友江の東高校わきまで続いた。

銀杏峰から発した清流は、木本を過ぎると扇状地で地下浸透し、さらに下据で市街地用水に引きこまれ、東中から横枕までの三・三キロは、清滝川本来の清流はないのだ。川の形態をたもっていたのは、真名川から取水された農業用水であることがわかった。

川べりに生えている植物なども観察しながら、横枕地籍にさしかかると、川底のあちこちでプクプクと水が湧きだし、そこにはサカナが集まっていた。カメもカニもいのちの水を求めて、水たまりの中にうごめいていた。

新在家で川底から大量の湧水

横枕の集落を過ぎ、自動車学校のわきにさしかかるころから、湧水が増えはじめ川面の六〇パー

清滝川下流の湧水とバイカモの群落

セントを水がおおうようになった。

新在家の集落に入ると、清滝川は方向を北西に変え、勝山街道と交差する。その交差地点を五メートル下ったところで、川底が一メートルほどさがり、そこから大量の地下水が一挙に湧きだしていた。いままで水のなかった川がウソのように、清流が川幅いっぱいになって流れだすのだ。川底にはいままで気がつかなかった、湧水に生える植物、バイカモの群落が円形状に十数個も並んでいる。みんな歓声をあげた。

早朝から丸一日、ツルクサやイバラと格闘しながら、たどり着いた清滝川の終点近くで、自然の神様はこんな楽園を私たちに用意してくださっていたのだ。平素は汚れた農業用水で、バイカモの群落は私たちの目には全然入らなかった。

「もうバイカモは大野から姿を消した」と高校の植物の先生にも思われていたが、この日の探訪でまだ盆地北部には、バイカモの群落を育てる湧水環境が残っていることが確認できた。

探訪で知る清滝川の生態

清滝川の下流は地下水の湧きだす川だったのだ。この湧水量は、すでに水調査のプロになっていた金井さんに確認してもらったところ、なんと毎秒〇・六トンにも達していた。大野市が四苦八苦しても、鳴鹿《なるか》の堰でもらえる水利権は毎秒〇・一トンにすぎない。私は議会で清滝川探訪の結果を報告し、上流域での地下浸透の試みや、下流の川底から湧出する大量の地下水の活用を含めて、大野盆地の水収支の大綱を立てるべきと提言した。

数年前私たち水の会では、清滝川の上流から下流まで、パックテストの水質調査を実施した。ところが清滝川の最終地点の水質が、上流の上庄中学の位置より成績がよいのである。このことをいぶかりながらも、市の担当者に告げると、「そんなバカなことが」と、一蹴されたことがある。しかし間違いなく私たちの調査結果は正しかったのだ。

清滝川をはじめ木瓜川、縁橋川は、盆地北部に達すると、みんな川底から地下水が湧きだしてくるのだ。この日の清滝川探訪は、みんなに大野盆地の川や大地の生態を実感させた。この探訪は将来きっとみんなの思い出になり、大野の水政策に生かされるにちがいない。秋の短い一日は大きな満足で終了した。

1993年11月3日

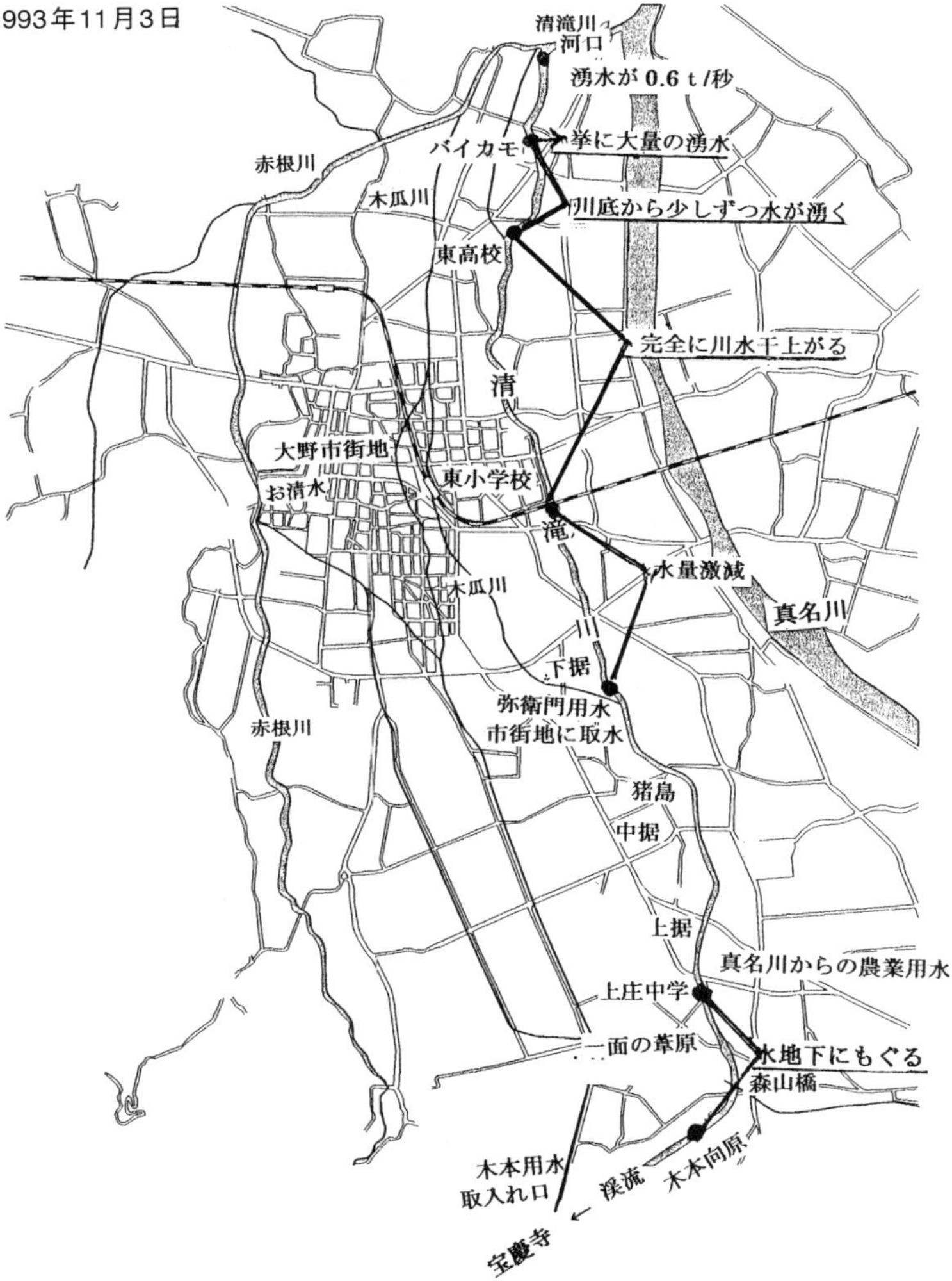

図―Ⅷ―4　新しい発見・清滝川探訪　河川と地下水の交流関係を確認

6　地下水蘇生の六つの提言

専門家グループの来訪

平成に入り国の水政策は大きく方向転換をしていたが、大野市の水政策は依然として混乱しており、上下水道の施設推進から一歩も前進していなかった。

先にも述べたが、私たちは「大野の地下水を蘇生させるプロジェクトチーム」を結成し、福井高専の津郷勇教授や水収支研究グループの柴崎博士たちの協力を得て、さまざまな調査、研究を続けてきた。平成六（一九九四）年に新しい環境保全派市長が誕生してからは、プロジェクトチームの活動にもはずみがつき、柴崎先生をリーダーとする水収支研究グループの方がたが大野に来られ、私たちといっしょになって大野の水環境を探訪された。そして普段できない調査や研究を親しく指導していただいたが、この活動には市の職員も参加して共同のあゆみが生まれつつあった。

これからの大野市の水政策は、市民と行政、そして的確な判断を下せる専門家のチームワークが必要なのだ。先生は熱心な職員の姿をごらんになって、このような職員が増えれば、大野市はきっとよくなりますよ、と励ましてくださった。

要は大野の地域社会の中に、地域を愛する人間がどれほど育つかということが鍵なのである。いままでのように市側が情報を隠し、市民と行政の対立の構図を続けるようでは、解決の道が見つからないとも言われた。

水収支研究グループの現地調査

そして平成六年には、いままでの研究調査にもとづいて「大野の地下水を蘇生させる総合プラン」をまとめた。このプランに示された六つの原則は、単に大野市だけに適用されるものでなく、地下水源を利用する地域すべてに適用されるものとして、指導にあたられた柴崎博士は、次のように要約された。

「大野の地下水を蘇生させる六つの原則」

1 大野市民は、身近な水資源としてさらに地下水に大きな関心をもつこと。

2 節水にまさる対策はないことを自覚すること。

3 地下水を汚さないこと。

4 地下水の飲み水・生活用水の優先利用を再認識すること。

5 地下水をタダで利用できるとはおもわない

地下水を蘇生させるプロジェクトチーム
津郷勇代表（写真中央）が新市長に六つの原則を提言

こと。

6　子孫のために、新しい地下資源をうみだすこと。

さらにもう少し説明を加えると、

1　地下水についての関心を

a　地下水を身近な水源として実感すること

b　水の一生（水循環・水収支）を科学的に調べること

c　地下水位・水質の変化記録を公示すること

d　情報公開の原則を再確認すること

e　地下水サミットの再開を

2　節水にまさる対策なし

a　節水対策の強化と節水思想の徹底

b　各井戸にメーター設置と報告の義務

c　水のリサイクル化の徹底

d　融雪用水の合理的利用

3　地下水を汚さないこと
a　水質変化のモニタリングの必要性
b　大野に適した下水処理システムの開発
c　し尿処理、下水処理施設にもっと市民の理解を
4　地下水の飲み水優先利用の確認
5　地下水をタダで利用できるとは思わないこと
a　現在の井戸は、今後とも持続的に利用できるのか
b　地下水の総合管理の必要性
c　大野に適した上水道計画を考えること
6　子孫のために、新しい地下水資源をうみだすこと

そして、この「六原則」を実現するための要件として、次の四点をつけ加えた。
①政治的な立場を超えて、住民のためにつくすという首長がいること
②その首長のもとで、具体的な問題解決をはかる意欲的な職員がいること
③それを支援する専門家集団がいること
④以上の条件を成立させるためには、住民の意思を尊重する民主的な行政が実施されること

この蘇生プラン六原則は、平成六（一九九四）年一二月に、環境保全派の天谷新市長への提言として、会の代表から正式に送られた。

第九章　古い政治体質とコンサルタント依存体勢

平成元（一九八九）年～平成一一（一九九九）年

1　古い議会体質

若い市長に反発

平成六（一九九四）年に、大方の予想をくつがえし環境保全派の天谷氏が市長に当選し、私たちはこれで大野市政に夜明けがきたと一息ついた。環境保全はこれからの政治指標として、議会でも当然その方向に向かって、動きだすものと受けとめていた。

しかしそれは甘い期待であった。長年大野市に続いてきた公共土木事業と結びついてきた政治勢力が、いっぺんに払拭《ふっしょく》されるものではない。議会内部にも一年生議員が市長になったということで、あらわな反発の空気がただよっていた。新市長をおした議員はわずか四名で、あとは前市長の支援者であった。当選後二〇日足らずで開かれた第一回の議会本会議で、早くもその感情は表面化した。

質問に立ったある議員は、新市長の答弁を不適切となじり、三時間も議会を空転させ、市長の初議会を聞きに来た多くの傍聴者の怒りをかった。市民は忙しい時間をやりくりして傍聴に来ているのに、感情論で本会議を中断させたまま、いつまでも再開しようとしない大会派の横暴にたまりかねて、私は、「これから大野市の議会は、嫉妬という字を男偏に変えたらいいわ。いいかげんに若むこさんいびりみたいなみっともないことは、おやめなさいよ」と抗議した。

どこの社会でも見られる嫉妬の感情は、男も女ももちあわせた人間性の弱さである。これをいかに克服するか、それは政治家以前の人間の慎みとして、考えなくてはならぬ課題である。

政策研究より会派の論理

翌年二月の議会改選で、いままで議会をリードしてきた古参議員のほとんどが引退してからは、会派間の対立感情でことを決する風潮が強くなり、市民の代表として「大野市の将来を展望する政策論議」に責任をもつはずの議会の資質は、しだいに低下していった。

時代が急激な変動期に入り、どこの自治体も生き残る戦略を探して猛勉強しているのに、政策の勉強より会派の駆け引きにエネルギーを傾けていく議会のありさまは、情けなかった。

平成七年度大野市一般会計に、初めて「地下水のメーター設置モデル事業」の予算が計上された。ところがボスのひきいる大会派は「こんな予算は水の会のためだ」として執行停止を求め、事実上否決してしまった。これから大野の地下水保全に、「地下水の使用量の実態把握とコスト負担」の理念を浸透していかねばならぬのに、議会自らが何も展望をもたずに、ただ「水の会」が言うから反対だと葬ってしまうようでは、大野の将来は期待できない。

このような議会の態度に、最初市長が高く掲げていた水環境政策は、しだいに「情緒」の次元にトーンダウンしていったのである。さらに、その後上程された「大野市情報公開条例」も、理事者が平成九年度より公開するとした原案を、平成一〇年に後退させる修正案を出すという、愚かなことをしてしまった。ふつうに考えれば、情報の出し渋りは理事者側がとりたがる手法である。住民の政策決定への参加のために、「情報公開を早く」というのが、議会のすじというものだ。それを「遅らせよ」などという逆提案をする矛盾に、議会自身が気づかず、市民に笑われる結果となった。地方主権のとりでとなるべき市議会の政策能力がこのようなレベルでは、議会制民主主義の内部崩壊である。地方議員がいま少しその政策提案能力を高めないと、地方自治は絵に描いたモチになる。

議会制民主主義の危機

最近の市民の政治ばなれと、逆に住民投票などの直接民主主義の台頭は、ともに現在の議会制民主主義が、激しい時代変化に対応できず、市民から見放されている証拠だと思う。この議会制民主主義の再構築をしなければ、新しい時代は開けない。現行の選挙制度の見なおしもしなければならぬ。いまのような選挙制度では、産業界の利益を代弁する一部の人たちが議会の主流を占め、市民感覚をもった一般サラリーマンや、女性の議会への進出はむずかしく、真の民主的な地方主権は実現しない。

選挙の投票で高い得点を得た議員でも、議会内では大会派に重要なポストを独占されて、その意見が反映できにくいのが現状である。ボスはこの間の事情をたくみに操作して、ポストと引きかえにグループ員の数を増やしていく。こうして新鮮な感覚で議会に出てきた人たちが、しだいに古い政治体質に呑みこまれていくのを見ると議会民主主義の危機を感ずる。そして「若い人たちよ、奮起してほしい」と叫びたくなる。

2 自治体の政策立案能力

中央に自治の芽を摘まれてきた市町村

現在の中央集権システム下で、自主財源が三〇パーセントを切る自治体の理事者にとって、国や県のご機嫌を損じることはタブーである。理事者の議会答弁を聞いていると、それが痛いほどわかった。市町村の自治体職員が、いまなお住民より県や国の意向を意識するのは、財政の首根っこを国や県におさえられているという、悲しい現実からであろう。

大野市では過去長い間、開発主導の首長の下におかれ、職員は地下水に対する基礎学習をほとんどしてこなかった。簡単な水質調査まで業者に委託して、自ら実態調査を手がけたことのない職員は、調査地点すら確認していない場合があった。だから紙上のｐｐｍの数字は読んでも、大野市内のどの地点でどの程度の汚染なのか実際の判断ができず、行政として生活排水対策や浄化槽管理、そして有機溶剤汚染に対しても、的確な処置がとれなかった。

専門職の養成を怠る

大野と同じく名水百選の神奈川県秦野市を訪ねたことがあった。秦野市の弘法清水が有機溶剤汚染されたことも、大野市のクリーニング汚染も、ともに名水百選の自治体にとって、一大試練であった。ところが秦野市で接した専門職員からの説明と対処の仕方を聞いて、その知識と対応力に舌をまいた。こんな職員を大野市が抱えていたら、七間のクリーニング汚染の始末は、あのような失敗はしなかったにちがいない。

視察から帰った私はすぐに、理事者に専門職の養成を訴えたが、理事者は「こんな小さな自治体では、専門職をおけるほどカネがない」と、人件費を理由に、「コンサルタントに任せたほうが安あがりだ」と言って取り上げなかった。しかし人が成長するには、実際の現場を体験し、失敗の中から学びとっていかねば身につかないのだ。市の首脳陣は、「優秀な職員を育てることが、自治体の戦力を高め、真の住民サービスにつながる」ということがわかっていないのである。このような政治リーダーの視野の狭さが、大野市政のネックになってきたのだ。

新市長はこのような体質打破に懸命であったが、年功序列の庁内人事の中では一挙にすすめない。その間にも手を打たねばならぬ政策が次々と出てきたが、専門性の欠如から対応を誤り、肝心の水行政に失敗が目立つようになった。

最近は国のほうでも地方の主張を取り入れるようになったが、これとても自治体の企画力が備わってのこと、地方自治体の戦力は、首長のリーダーシップとそれを支える職員の力量にかかっている。しかしながら自治体は行革で人員を減らし、その上、二、三年ごとの人事異動をくり返して、職員の専門性はなかなか育たない。職員の資質を向上させないかぎり、地方分権は絵に描いたモチである。

近年は大切な審議会にコンサルタントが同席し、記録はコンサルタントがもち帰って整理し、次の会議の準備にあたるという実態もあるが、「これではまるでお城の御本丸まで、外人部隊に守ってもらうみたい」だと、ため息が出る。行政の中枢まで外部に任せることが習慣化すれば、庁内職員の企画力はそれだけ低下する。庁内や議会に残る古い体質がからみ、このコンサルタント依存からはなかなか脱却できない状態にある。

3 コンサルタントと行政の癒着

開発行政のお墨付き？ コンサルタントの報告書

コンサルタントはもともと自らの知識や技術を駆使し、依頼者の事業をサポートし、その見返りに報酬を受ける、プロフェッショナルな職業である。しかし、いままでコンサルタントの報告書は、開発行政のお墨付きに使われることが多かった。行政の発注する開発事業に対し、環境保全の立場から「否」の回答をしたら、次からこのコンサルタントに仕事はまわさないのだ。それがいままでの開発をすすめてきた行政側のやり方だった。

現在問題になっている長良川河口堰、吉野川可動堰、諫早湾干拓など、これらの技術コンサルタントにかかわった人たちは、どんな思いで現在の混乱をながめておられるのだろうか？　国民がこころから喜ばない、開発事業推進のお墨付きをつくった人たちは、内心ずいぶん苦しんでおられるにちがいない。それらの技術マンから自嘲をこめて「私たちは、環境アセスメントでなく、環境合わせメントしているのですからね」と聞かされたことが何度もある。

私は長年大野市の地下水調査を請け負っている、ある会社を調べてみたが、元県職員だった人が何人も天下っているのが見つかった。それらの人がいままでの職場である県や自治体との連絡係となって、行政のコンサルタント業務を会社に受託させているのだ。

情報の非公開が不正を生む

コンサルタントの分厚い報告書、特に地下水調査報告書は専門用語が多く、かなりな人でも、完全に理解するのは困難である。そのことから大野市は、地下水調査に多額の税金を投入しながら、市民だけでなく職員すら何が書いてあるのか、知らない人がほとんどであった。長年の調査の中には、手抜き調査と思われる事例もまじるなど、多額の税金がムダ使いされただけでなく、大野市の水政策の方向すら誤らせる結果を招いた。

私が木本原再基盤整備事業の影響を調べるため、閲覧を申し込んだ地下水位の精査観測井調査資料などは、毎日変動するはずの地下水位が、三ヶ月も一本線になっていたり、ところどころグラフが切れていた。そのつなぎを追っていくと、次の始点との水位が一メートルもずれていたりするなど、調査の不正確さが目立った。こうした業務はふつう一ヶ月に一回点検する契約内容になっているのに、それが三ヶ月もスーッと一本線になっているのは、電池が切れてもその間放置されていたのであろう。そして大切な記録の一部が紛失するなど、コンサルタントの業務を点検する庁内体制の乱れは、かなり重症になっているのを感じた。

私はこのことから、調査会社に直接話を聞きたいと申しいれたが、言を左右して会おうとはしなかった。その後もまた疑念のもたれる調査報告書に出合い、今度はこちらから出かけるむね伝えたところ、会社は「大野の担当者は東北へ転勤になって、来ていただいてもおりません」との答えが返ってきた。

こうした行政の体質は、新市長になってもなかなか改まらなかった。私たちは「大野の地下水蘇生プラン」を作成しようと、いままでの地下水調査資料の閲覧を市に要請した。新市長の情報公開の姿勢を見て、今度こそは地下水調査の資料が公開されると期待していた。柴崎先生にお願いして、これからの大野市の地下水再生プランをつくろうとした。夏休みを返上して水収支研究グループのメンバー一二人がボランティアとして大野市に来訪されたのに、いざデータ解析をすすめようとしたところ、データの肝心の部分が完全に抜きとられていて、解析は不可能になってしまった。コンサルタントと密着していた職員の妨害であった。

このとき柴崎先生一行の専門家グループに、正しい解析を受けていたら、大野市の水行政は、いまごろ順調に水循環の基本路線を歩みだすことができたであろう。非常に残念に思うとともに、ボランティアで支えようと来てくださった水収支研究グループの方々に、心から申し訳なく思った。

4　市、過去の資料を整理し公表

国土庁の水循環特別予算で過去の資料整理

こんな事件があって、市は昭和四六（一九七一）年からの地下水調査資料を整理する必要を感じていた。このような予算は当然市費で計上すべき性質のものだったのに、平成八（一九九六）年に国土庁が「地下水の水循環システム」のため、大野市に特別につけてくれた予算をあててしまった。その結果、大野市は対外的な信用を失うことになってしまった。この国土庁の予算は、いまも地下水を飲みつづけている大野市に、地下水の水循環の先駆的な試みを期待して、全国二ケ所のうちの一つとして、特別につけられた予算だった。それを知っていた私たちは、新しい水循環の構想にもとづいて、大野市の水政策が立てられるようにと、先にプロジェクトチームの提言した「大野の地下水を蘇生させる六原則」を取り入れてほしいと、市長に進言した。

しかし、庁内に残る古い体勢は以上述べたような方向で、この予算の執行を決めてしまい、国土庁の期待する「地下水の水循環システム」とは、まったく異なった方向に動いてしまった。無理もない。これら大野市の既存資料は、いままで大野市の開発行政に利用されてきた地下水浪費を前提にした、上水道推進論の論拠としてまとめられたものが多いだけに、それらを編集しなおしてみたところで、新しい二一世紀の水循環を指し示す地下水プランがまとまるはずはなかった。

それにもかかわらず大野市は「越前大野―地下水の郷―二一世紀プラン」と銘打って公表したの

で、国土庁をはじめ、内外の地下水関係者の信用をすっかり落としてしまった。

でも新聞はこのような事情を知らず、戦時中の大本営発表のように市の発表をそのまま報道した。

私は社会の風潮がしだいに大きく崩れだしていくのを感じた。

専門家のコメント

しかしながら、これまでの資料が公開されたことで、いままでの不明朗だったコンサルタント会社の調査内容が、市民の前に明らかになったことは一歩前進だった。私たち水の会ではこの報告書を全員で読みながら検討し、さらに専門家の意見も伺うことにした。その講評は次のように非常に厳しい内容で、久しく密室におかれてきた、大野市の水政策の異常さが浮かびあがった。

1　この調査資料の中で使われている用語や記述内容は、学界の常識では理解できない部分が多い。

2　バックデータもない不可解な調査がまじる。

3　事業の目的とは関係ない調査も混じり、その解析がこの調査では本来推定できないところまでにおよび、”ねつ造“されている疑いがある。

4　とくに、一部分の内容があまりにもお粗末すぎ、”安全揚水量“に対する考え方自体があやまっている。

などと指摘され、もう一人、別の立場の専門家からも、「こんな調査に、私ならお金は払えませんね」とも言われた。

崩れていた専門家の良心

それにしてもこのコンサルタント会社と、顧問の専門家の関係はどうなっているのであろうか。しかも二一世紀プランとりまとめには、この会社顧問の先生があたられている。でもこの先生は大野市の調査には、ほとんど来ておられない。私はどんな立派な方でも、現地の実態に触れずに紙上のデータだけで論理を展開することは、研究者として邪道ではないかと考えている。私は以前、このことでいやな思いをしたことがある。

私たち「水の会」の活動がテレビ等で全国に伝えられたころ、某国立大学の名誉教授から手紙が届いた。「地方のあなたたちの活動に感心した。一度その資料が見たい」との内容だったので、私たちは喜んでいままでの資料の中から、「これは」と思うものを選びだし、お送りしておいた。ところがそれから三、四年たって、お茶の水女子大学の学生が大野の地下水を勉強したいと、私宅へやってこられた。そして「国会図書館で大野の地下水のことを調べてきました」と差し出された論文を見て驚いた。某国立大学の名誉教授のお名前で、差し上げた私たちの資料がそっくり載っていたのだ。

もちろん大多数の研究者は、ご立派な方だと信じている。しかし大野市での苦い経験から、日本の権威の中枢が腐敗しはじめていることに、さむざむとした思いを抱いた。

同じ地下水再生のモデル都市である熊本市では、経済界の重鎮が先頭に立って、熊本の「地下水都市宣言」を推進するために、阿蘇山麓からの地下水かん養政策を積極的にすすめられている。それに比べ大野市の二一世紀プランは、上水道政策の追随が目立ち、地下水再生の理念は浮かんでこない。最近の公共下水道にかんする調査資料などを見ても、この傾向は依然として改まっていない。このような状態からいまなお脱皮できないのは、庁内に専門職が育っていず、監視機能が喪失しているからである。コンサルタントの報告書をう呑みにして、市民にはもちろん、庁内でも情報が途切れていたことに、あらためて事態の深刻さを感じさせた。こうした庁内体制の刷新を図らないかぎり、大野市は地下水問題だけでなく、地方主権に根ざした地域再生は不可能と思われる。

5 〝ハコモノ〟政治を支える県民性

内面より外面を気にする県民性

私は自治体職員の事なかれ主義の背景に、福井県の県民性がかかわっているように思えてならない。いままでの研修で接した他県の自治体職員に比べて、福井県は全般的に環境問題に対する認識が甘く、基礎研究が手薄になっているように思う。大学の専攻学科も建築や教育の分野が中心で、市民側が環境破壊のすすむ現状から、適切な助言者を探しても、市民サイドに立った研究者や技術者を探すことは、非常にむずかしかった。そのことが県下自治体の環境問題をこじらせる、一つの要因になっている。

福井の県民性は、勤勉で忍耐強いが、表面的な体裁ばかりを気にして、現実的な経済面にエネルギーが注がれてきたように思う。そしてその反面、ことの本質を大切にしたり、学問に対する真剣さは落ちるように思えてならない。このような県民性が政治のあり方にも響いていく。人目につく建物や施設づくりにウェイトがかかり、〝ハコモノ主義〟の〝土建政治家〟がはばをきかせ、補助金と名のつく税金のムダ使いをゆるしている。そのような補助金を地元にもってくることが、政治家の手柄だと市民が評価し、政治家もそれを自負している面もある。

これまで大野市はこうした政治の仕組みに引きずられて、大野の地下水環境を壊してきたのだ。大野の誇る地下水環境を保全するシステムの構築が、最大の政治課題であるにもかかわらず、議会でもそこにメスを入れる討議は、ほとんど聞かれない。そして庁内職員の熱意も感じられず、安直な全国画一の上下水道論にゆれている。ことの本質を見抜かないで、目に見える施設づくりに政治の視点が傾いているからであろう。

ハデな冠婚葬祭とハコモノ政治

この外面志向が端的に表れているのが、福井県のハデな冠婚葬祭である。議会へ出て政治の現場を知ることにより、この冠婚葬祭のハデさとハコモノ政治が重なって見えてくる。選挙で候補者を選ぶ人も、選ばれる人も、目に見えるハコモノづくりに傾いて、そのカネで現実の政治は動いている。

しかし福井県には、曹洞宗永平寺の「禅の精神」も深く県民の心に根づいている。どうして政治の理念にそれが生かされないのかと、自問自答をくり返してきた。ものごとの本質にせまることとなくして、真の住民の幸せにつながる政治の実現はむずかしい。私は福井の県民性の弱点とも思える、この外面志向のコントロールが、政治浄化の近道だと思えてくる。大野を生かすも殺すもここに住む私たち大野市民の考え方で決まるのだ。

大野市では六年前、草の根運動でようやく新しいタイプの首長を送りだした。でも首長一人を代えても、大野市が根底から変われるものではない。国の政治もそうであるが、地下水問題を先送りして、ツケを子どもの世代に負わせていくことになる。

大野の「地下水の郷」一〇〇年の計を築くには、まだひと山もふた山も峠を越えていかねばならないのだろうか。

6　審議会は行政のかくれみの？

専門性不足の委員構成

行政は各種の審議会を設け、市民や各界の意見を行政に反映させている。民主主義の精神を生かした大切な機構であるが、その人選、運営面では問題が多い。最近になって、公募委員も入るようになったが、まだ二人ぐらいで、委員の人選を見ると各種団体の代表者が多く、なかには一人で一〇以上もの審議会に顔を連ねている。このような運営では、審議会の専門性が不足して、理事者提案の承認機関となっている場合が多い。

組織の長であれば、当然組織運営の最高責任者で多忙な人が多い。その人が一〇以上も委員を引き受けたら、はたして本当の審議ができるのかと、心配になる。神様は平等に一日二四時間しか、時間をあたえてくださらない。特別の場合をのぞき、一人の人間が引き受けられる委員の数は、おのずとかぎられるはずだ。こうしたことの改善は各団体の組織で検討し、役割分担の意識やシステムづくりが必要だ。

民主主義のタテマエがほしい行政の意図

しかし、審議会が充分機能しない原因は、むしろ行政側にある。民間団体の長を委員にすえることで、民主主義のタテマエは十分成立する。しかし審議の内容は深まらない。実はそこが役所のねらいなのではないのか。「各委員の活発なご意見を」と言いながら、本音は役所の原案が無事通ることを願っているのだ。

私も二、三の審議会に所属していたが、「本当の審議を期待するのなら、資料はあらかじめ配ってほしい」と要望したが、一、二度実行されたが、またもとの木阿弥になってしまった。当日会場で配られた資料をもとに、二時間程度の審議をしたところで、あらたな発想を期待しても無理である。

以上は審議会の一般論ではあるが、大野の地下水関係の審議に専門家が配置されたことがない。織物業界の人や管工事の人を専門委員に位置づけているが、これらは地下水に関係する業界の代表で、地下水の専門委員ではない。こうした役所の認識不足から、大野の地下水審議は寺島市長の没後は、地下水の本質にせまっていけなかった。専門委員を入れない理由が、理事者側の水政策の枠内でおさまることを期待しての人選ならば、「審議会は行政のかくれみの」以外のなにものでもない。

大野が真の「水の郷」を目指すのならば、大野の地下水の実態を正しく解析できる人材の投入が必要だ。その原則とコスト負担の認識がまだできていない。最近、自発的な公募委員がおかれるようになったが、その数は二、三人である。イエスマンの意見なら、すでに庁内で調達した人たちでおさまる。新しい展開を求めるための審議会なら、地下水の専門家を配置し、市民代表の委員も、役所にシビアな意見を出せる人を増やすべきである。それには若い世代や女性の委員が必要だ。シビアな意見を敬遠するのは、まだ役所にそのハラ構えができていないからである。

大野市は二〇〇〇年に入り、ようやく審議会のかけもち解消を図り、一人一委員制の検討を始めたことは、大きな進歩であり喜ばしい。

7　イトヨ対策に見られる行政の水哲学欠如

天然記念物・イトヨ

イトヨは大野の湧水にすむ五センチほどのトゲウオである。ハリシンとも呼ばれ、オスが子育てをする珍しい魚で、昭和一〇（一九三五）年から天然記念物の指定を受けている。かつて大野盆地には、至るところに湧水があり、そこから流れる小川には、いっぱいイトヨがすんでいた。しかし湧水の枯渇とともに姿を消し、もうイトヨの姿はめったに見られなくなった。

昭和四九（一九七四）年には文化庁の後援で、イトヨの調査が大々的に行われた。そしてイトヨの保護対策を盛りこんだ、貴重な研究報告書がつくられたが、その後の大野の水行政は、イトヨのすむ湧水を破壊する路線を歩んできた。最近ではイトヨの個体数も激減し、近親交配の弊害すら見られるようになっている。

新市長はこの状態を心配し、市役所ロビーに水槽を設置し、その中でイトヨを飼育し、イトヨを市民の目に触れさせることにより、市民の関心を高め、大野のシンボルとして、イトヨの保全を呼びかけた。平成八（一九九六）年には、行政と市民がいっしょになった「イトヨ保存会」が誕生し、子どもたちのイトヨ観察も活発になった。それが大人にも波及して、イトヨをまちづくりに生かすイメージアップ作戦も始まり、「イトヨのシンちゃん」のステッカーを張った車が走り、イトヨソングがまち中の飲食店で聞かれるようになった。

二五年前私たちが、「イトヨのすめない町、それはやがて人間もすめなくなります」と地下水保全運動を始めたとき、「何だ、ちっちゃいメメンジャコと人間と、どちらが大事なのか」と、地下水審議会の席で罵声をあびせられたことがある。その当時と比較すれば、大変な変わりようである。

けれども喜んでばかりいられない。みんなが気づくほど、大野の地下水環境は悪化しているのだ。イトヨ絶滅の危機を目の前にして、単なる観察やステッカー運動だけで、満足しているわけにはいかない。イトヨの本場である本願清水の枯渇はひどく、イトヨの保護には第二の棲息地確保も視野に入れなければならぬほど、危機がせまっている。市民の私たちはイトヨの保護を本願清水だけに限定せず、まだ自然水位が一、二メートルの地域で、地面を掘りさげた人工の湧水池をつくり、そこでイトヨの個体数を増やす作戦の必要を考えている。いま行政が手を下すべきことは、湧水を枯渇させイトヨをすめなくしてしまった、これまでの「地下水破壊の政治」そのものへメスを入れることではないのか？

公共土木事業と産業発展の名のもとに行った地下水かん養地の破壊と、地下水浪費に適切な手段を講じてこなかった、行政自身への反省が必要なのだ。その危機意識が、庁内にはまだ希薄なのが心配される。

地下水と縁のないイトヨ対策事業

文化庁は平成一〇（一九九八）年からイトヨの保護事業として、大野市に三億円余の予算をつけてくれた。だがその基本計画は庭園業者に発注され、イトヨの観察棟の建設が主体となっていた。そして肝心の本願清水の湧水枯渇への対策が見えず、観察棟と池の形のデザインプランが議会の委員会に提出された。

イトヨは湧水にしかすめない生物である。いのちの湧水をどのように確保するかが、この事業の中枢でなくてはならぬのに、建物を建て肝心の本願清水には、池の底にビニールシートを敷き、五〇センチの深さの池にして、イトヨをすまわせるのだという。私はこの説明を聞いてびっくりした。

後日、文化庁の係官も出席されて、イトヨシンポが開かれた。私はここ一、二年、市の地下水行

アオコが発生した本願清水

新しくできたイトヨ観察棟

政がことごとくゆれているので、初心に立ちかえり態度を改めてほしいと、「イトヨの保護と地下水保全は車の両輪」であることを述べ、手おくれになったイトヨ対策の経過を、参会者に次のように明らかにした。

「イトヨのすめる基本的条件は、豊かな地下水である。ところが大野の地下水対策はいつもツーテンポ手おくれで、みんなが気づいたころは、『時すでにおそし』の失敗を重ねている。一四年前に木本原基盤整備事業が計画されたときも、イトヨのすむ本願清水はすでに枯れかかっていた。これ以上危機に追い込まないようにと、議会で事業の中止を要請したことがある。しかし、理事者は三〇〇億円の工事費ほしさに、地下水かん養源の破壊工事を強行した。あのとき思いとどまっていたなら、本願清水は今日のような哀れな姿にはならなかった」と、ここまでイトヨを危機に陥れたのは、大野市の議会と行政、そして私たち市民にも責任があると述べた。

イトヨのすめるまちづくりを

大野市のまちづくりの指標は、「イトヨと人間の共生」を目指すことにある。本気にそれを考えるなら、市民も行政も口先だけの地下水保全から脱皮することである。今回、文化庁が予算をつけてくださったが、よほどの抜本策を講じないかぎり、本願清水は復活しない。

まず実施すべきことは、イトヨの生息に必要な地下水補給の増加を考えるべきである。昭和五〇年代に、地元民との交渉で、本願清水への地下水補給は最小限におさえられたが、今回の市の計画は、本願清水を殺すに等しい仕打ちである。それならば、せめて「本願清水に、大野のシンボルらしい死化粧をさせて」と言いたい。
それには、イトヨが自由に生息できるだけの地下水を本願清水に注ぐこと。人間がいままでのような水の浪費をやめれば、本願清水に日量約一〇〇〇トン程度の地下水を補給できるはずである。その分を家庭や工場で節水に心がけるのが、大野に住む人としての義務であろう。水洗トイレや洗車などの水は雨水で十分である。また、工場における冷暖房用水の節約の余地もまだ十分にある。それを行うのが、イトヨを本願清水にすめなくした人間の罪滅ぼしだと思う。

市の説明する水深五〇センチほどの池では、はたしてイトヨの生息条件である摂氏一四～一五度の水温がたもたれるか、はなはだ疑問である。私たちの観察では、本願清水の湧水が減って、四月下旬から大量のアオコの発生を確認している。それなのに、池の面積だけを広げ、地下水の補給を図らないのは不十分と言わざるをえない。

私たち水の会では、以前から御清水や義景清水の湧水量の調査をしてみたが、あの狭い池でも日量五〇〇トンの水が湧いていた。その数倍もの広さをもつ本願清水に、従来どおりの水の補給でよいとする市の計画に対し、私はアオコでおおわれた本願清水の写真を示して、計画の変更を求めた。

このままでは、せっかくの文化庁のご好意も生かされない。昭和五〇年当時から見れば、繊維工場の閉鎖などで、本願清水から半径七〇〇メートル圏内の地下水のくみ上げ量は減っている。イトヨのために、もう少しの地下水をまわすことは可能なはずである。そのような地に足ついた活動への誘いが、文化庁のねらいでもあるのだろう。

「イトヨシンポ」では、文化庁の花井係官は次のようにしめくくられた。

「文化庁は、単なるイトヨの保護を目的としているのではない。きれいな湧水にしかすめないイトヨの保全を通し、大野の人たちが自分たちの地下水環境と、どうかかわっていくかを考える指標として、この事業をとらえてほしい」と。

シンポの会場では、イトヨ生息地を本願清水に固定せず、まだ自然水位の高い盆地北部に池をつくり、そこで繁殖させてはどうか、との提言も聞かれた。新市長になってから、環境保全への意識は着実に広がっている。市民も真剣になってイトヨとの共生を考えてきている。

でも大野市の行政が、地下水保全の哲学にどこまで到達しているかは、このイトヨ保護事業の姿勢を見ても、まだまだ危うさが残っている。それは市長をはじめ市の首脳陣に、地下水総合管理の構想が描けず、そのシステムもまだ確立していないことからきている。私は文化庁の花井係官の言葉をかみしめながら、このイトヨ保護をまちづくりに生かすためには、理事者にもう一度、地下水保全への覚悟を確かめねばならないことが悲しかった。

第十章　合併浄化槽への取り組み

平成三（一九九一）年〜平成一二（二〇〇〇）年

1　汚水処理行政と二人の先覚者

福岡県久山町・故小早川町長

大野の地下水を守りたいと議会へ出た私が、最初に遭遇したのは下水道対策審議会であった。そこで理事者も議会も大野市の下水道をどうしたらよいのか、わかっていないことにがく然として、その後、排水処理の研究にエネルギーを傾けていった。文献をあさり、各地の先進事例の実態を見学に出かけ、そこでいろいろな方にめぐりあったが、その中で強い影響を受けたのは次の二人であった。

その一人が、福岡県久山町の故小早川町長である。「地域の子どもたちにプールではなく、泳げる自然の川を残したい」との理想を掲げ、学校をはじめ公共施設に水のリサイクルと、排水からチッソ除去をする浄化施設を備えた久山方式は、テレビを通じて全国に紹介された。私はその現場を確かめたいと九州へ出かけ、直接、町長にお目にかかり教えを乞うた。そして町長の高い理念の水哲学を伺い、「人のいのち」を政治の原点に据えて、地方自治を先取りされる町長に深い尊敬の念を抱いた。

穂高町の故島田技師

もう一人は、長野県穂高町の生活雑排水処理場長の、故島田佳樹氏であった。住民の生活とまちの財政、そして北アルプスの豊かな湧水群と、ワサビ田を抱えた穂高町で、ぎりぎりの工夫をこらした生活排水対策は、昭和五〇年代の最先端をいく施策であった。生活雑排水は私たちの予想をこえたBOD一ppmの透き通った水に変身して梓川に放流され、汚泥は肥料に生まれかわり、リンゴ畑にリサイクルされていた。この施設をつくる際、国のほうからはいろいろクレームがついたらしい。しかし島田技師の立証の前に、やがて国のクレームは消え、この試みはNHKテレビで全国に放映された。私はこんなに地域を愛する行政マンをかかえた、穂高町の住民がうらやましかった。

2　石井式合併浄化槽＋木炭トレンチ併用実験

石井式と新見式を連結させる

二人の先駆者に触発されて、私は平成五（一九九三）年一〇月に、裏庭に石井式合併浄化槽設置の工事に着手した。現地の九州まで二度出かけ、石井式の優れた浄化能力に感嘆したが、豪雪地帯の北陸でどう作動するかは未知数であった。

石井先生からは、チッソ・リンの除去が、浄化槽では不十分だと伺い、新見博士の土壌浄化法からヒントを得て、木炭トレンチを浄化槽に連結させることを思いついた。設置費用は本体九三万円、トレンチ工事も含めて約一八〇万円かかった。その浄化能力はＢＯＤ一ｐｐｍ、木炭トレンチをくぐらせると、チッソやリンも七五パーセントから九〇パーセント除去された。しかも、実際に浄化槽に流入した汚水は、ほとんどトレンチ内で蒸発してしまい、用水路にはまったく排出されないのである。浄化槽で電気エネルギーを使って浄化するのと、全然エネルギーの要らない土壌水への転化・蒸発作用の組み合わせで、我が家の排水は完全リサイクルが達成された。

木炭トレンチの浄化作用

石井式合併浄化槽は、有機質の除去効果は抜群の成績であるが、残念なことに水質汚染の元凶である、チッソとリンの除去は不十分である。これは石井式にかぎらず、他のメーカー製品も同様で、公共下水道や農村集落排水でさえ、この項目は規制の対象からはずされている。現在の処理法では、チッソ・リンの除去には、そのコストが非常にかさむからである。でもこのチッソやリンが、アカシオやアオコの富栄養価の元凶なのだ。

私はいつか新見博士の土壌浄化法の見学をさせていただいたが、未処理の汚水を直接トレンチに導入させたので目づまりを起こし、その広がりをとめたが、石井式浄化槽できれいにした排水なら、目づまりも起きにくいのではないかと考えた。そして砂利の代わりに大野の森林組合で生産してい

合併浄化槽のまわりに家庭菜園

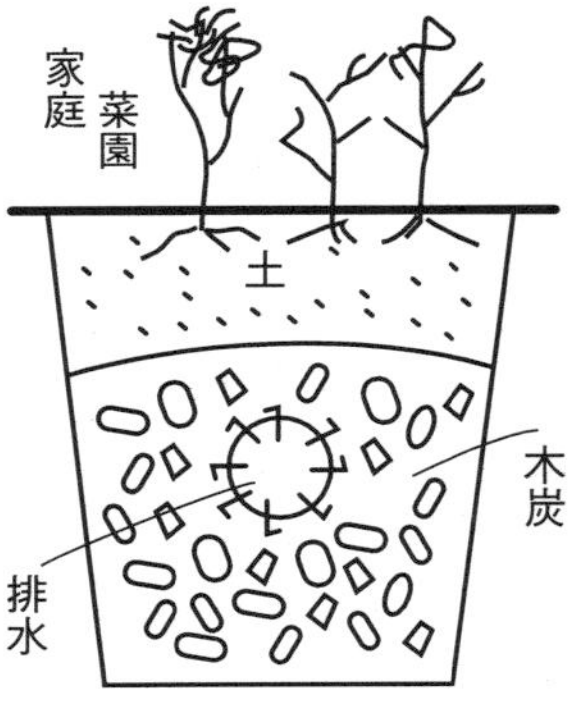

トレンチ模式図

木炭トレンチによる処理水の浄化実験

る、廃材利用の木炭を組み合わせて実験してみることにした。結果はチッソ・リンの七五パーセントから九〇パーセントも除去されることが確かめられた。

それに思わぬ効果は、トレンチによる浄化作用であった。生活排水が一人一日二五〇リットルまでなら、トレンチの長さは一人分三メートルで十分である。その長さがあれば、排水はほとんど土中にしみこんで、末端まで排水が届かない。排水が末端まで来たのは、一日の降水量が六〇ミリをこえる日が三日ぐらい続いたあとで、それは年二、三回であった。私宅では裏庭の築山を散水場所にしているが、きれいに処理されているので違和感はなく、庭木は大変喜んでいるようだ。

また浄化槽の処理水は、春から秋の季節には花や野菜の水として、貴重な役目をはたしている。夏の日よけにつくった朝顔は二階まで届き、クーラーの代わりをしている。こうして浄化槽処理水は市街地の中にある我が家でさえ、自然の中へうまく還元できることが確かめられた。

チッソ・リンの除去と木炭トレンチ

トレンチでのチッソ・リンの除去実験は、回数を重ねるごとにその数値にバラッキが出てきた。特にＢＯＤの値は浄化槽で好気処理をした値と変わらないか、逆にトレンチをくぐらせたほうが、悪くなる場合すら出てきた。しかし、チッソ・リンはいずれの場合も、木炭トレンチをくぐらせることにより、その値はさがり除去効果はたしかめられた。

しかし、四年を過ぎると除去の効果は落ち、木炭の入れ替えを考えねばならなくなった。これは結構面倒な作業だ。我が家のように他の人手を借りるとなれば、人件費もかかる。そこで現在の石井式合併浄化槽の第六槽と第七槽の計一立方メートルが、浄化とあまり関係がないことがわかってきたので、ここへ木炭を沈めて浄化できないか、試してみることにした。これでうまく浄化できれば、土を掘り返して木炭を取り替える作業をしなくてもすむ。木炭を網袋に入れて第六槽につるして一ケ月後、排水を検査に出したが結果は全然ダメだった。

どうしてか？ と微生物研究者に教えを乞うたところ、「トレンチのほうは、覆った上の土から微生物が落ちてくるが、浄化槽の中には土がないから、分解しないのではないか」とのコメントをいただいた。なるほどと思った。

こうした実験を重ねて七年たった現在、私は木炭トレンチのチッソ・リン除去効果数値のバラツキの原因が、ある程度わかるようになった。それはトレンチを覆った土の上で、菜っ葉やトマトや花を育て、それらに油粕などのチッソ肥料をあたえている季節に、除去率が低くなっていることを発見したのだ。このことに気がついてから私は、木炭トレンチでの除去率がある程度落ちても、土中にしみこんでしまう事実から、取り替えはそんなに神経質になることはないと、考えるようになった。BOD一ｐｐｍの石井式合併浄化槽の排水が土中に浸透し、土壌水としてとどまり、それが植物のエサとして循環していけば、それでいいではないかと思うようになった。

3　実験でわかった意外な発見

効果の大きい嫌気槽処理

石井式合併浄化槽は、ヤクルト容器による微生物処理の効果が大きいと聞いていたが、夏場はBOD一ppm、冬場でも三ppmと好成績だった。しかし流入汚水の浄化率を調べてみると、嫌気処理効果が大きく、BODでは全体の八〇パーセント近くが、嫌気処理で浄化されていた。石井式は第一槽の容量が大きいので、時間をかけてその分エネルギーを節約して、浄化の効果をあげていることが、グラフでもたしかめられた。CODの除去効果は、好気処理より嫌気処理のほうが効率がよい。BODは好気処理槽で完ぺきの一ppmに到達する。しかし浄化槽内におけるチッソ・リンの除去効果は、石井先生のお言葉どおり、いまひとつだった。

ところが、木炭トレンチをくぐらせると、チッソ・リンの値はその七五パーセントから九〇パーセントが除去できることがたしかめられた。木炭に吸着するのであろう。

この実験で気がついたのが、実験時における採水テクニックの問題である。検査料がかなり高いので、たびたび検査にだすというわけにはいかない。嫌気槽や好気槽の処理水は一定しているので問題はないのだが、難題は汚水原水のサンプリングの仕方である。採水の仕方で、BODが一九〇ppmから七三〇ppmと大差が出てきて、そのたびに考えこんでしまった。どうしたらもっとも正しい判断ができるだろうかと、いまなお検討課題になっている。

検査のたびごとに数値が変動しても、我が家の暮らし方そのものが、大きく変化しているわけではないので、最終の絶対値でおおよその判定をくだしている。

塩素漂白剤の失敗

浄化槽がうまく立ち上がり七ヶ月目、とんだハプニングが起きてしまった。私の留守中に、夫が誤って台所で塩素の漂白剤、キッチンハイターを流してしまい、それまで一メートルの透視度を誇っていた水質が、一挙に二〇センチに落ちてしまった。わずかキャップ二杯程度だったのに、その回復に七五日もかかり塩素の微生物にあたえる打撃は、想像以上に強烈であった。

私はこの失敗をきっかけに、一人一人が自己の排水の行方を確認できない、農村集落排水施設や公共下水道の落とし穴を感じた。昨今はO－157事件であらゆる場所での塩素滅菌が強化されている。人間は諸刃の剣である塩素等の化学物質と、今後どうつきあっていくのが聡明なのかを、真剣に考えざるをえない。

また合成洗剤も試してみた。結果はいかに言いつくろってみても、微生物にあたえる合成洗剤の影響は悪い。粉石鹼のときは感じなかった浄化槽のアワが目立ち、微生物がイヤイヤしているのがよくわかる。この実態を直接自分の目でながめないと、人間はつい便利さにまどわされて、合成洗剤に走ってしまうのだ。

し尿の汚濁負荷について

もう一つ実験中に気がついた問題に、家庭排水中のし尿によるBOD負荷量が、全体の四〇グラム中一三グラムという数値で、約三分の一を占めていたことがある。私は浄化槽に送りこまれる汚物全体をながめて、どうも気になるので試してみた。夫にも協力を依頼したが断られた。そこでしかたなく自分一人の排せつ量を一週間にわたって記録し、それを検査機関に分析依頼したところ、七〇歳の私のBOD負荷量は一日二五グラムであった。

食事は一日約一六〇〇キロカロリーで、肉食をおさえた内容なのに、厚生省発表の約二倍になっている。お肉やビールの好きな若い人は、とてもこの数値ではおさまらないと思われる。ふつう人間のし尿のBODは一万三八〇〇ppmといわれるのに、し尿のBOD負荷量は一三グラムというのでは、し尿の排せつ量は、一日量あたり一〇〇〇ccしかないという計算になる。厚生省にもたずねてみたが、はっきりした返事はいただけなかった。

最近の家庭排水に占める、台所からの排水の汚濁負荷の多さが問題になり、合併処理の必要が叫ばれているが、その陰でし尿の不完全処理が見過ごされている。現在まだBOD九〇ppmの単独し尿浄化槽は製造禁止になったが、現実には多数使用されており、水質の汚濁をすすめている。また排水処理にチッソ・リンの規制も含めていない。これでは下水道を整備しても、アカシオやアオコの発生は改善がむずかしい。湖沼や河川の水環境が改善されないのもうなずける。

生活排水BODは厚生省の一・五倍

このように家庭排水を追跡していくと、具体的な生活排水の負荷量のデータが、不足していることに気がついた。「油をカップ一杯流すと、風呂桶三〇〇杯分の水でうすめなくてはならない」という話はよく耳にするが、ふつうの主婦ならいまどき、そんなバカなことをする人はいない。ごく一般的な生活の中で、人間が食事をして、顔を洗い、入浴して、洗濯して、そして排せつして、いったい一日にどの程度の水を汚しているのか、生の数値が知りたいといろいろの機関に問い合わせたが、わからなかった。

しかたがないので、自分で試してみることにした。できるだけ世間一般に通用する生活スタイルを考えて、その条件を明示してデータをとりはじめた。献立だけは、一六〇〇キロカロリーを目安にしたが、あとの洗面や入浴、洗濯は自分の家庭が老年世代の二人暮らしということで、夏以外の季節の入浴は一日おきにし、洗濯も入浴日といっしょに設定した。

入浴による体の汚れを測るのには、私は孫の産湯のたらいを持ちだし、その中で体を石鹸で洗い、使ったお湯の全量を測り、そのブレンド水一リットルのBODを測定することにした。洗髪、洗面も含めて入浴の際の負荷は、洗濯の約二分の一だった。洗濯物は肌着や日常着・タオルなど二人分で約二キログラム、それを三五グラムの粉石鹸と、三〇リットルのお風呂の残り湯を使って洗うのだ。一回のBOD負荷は約二九グラム、これを一人一日にあてはめると、七グラムちょっとである。

食事の献立は、和食中心でサカナや豆腐など、脂肪の少ない内容だが、若い人の好むラーメンのデータがほしくて、ちょうど実験が夏ということもあって、冷やし中華のゆで汁を測定してみた。これは、お米のとぎ汁よりずっと高い、ＢＯＤ三〇〇〇ｐｐｍの濃度だった。お米のとぎ汁は、米三カップに一〇リットルの水を使ったが、平均ＢＯＤは、七〇〇ｐｐｍから八〇〇ｐｐｍで、ラーメンゆで汁の三分の一から四分の一だった。

この実験には市の生活環境課にも協力をお願いし、行政としての生活排水指導に役立てていただくことにした。ところが実際に分析してもらった数値は、なんと厚生省基準値（ＢＯＤ四〇グラム）の、一・五倍にあたる六〇グラムになった。若い家庭なら食事にも肉や油が多いだろうし、衣類の洗濯も我が家のケースより増えることはあっても少なくはならない。この実験から私は、生活排水による水環境の汚染は、行政の認識よりかなり高くなると感じた。

微生物補強について

キッチンハイターによる、手痛い失敗をしたおかげで、逆にいろいろ試してみる機会を生むことになった。微生物の一種であるＥＭ菌、光合成菌、今立菌、岩石など、六年間にいろいろ試してみた。そしてたったキャップ二杯の塩素で、浄化槽が回復するのに七五日もかかったが、あのとき微生物による補強の知恵をもっていたら、もっとスムーズに乗りきれたのではないかと思う。

また岩石のもつ浄化能力の話を聞いて、岐阜県恵那《えな》山まで石を求めに走ったが、皮肉なことに効果が高かったのは、値段の高い石ではなく、道ばたに転がっていた花崗岩系の石であった。大野盆地の基底を構成している、医王寺《いおうじ》の風化花崗岩、真名川の砂利や足羽山《あすわやま》の「しゃく谷石」など、密度のあらい石の効果が高かった。

ＥＭ菌は嫌気処理槽で大変効果があった。入浴に試してみたら温度が四〇度で菌の繁殖に効果が高まり、好気槽までＥＭ菌が入ってしまい透視度が少し落ちた。でもＢＯＤ値は一ｐｐｍで、悪臭除去の効果は確かに高かった。汚泥もよく分解されて、七年たった現在も、汚泥引き抜きはまだ必要がない。ＥＭ菌を酷評する人もあるが私宅の場合、以上のような効果が確かめられた。

それから琵琶湖湖底のドロから培養したという、光合成菌も今立菌も非常によかった。実験三年目、二度にわたる塩素の失敗で、我が家の浄化槽の成績が最も低下して透視度が六〇センチまで落ちこみ、これでは石井式の名誉が泣くと思った時期があった。このとき、今立から佐々木さんと飯田さんが、今立菌をはこんでくださり、浄化槽は見事に回復した。さらに光合成菌も加えてみたが、それ以来、冬の厳寒期でも浄化槽は、ＢＯＤ一ｐｐｍ、透視度一二〇センチとコンスタントに作動している。

浄化槽業界の関係者の間にも、この微生物による補強効果のことは、あまり知られていない。汚水浄化の分野では、これから微生物がその主流になると思われる。もっといろいろな研究がすすめられ、広くその情報が伝わることによって、我が国の汚水処理や水環境の浄化に役立つことを願っている。

4　合併浄化槽実験の総括

以上試行錯誤のあげく到達した、合併浄化槽の効果についてとりまとめてみた。もちろんこれらは中間的なものであることを、お断りしておく。

①　石井式は、容量の大きい第一貯留槽での嫌気処理効果が大きい

石井式の特徴は、ヤクルト容器による微生物処理の効果がうたわれているが、第一貯留槽の容量を大きくして、ある程度時間をかけ、エネルギーを節約しながら浄化を高めることがのぞましい。

②　チッソ・リンは浄化槽ではとりにくく、木炭トレンチをくぐると九四パーセント除去できる。しかし木炭を排水中に入れておくだけでは効果が薄い

我が家ではU字溝に木炭をつめ、そこへ排水をくぐらせた上で、吸収させることを考えた。浄化槽処理水は庭木や野菜が喜ぶ。

③　木炭トレンチは一人あたり三メートルの長さで、排水はほとんど土の中に拡散浸透する

一人当り日量二五〇リットルの排水ならば、土中に全部浸透する。我が家では七年間排水は屋敷内から出ていかない（雨が続くと築山に自動散水した）。

④　ＥＭ菌は、臭気対策の効果が大。岩石の効果もみとめられる

ＥＭ菌は嫌気槽への投入が効果的で臭気も落ちる。岩石の実験では密度のあらい石がよく、地

元の風化花崗岩、真名川の砂利、「しゃく谷石」がよかった。

⑤　楽しみながら家庭排水のリサイクルを

節水の鍵はメーター設置と、雑排水タンクの設置。我が家ではもっとも水を使用するところでリサイクルを試みた。風呂のお湯は洗濯に、洗濯のすすぎ水は雑排水タンクにためトイレの洗浄水に。生活用水は一人二〇〇から二五〇リットルで十分。浄化槽の処理水は、花や野菜、庭木の水にして完全リサイクルをする。

⑥　こわい化学薬品、我が家で二回失敗

衣類や住宅の化学洗剤は、水質浄化の大敵である。我が家ではキッチンハイターで二回失敗した。トイレの塩酸、住まいの洗剤、洗濯の漂白剤、それに過度の衛生思想も問題。化学物質の使用法をひかえることと、使った場合には、水環境にもちこまないような工夫が大切である。

⑦　合成洗剤はやはりダメ

世間では合成洗剤が主流であるが、私の実験でもやはりダメだった。試してみると石鹸を使用のときより、浄化槽がアワ立ち、透視度も二〇センチほどに低下した。この合成洗剤が新聞販売店や金融機関の景品に使われることはやめてもらいたい。

⑧　浄化槽使用開始に先だち、微生物強化策が必要

浄化槽の立ち上げに微生物強化が必要である。特に寒い地方や医薬品を使用している場合、立ち上がりが悪い。私宅が塩素で失敗のおり、今立菌や光合成菌の効果が確認された。それ以降、透視度は常時一二〇センチに保持している。

⑨　厚生省の人間のし尿一日のＢＯＤ負荷量一三グラムは過小

厚生省は、生活排水のＢＯＤ負荷は一日四〇グラムとし、そのうち、し尿の負荷は、一三グラムとしているが、私の実験では一日のＢＯＤ負荷量は約六〇グラム、し尿は二五グラムに達した。し尿は浄化して土にもどすのが最高のリサイクルである。

⑩浄化槽の設置費と維持管理費

最初の設置費は木炭トレンチの経費も含めて約一八〇万円である。

維持費はブロワーの費用込み（耐用年数は六から七年）で月額三八〇〇円（電気代六五キロワットで二〇〇〇円、トレンチの木炭は五年で取替え、その費用が月九〇〇円、ブロワー取替えは六年で、費用は月九〇〇円）

石井式浄化槽は、他のメーカー品より槽が大きく、そのため価格が高く工費がかさむと関係者は言うが、汚水浄化の能力はきわめて高い。エネルギーをかけずに汚泥もたまりにくい。我が家もすでに七年を経過したが、透視度は一二〇センチをこえ、まだ汚泥引き抜きの必要はない。なお排水は木炭トレンチの中で全部土中に浸透、かつ蒸散させることにより、究極的に用水路への放流はなく、汚濁物質はゼロになる。以上の実験結果から、この合併浄化槽処理方式は、敷地にゆとりのある農村部に適しており、木炭トレンチと併用すれば排水はほとんど土中に拡散するので、水源地帯にある国立公園内の施設等には、最適ではないかと思われる。

なお、排水中のチッソ・リンは土にかえり、最終的に植物に移行していくので、排水にできるだけ化学物質をもちこまぬ工夫が必要だと気がついた。そこで洗濯排水を別処理することにふみきった。簡単な設備で目下実験中であるが、一回の洗濯で排出するＢＯＤの負荷二九グラムが、半分に落とせることまでたしかめた。今後もう一工夫してみる必要がある。

5　地域への波及

集落ぐるみで合併浄化槽

大野市における農村集落排水事業が六ヶ所もすすみ、そのコストと浄化が、けっして満足できる状態でないことが明らかになってきた。平成九（一九九七）年、上舌集落では村ぐるみの合併浄化槽設置の動きが出はじめた。個々の家庭が合併浄化槽を入れる例は聞くが、集落ぐるみで行うのは県下初の試みである。市の担当部長と区長、そして大野保健所の三者の協力が実り、私はいままで私費を投じて実験してきたことが、ようやく地域の汚水処理行政に生かされたことを感謝した。

私は上舌集落へ出かけ、区民の方がたの団結に敬意を表しながら、「どんなよい施設でも使い方を誤ると、排水はきれいにならない」と、自分の失敗を話した。「塩素などの化学物質はこわい。できるだけ使わないように。どうしても使わねばならないときには、二日ほど日光にさらして土にあけるように。換気扇の掃除などは、ボロ布に石油か洗剤をしみこませませてふきとり、それは燃すゴミにして、けっして、水の中に化学物質をもちこまないように」と、体験から割りだした要点を伝えた。

近代生活の中で環境を守るには、少しばかりの工夫が必要なのだ。私の失敗談をみんなは身をのりだして聞いてくれた。大野の水を守ろうとするみんなの願いが、会場いっぱいに広がっていくのが感じられ、私は明るい希望に包まれた。

そして東京の保健所技師の人見先生からいただいた、市民の水質検査用に工夫された一三〇センチ透視度計三本のうちの一本を、上舌集落に差し上げた。自分たちの目で水質を確認することが、また次のステップにつながると信ずるからである。

後日、市の保険課が実施した集落の水質検査表を見せてもらった。その成績はどの農村集落排水の成績よりも優れていた。二軒をのぞき、ＢＯＤ一ｐｐｍないし三ｐｐｍの家庭が大半を占めた。二軒のうち一軒はうっかり油を流し、もう一軒は塩素の漂白剤を誤って流したとのことである。このように個人合併浄化槽は、失敗するとすぐ原因がわかり、人びとの水に対する意識を着実に高めていった。

私は上舌集落の実験から、農村こそ、この合併浄化槽方式が、最適だと確信するようになってきた。排水浄化の効果がよいことと設置費の安さが、しだいに注目を浴びるようになり、今後の汚水行政に反映されていくことになるだろう。

ちなみに、上舌集落では総経費は一七〇万円、うち合併浄化槽補助が八五万円（市・県・国が三分の一ずつ）、集落全体での実施に対する市の特別補助が二五万円、そして個人負担は五〇万円で完成した。

福井県今立町の排水処理計画に

平成五（一九九三）年一〇月、我が家での実験が始まってから一年が経過し、早くも反応が示されたのは、福井県の今立町であった。今立町は人口一万五〇〇〇人、地方主権の新しい理念で、ユニークな千年構想のまちづくりを目指しておられた。そしてこの合併浄化槽を今立町の家庭排水処理行政に組みこみ、市街密集地帯を公共下水道区域に、村部は水のリサイクルと自然の調和を目指した、合併浄化槽方式にふみきられた。

今立町からは、首脳部、議会関係者、商工会、女性団体等、数次にわたり我が家の見学に来られたが、一つの自治体の排水処理行政に、少しでもお役に立てることができて、私はとてもさわやかな気持ちになった。そして今立町にたくさんの友人ができた。我が家が実験三年目、塩素で失敗したおり見事立ちなおれたのは、今立のみなさんの考案された「今立菌」のおかげであった。みんなの実験がネットワークされ、ともに新しい発見につながっていく喜びが、ふつうは避けて通りたい「汚水処理」の分野で花開こうとは、夢にも思っていなかった。

6　実験を通し汚水処理の原点を考える

はびこる無責任体制

河川の水質調査や、我が家の排水処理の実験から、私は現代の世相は表面的な華やかさを追い、人間のいのちや自然をむしばんでいるのを痛いほど感じた。水質に対する知識不足が根底にあり、その上に汚水行政の企画にたずさわる人びとが、現場から遊離した感覚で乗りきろうとしている。その姿勢は行政視察の場でもいくたびか経験した。それにゼネコンをはじめとする企業の無責任体制も加わって、日本の汚水行政は、この先どうなるのかと憂慮される。

私は議会へ出てから、地下水保全に「節水と水質の汚染防止」を中心に取り組んできた。し尿の臭いがする町中の用水を見てまわり、役所の管理する公共施設の浄化槽の水質検査表を見せてもらった。ところが透視度は二〇センチもあればよいほうで、五センチで合格の〇印、四センチで不合格の×印がついていた。

いったい透視度五センチの排水がどんな状態の水質なのか、建物の管理者はのぞいてみたことがあるのだろうか？　市民の手本になるべき官公庁がこの始末で、そしてこの検査をした浄化槽協会のプロたちは、その水質で水環境が守られると、本気で考えているのだろうか？　本当のプロだったら、こんな基準値ではダメだと、汚水処理行政の保健所に意見具申をすべきである。

現行の単独し尿浄化槽の排水基準値であるＢＯＤ九〇ｐｐｍが、どれほど水環境を汚染しているか、監督官庁はわかっているはず。水質汚染の曲者であるチッソやリンの規制も、依然として先送りの状態である。浄化槽管理技術者が、点検にまわって透視度が一〇センチもあれば、「奥さん、お宅の浄化槽は合格です」などという指導が続いている。社会全体がタガの緩んだ桶のような状態だ。

最近の新築ブームでその現場をのぞいてみると、たいていの家はBOD九〇ppm単独浄化槽の水洗トイレが設置されていた。この単独浄化槽は製造禁止になっているが、すでにつくられた製品は依然として売られている。こんな具合で、ここ三、四年の間に大野市では、一〇〇〇基をこす単独し尿槽が増えてしまい六〇〇〇基に近づいている。この問題を私はある建築設計士になげかけてみた。

ところが設計士からは、「私らは家一軒いくらと請け負うので、予算が足りないと結局浄化槽は安いものになってしまう。法律の基準をクリアしてたら文句は言われないからねー」といわれた。

下水道にしても浄化槽にしても、いったん工事をしてしまうとあとで改善はむずかしい。それなのに最初の設計段階で、排水処理のモラルが欠けているのだ。水環境の基準をつくる官僚や政治家、技術者、それらの人たちの職業倫理観とは何なのか、合成洗剤に対する市民の態度も同様である。他にはきびしいが、自分には甘い現代の風潮が、この汚水処理の世界には極端に出ている。まず自分がどれだけ水を汚しているか、その認識が基本である。それを怠って言いわけばかりしている態度そのものが、次の世代の水環境を破壊していくのである。

汚れを嫌う人間の本能

汚水処理について二人の先覚者に接し、さらに自分の実験を通し、私は現在の汚水処理行政が、いかに上滑りしているかに気がついた。その根本原因は「汚れを避けて通りたい人間の本能」にあると思うようになった。

誰も美しいものにはあこがれ、汚いものは避けて通りたいのが人間の心理である。でも人間の心情は、汚水に手を染めることなくして、汚水浄化のメカニズムにせまることは不可能なのだ。汚水に直接手を触れない人たちが計画した下水道、汚水処理施設は、表面華やかでも浄化の効率の悪い施設が多い。

私も家庭排水の実験に取り組む以前とあとでは、ずいぶん自分自身の考えが変わり、自分のエゴに気がついた。たびたび市の処理場へ出かけ、現場の技師と話し合い、教わったが、現場で汚水に手を染めて働いている職員に共通していたのは、とても謙虚で誠実な点だった。長野県穂高町の故島田技師もそうであったが、これは汚れの原点にせまることで、手に入れた尊い人生哲学ではなかろうか。

それに公共下水道では個人の合併浄化槽とちがい、自分の出した排水を最後まで確認することがむずかしい。そのことが汚水処理に対する一人一人の責任感を希薄にする。またO－157事件以降、過度の衛生思想で微生物を殺してしまう化学物質依存度が増え、結果として汚水浄化のさまたげになっている。このこともまったく社会に伝わっていない。

そして下水道は万能だというイメージだけが先行し、ＢＯＤ二〇ｐｐｍ、チッソもリンも規制外におかれている実態を見つめず、政治家も行政も、「下水道は文化生活の基本、水洗トイレで快適な生活保障」などと浮いたことを言っている。水環境が壊れていくのも当然だ。

大野市では平成一一（一九九九）年、あらたなし尿処理施設を完成させた。長野県穂高町の実験に触発されてから十数年、その間大野の現場職員は古い施設をなだめすかしながら、ペットボトルで微生物の増殖を図るなど、たゆまぬ努力を続けてきた。その研究の成果が新しい施設づくりに生かされ、いま排水はＢＯＤ一ｐｐｍ、チッソ五ｐｐｍ、リンも〇・〇六ｐｐｍと、「水の郷大野」にふさわしい処理施設を完成させた。地下の島田技師もきっと喜んでくださることだろう。

し尿は土にもどそう

滋賀県の調査研究では、生活排水中のチッソやリンは、その七五パーセントがし尿に含まれるとの報告がある。数年前奥井登美子さんとアオコでおおわれた霞ケ浦のほとりに立ち、湖沼の水質悪化のきびしさに目をおおった。

し尿による富栄養価の現実を見ると、大都会は別として、農村までし尿を水域に流しこむ現代の汚水処理方法は、はたして妥当な選択肢なのかと、私には疑問に思えてならない。し尿は処理して土にもどすことが自然の理にかない、農業を本来の姿にかえすものと思われる。水洗トイレがどうしても使いたいのなら、福岡県の久山町長のようにチッソ除去の工夫をしたり、穂高町の故島田技師のように、処理水を一ｐｐｍに処理して初めて、水洗トイレでも、環境にやさしいと言う資格があるのだと考える。

化学肥料と農薬に頼る近代農業は、人間の健康をむしばみ、水も土も殺してしまう。このような現実をながめると、「水洗トイレ礼賛」は、反省の時期にきているのではなかろうか。旧式の〝ポッチャン〟トイレでは困るとしても、家庭では軽水洗方式でもがまんできると思う。それにトイレの実験でも、老人のトイレ回数は一日一〇回以上、洗浄水も一〇〇リットルは要るので、私はこのほど雨水の利用にもふみきった。

農村では合併浄化槽で処理した排水を、木炭トレンチで敷地内やそれに接続する畑に還元していくことが、もっとも自然な生活であるように思う。排水中のチッソやリンの除去には、非常にコストがかかる。そのコストは当然下水道料金にはねかえる。だから中途半端な処理しかできないのだ。チッソやリンは、水中にあってはアカシオやアオコの元凶になるが、土の中では逆に植物の栄養になる。このまま世界中の人びとがし尿を水中に持ちこんだら、二一世紀、地球の水資源と水環境は、人類の生活を支えきれなくなると思われる。

第十一章　大野市の上下水道政策と地下水
平成元（一九八九）年～平成一一（一九九九）年

1　二兎を追う「名水保全」と「上下水道」

足元を見なかった施設主義、上水道のつまずき

大野市の特徴は、きれいな地下水を直接市民が飲んでいることである。しかしながら市の発表した「地下水の郷二一世紀プラン」を見ても、水行政の指針は「上下水道推進」を明記している。名水保全がこうした「上下水道の施設づくり」にすりかえられていることに、私は二兎を追う危うさを感じてならない。

本当に行政はいままで、この名水を守ることにどれだけ努力してきたのか、胸に手をあてて考えてほしい。地下水を守ることより、「上下水道の施設づくり」を目標に歩んできたのではないのか？

上水道敷設へのいきさつは先に述べたとおりであるが、行政の水政策が、いったん上下水道の道を歩みだすと、もとにはもどれない。いま大野市は下水道にもふみきったが、その行方は地下水環

境面からも、財政面からも大きな危険が待ち受けていると、心ある市民は深刻に受けとめている。

そこでいままでの上水道会計から、今後の上下水道のあり方を考えてみた。昭和五二（一九七七）年に、大野市は大量の井戸枯れで上水道にふみきったが、その後、井戸枯れの原因が地下水融雪とわかり、融雪禁止の条例や市街地流雪溝の整備をすすめ、激しい井戸枯れは起らなくなった。そして昭和六〇年代に入ると、全国的に地下水の貴重さが認識され、以前のように「上水道は文化的」という信仰は薄らいできた。このような変化のなかで、市民の上水道に対する要望は少なくなり、使用水量も基本料金以内の家庭がほとんどで、上水道会計は毎年多額の税金をつぎこんで、その赤字の穴埋めをしている。

そこで市は大野盆地西部の、鉄分やマンガンが多く水質の悪い乾側地域に、上水道普及をすすめていった。それでも上水道会計の改善ははたされず、市はさらに学校や保育所、市役所等の公共施設に上水道施設を広げ、会計の改善を図ることにした。しかしこれらの措置は、上水道料金の収入は増やせても、市の一般会計から学校等の水道料を支出するので、タコが自分の足を食べているようなものである。こうして上水道会計への税金のつぎこみ額は、平成一一（一九九九）年度末までに、建設費の借金二〇億円分、運営費の赤字分を合わせて四十数億円にのぼっている。

このため市はことあるごとに、上水道区域を広げ市民に地下水ばなれをうながし、節水への努力も地下水汚染への対策も、みな中途半端にしてきた。七間の有機溶剤汚染のときもしかり、中据への企業誘致も賛成派は上水道にさえ入れれば、地下水が汚染してもかまわないというような考えを示し、O－157事件の際もことの本質を考えるのでなく、保健所もいっしょなって「上水道」移行の動きを見せた。

こうして「おいしい地下水こそ、二一世紀の子孫に残す最大の遺産」と努力している私たち市民との間に、根深い不信感を生んでしまった。最初から大野の地下水環境を把握し、地方自治の精神にそった水政策にふみきっていたならば、こんな対立感情も生まず、何十億もの上水道会計の赤字も生まなかったであろう。最初のボタンを掛けちがえたために、こうした矛盾を永久に続けることになった。

市街地の飲料水対策は、共同の深井戸方式で

しかしながら、冷静に大野の地下水環境をながめると、未来永劫に浅井戸の水質が飲料水の基準を守りきれるか？　という心配はぬぐいさることはできない。特に公共下水道の工事によって、現在ほとんどの家庭が使っている浅井戸の地下水帯が、破壊される危険が大きい。そうなった時点で市民はいや応なく、上水道に加入するか、深井戸に切り替えるか、どちらかの選択をしなければならなくなるであろう。

私はそのとき、「どちらを選択するか」と問われたら、迷わず後者を選択する。上水道を選択した場合のほうが、地下水を守ろうという意識が市民のこころから後退するからである。共同の深井戸で対処すれば、市民が足元の地下水を利用することで、地下水の利用の仕方や汚染防止にこころを用いるからである。行政に任せた上水道政策にのってしまうと市民自身の「地下水を守らねば、自分のいのちの水が守れないのだ」という危機意識が育たないからだ。

行政の施設主義は、上水道で市民の水を供給する安易な手法で、真の地下水保全への努力を怠ることにつながっている。地下水の枯渇は、何によってもたらされたのか？　地下水汚染防止にどれだけの配慮をしたのか、いままでの水行政を総括してみたらよくわかる。

私たちは浅井戸の帯水層が破壊されたら、深い層の地下水に水源を求めざるをえない。そのコストは近所一〇軒ほどで共同出資すれば、現在の浅井戸のコストと同程度ですむ。それになにより塩素滅菌のクサい水を飲まなくてすむ。一〇〇人未満の施設は現在上水道法の規制の対象にはならないので、市民サイドから考えるとこれがベターだと思う。みんながメーターをつけ、それに応じて水のコストを支払う市民管理が理想だと思われる。

そして行政のやるべきことは、市民の共有財産である地下水の量と質を、しっかり守り抜くことだ。大野盆地の地下水管理のシステムを専門家の知恵も借りて、市民と相談して決めていくことに、もっともっと努力を払うのがその責務だ。それを怠り、市民に安全な水を供給するのは上水道以外に道はないと断定したのは、早計である。確かに産業界はそれを歓迎し、建設業界も自分たちの仕事が増えると歓迎した。しかし、この施設万能主義の破綻はすでに始まっている。大野の飲料水政策は、これからの水資源と人間のいのちをどうつなげていくか、発想の転換が必要なのだ。

地下水利用の順位は、第一に市民の飲料水、ついで食料生産に、そして後の物づくり、都市用水、と順番を決め、大野盆地の土地利用のあり方や、企業の地下水利用のあり方、排水処理の方法等、市民と行政、そして専門家の知恵も借りて、大野独自の飲料水対策と排水処理対策を講ずることが先決である。

大野市の場合「上水道依存」は、かけがえのない地下水保全への努力を喪失することにほかならない。いいかげん「上水道信仰」から脱皮することが、「水の郷大野」の一〇〇年の大計であり、真の地方自治の水政策だと思う。自らの足元を見ずに中央支配の水行政に屈したばかりに、大野市の水政策は今も「二兎を追う悲劇」が続いている。

2　農業集落排水事業

始めに計画ありき

大野市での汚水処理計画は、地下水の関係から農村部が先行する形になった。その第一号は昭和六三（一九八八）年の阿難祖集落六八戸の整備であった。ついで平成二（一九九〇）年に左開、六呂師、平成三年に下唯野、平成四年に上庄第一、稲郷、野中、現在この六ヶ所で供用が開始されている。

農村集落排水事業は、農水省関係の県土地改良連合が取り仕切り、市の農務課はその下で動いており、大切な計画のほとんどは県の土地改良連合が取り仕切っている。事業費の三二パーセントの市費を投入しながら、市の主体性は発揮されず、高コストと処理効率の低い事業になっている。

農村集落排水事業にしろ公共下水道にしろ、これほど家庭生活に密着する事業はほかにはないのに、住民のほうから自分たちの生活排水をどうするのか？という主体的な動きから出発したケースは、残念ながら大野市には見あたらない。そのほとんどが国からの補助事業として出発し、農集排事業は県の土地改良連合を通し、市の農務課が集落におろすという形がとられている。

すべて最初の計画が中央の官僚と政治家から出発し、その予算消化を県土地改良連合が取り仕切り、今年はA町と、B村に一ケ所ずつ、というふうに割り当てているのだ。そして市はその傘下に入り、集落への働きかけをやっているにすぎない。その具体的手法は、官庁OBたちが区長や顔役と接触し、集落からもちあがったように形をととのえ、事業計画にのせていくやり方である。

大野市の財政や、自分たちの排水がどうしたらきれいにできるかという、一番基本的なことを後回しにして、工事関係者や議員、そして市職員もその傘下におさめて、「水洗トイレもない農村には、お嫁が来ない」等と言って住民の関心を誘ってこの事業はすすめられてきた。

地元説明では、「この事業はほとんど県や国、そして市の税金でまかなわれ、個人負担は事業費のわずか八パーセントだ」という口当たりのよいふれ込みで、まず区長を納得させ、そして区民の同意をとりつけるという手法がとられてきた。

家庭排水に一番責任をもつ女性たちは、事業の基本計画を決める席にはほとんど参加しておらず、生活実感のない集落の男性顔役でことを決めてしまうのだ。

女性がこの事業の計画に参加するのは、処理施設が出来上がり掃除当番を決める段階になって、初めてお呼びがかかるというのが、大半の集落の実態であった。

生活排水を統括する女性の視点が、農集排事業をつかさどる県の土地改良連合から、すっぽり抜け落ちているのだ。

全然生活排水の現場を見ていない、官僚と政治家が密着して構想を立て、工事関係者の施設偏重の発想で動きだし、事業完成のあかつきには、どれだけ個人負担がかかるのやら、家庭排水はどのようにしたら、最も農村にふさわしいのか検討もされず、住民はさっぱりわからぬうちに見切り発車するという、農集排事業はまさに「最初に計画ありき」の典型であった。

農集排事業、そのコストと浄化率

農村集落排水事業はその九二パーセント（国五〇パーセント・県一〇パーセント・市三二パーセント）が税金でまかなわれ、個人負担は事業費の八パーセントとなっている。しかし実際の負担額は、敷地内の配管工事で一〇〇万円近くの支出になる。その上屋内のトイレ改装費等も含めれば、二〇〇万近い出費が必要になるのに、このあたりの説明が不十分で、あとで予想外の高負担になって苦情が続出した。

たいていの集落でいちおう区民への説明会は開かれたが、その説明は一方的で、排水処理の性能や、コストにかんする比較検討の機会はほとんどなかった。農業所得ののび悩みで、工事に対する予想外の負担金や月々の維持管理費は、家計を直撃して主婦層をいらだたせた。

「とうちゃんらは、何でもウカウカ聞いてくるから、こんな目にあうのだ」と、あちらこちらで家庭争議が起こった。農村の生活環境改善の排水事業ならば、その意義や制度の仕組み、そしてそのコストや浄化能力などを、主婦層にも十分説明してから、事業にかかるべきだった。

こうして出来上がった大野市内の農集排事業を調べてみると、そのほとんどが排水浄化の効率が悪く、その上コストが非常に高いのだ。農村集落排水事業の一戸あたりのコストは、全般的に高コストで、お金がかかりすぎている。事業費だけ見ても高い地区では、一戸平均七九〇万円、そのうち税金は七二七万円、市税だけでも一戸二五三万円となっている。これに敷地内配管と屋内のトイレ改装工費を含めれば、一〇〇〇万円近い金額になり、このため工事は完成しても、個々の家庭のトイレ改造まではすすまず、流入汚水のBODは二一ppmとか三一ppmと、極端に低くなっている。それでいて処理水のBODは九・九ppmである。

公共下水道の放流水基準値が二〇ppmの現在、流入汚水の値が二一ppmでは、何のために大金をかけ施設をつくったのか、わからなくなってしまう。機種の選定も悪く、基準値のBOD二〇ppmに落とすのに大変な苦労をした機種が、再度選ばれていることも納得がいかない。この事業の中で、支払った税金に見合った浄化を示していたのは、六呂師の荏原製作所の製品だけである。

農集排事業がこのような状態の中で、拙宅での合併浄化槽の実験がすすみ、浄化効率のよさと費用の安さが立証された。上舌集落では集落会議の結果、合併浄化槽方式が取り入れられたが、その費用は農集排の三分の一以下で、しかも浄化率は大半が一桁の三ppm以下となっている。

この様子をながめた市民は、合併浄化槽方式に傾く人が多くなってきたが、最初に農村集落排水計画にのってしまった集落では、途中から改めることがむずかしく、住民は不満をつのらせている。そしてその後もこの事業は拡大している。どうして変更する勇気が出せないのであろうか。

私たち女性は地域の水環境を守るために、いかにしたら浄化の実をあげ、しかもコストを安くできないかと、さまざまな工夫をこらしているのに、農務課では大金をかけながら、汚水浄化を水質

各農集排事業と合併浄化槽のコスト比較

一戸平均価格（基礎データ：大野市　1998年）

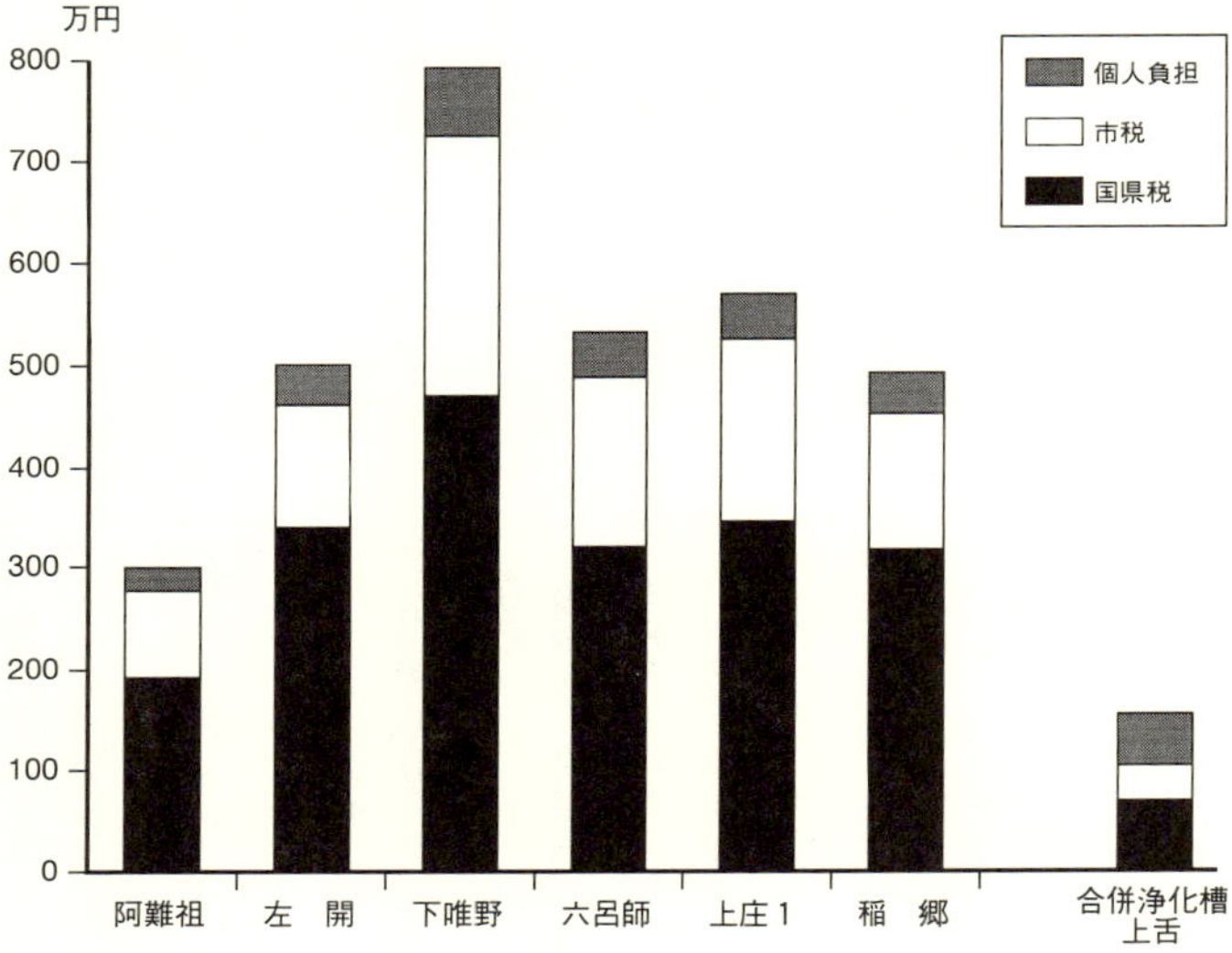

（基礎データ：大野市　1998年）

地　区	実戸数	工　事	メーカー	1戸平均 戸　数	国県税	市　税	個　人	水　質（BOD ppm）			
								流入水	放流水	流入水	放流水
								98年5月		98年10月	
阿難祖	68戸	A建設	H社	303万	195万	82万	26万	90.0	9.3	61.0	14.0
左　開	44戸	B建設	H社	467万	304万	126万	37万	49.0	9.1	31.0	9.5
下唯野	62戸	C建設	F社	790万	474万	253万	63万	120.0	19.0	21.0	9.9
六呂師	119戸	D建設	荏原	540万	324万	173万	43万	210.0	1.1	110.0	2.0
上庄１	157戸	E建設	F社	577万	346万	186万	46万	71.0	7.1	69.0	7.2
稲　郷	124戸	F建設	H社	495万	321万	134万	40万	99.0	10.0	59.0	11.0

図ーXIー1　農業集落排水事業のコストとその水質処理能力
上舌地区の合併浄化槽の場合、総体コストが極めて安い

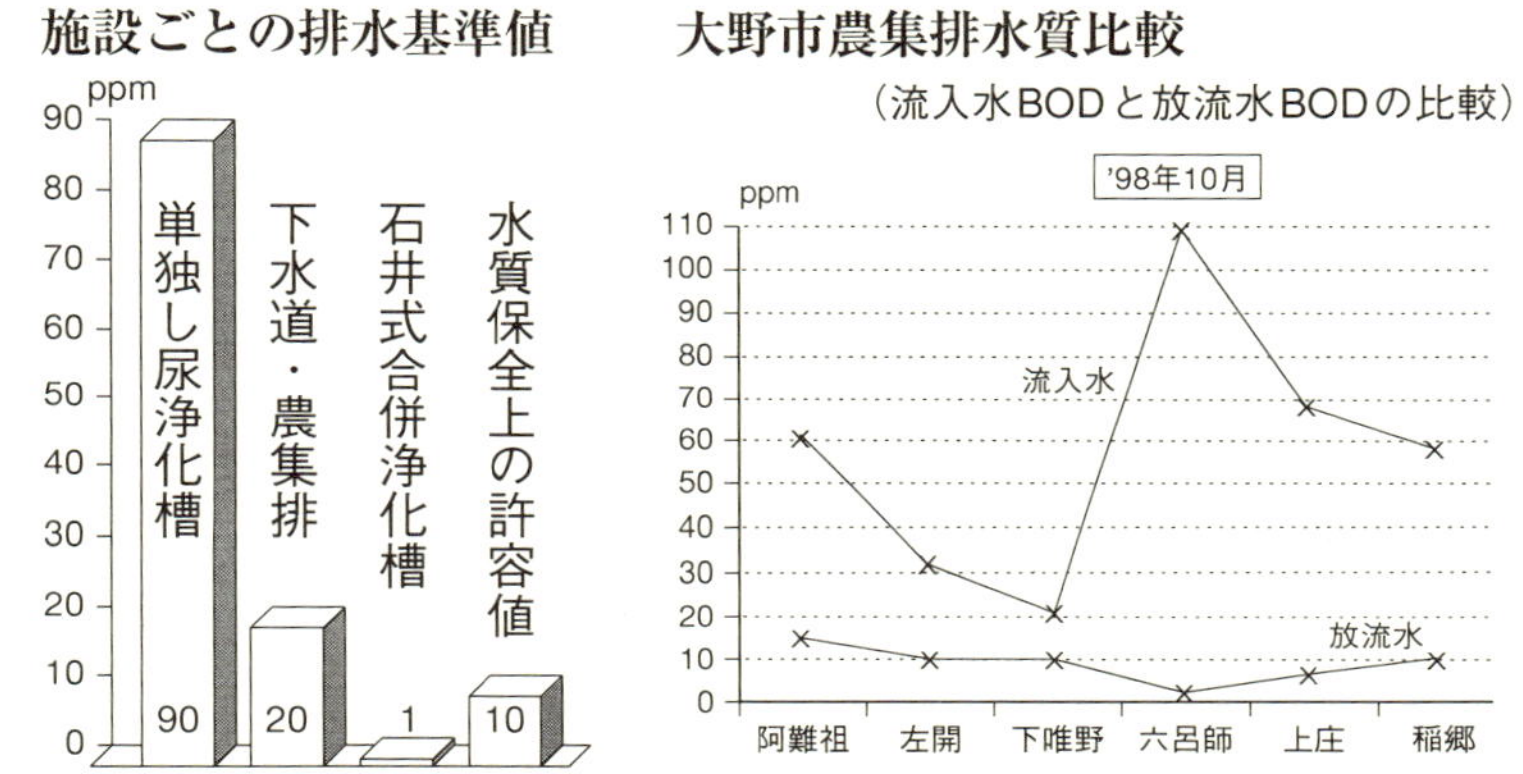

図ーXIー2　農業集落排水事業の水質処理結果と施設ごとの排水基準値

基準の二〇ｐｐｍさえ満たせば問題がないと考えているようで、そんな職員の感覚にはいら立ちを感ずるほどである。

本当に大野を愛しているのなら、もう少し農業とマッチした施設にし、浄化の実績もあげる努力がほしい。そして県の土地改良連合とも、とことん話し合うべきではないのか。それが市民に対しての責務である。事業費の三二パーセントも負担しなければならないこの事業を、大野市は平成一二年度にも拡大路線を続けている。このままでは大野市の財政が非常に心配である。

県土地改良連合会を訪ねる

事業の内容があまりにひどいので、私は市議会で追及するだけではダメだと思い、事業の統括にあたっている県の土地改良連合会の考えを聞くことにした。市の担当課長に同行を願い、水の仲間の米村議員といっしょに、資料を示し「なぜこんなに経費をかけながら、きれいにならないのか」と、土地改良連合会に説明を求めた。

そして事業にかかる前に説明した経費と、出来上がってからの負担がちがいすぎて、集落でトラブルが発生していることもつけ加えた。浄化効率の劣る機種が、依然としてたびたび選択されているのは、これまでに実施してきた事業の内容が、十分に検討されていないのではないかとたずねた。

私は、農集排事業が合併浄化槽の三倍から四倍のコストをかけながら、放流水の水質が基準すれすれでは、税金が泣くと訴えた。そして、性能の悪いメーカーのプラントを、次回から採用しなければ、メーカーは努力するはずである。大野市の場合、性能の落ちるプラントが、六ケ所のうち五ケ所もつけられていると、機種選定権を握っている県土地改良連合会の責任を追及した。

県土地改良連合会の幹部は、二人の女性議員の質問に、表情をこわばらせて聞いていた。「こんな調査データは初めて見た。今後よく検討する」という返事をもらってひきあげたが、土地改良連合会の幹部との会談で感じたことは「事業費のコスト意識」の欠落であった。この人たちの目的は、ただ農村整備の事業費の消化が目的ではないかと疑いたくなるほど、汚水浄化の実態や事業のコストに無頓着であった。

農業所得が減り、農家経済がきびしくなっているのに、排水処理の負担がこうも高くては農家が泣く。それにこの事業費の九二パーセントは、税金でまかなわれ、国の財政が緊迫し市町村の財政も、それ以上の窮乏を告げているのに、その責任感がまったくといっていいほど感じられないのだ。

県の土地改良連合会の会長職には、歴代地域の政界実力者があたり、県下市町村に隠然たる勢力をもっている。補助金頼みの市町村首長にとって、農水省の補助事業は地元業者への仕事確保の、貴重な財源なのだ。だから事業費の三二パーセントも市税を投入しながら、この土地改良連合会にクレームをつけられないのだ。

いままでも私はたびたび、市の担当者に事業の改善を申しいれていた。しかし担当者は「この事業は、県の土地改良連合会が取り仕切り、私たちの発言権はほとんどない」と、同じ回答をくり返すだけだった。けれども、これらの事業費の三二パーセントは市税があてられている。市職員は、「コストをかけず、どうしたらきれいにできるのか」と、自分が農家の立場に立ってどこまで考えてきたのか? 本当は政治家の力をおそれて県の土地改良連合会に迎合し、自分たちにとって安易な道を歩んできたのではないのか。

3　動きだした大野市下水道計画と地下水

議会の水政策特別委員会廃止

大野市の下水道計画が、最初に取り上げられたのは昭和四六（一九七一）年であった。しかし、水がめに浮いたような大野盆地での下水道計画は、工事による地下水の破壊が心配され、その後二〇年間放置されていた。

計画の見なおしに入ったのは平成になってからである。市の汚水処理の大綱は、市街地は公共下水道で、農村部では農業集落排水で、そして人家から離れたごく少数を、合併浄化槽処理でと大ま

水質基準が甘いと現物をもちこんで討論（常任委員会）

かな計画を立てていた。そして平成三（一九九一）年二月、大野市は公共下水道の基本計画の見なしに入り、翌平成四年、庁内には下水道課が新設され、四人の職員がはりつけられた。

いっぽう議会は、昭和六〇年（一九八五年）に水政策特別委員会を設置し、私もその一員として八年間、平成五年三月（一九九三年）に閉鎖されるまで、理事者とともに大野市の地下水対策や下水道のあり方を審議してきた。この特別委員会では、地下水保全を主張する私と、土建業界の意向をくむ委員との間で、激しい議論が交わされたが、県のダム政策の推進を受けて、河川水で上水道を敷設しようとする当時の市長の意見に対しては、私だけでなく他の委員からもきびしい批判が出されるなど、理事者側にとっては御しにくい側面をもっていた。

地下水政策に対しても、役所側の視点は、水資源の大量消費を前提にした開発優先に傾き、生活者の立場にたった環境保全は、軽視されがちであった。下水道問題も同様で「ともかく大野は下水道がない。早く下水道整備をすべき」という委員が多く、地下水破壊を招かぬよう「大野独自の処理計画が必要」という私の意見の具体化には手がつけられなかった。

私は「泉の湧く城下町、大野の下水道を考える」というイラスト画を用意して、

①地下水をダメにしない方法で

②川上だから、水質は魚のすめる三ｐｐｍに

③後の維持管理がしやすいように

④お金は私たちの背負える程度に

の四つの原則を審議会に提示し、これをもとに「下水道をみんなで考えよう」と、二枚のチラシをつくり、広く市に訴えていった。平成元（一九八九）年三月のことである。

そして事務局には「下水道施設の見学先は、大野市と同じように地下水の高いところを」と要望し、長野県の松本市が選ばれるなど、少しは前進が見られた。

この松本市の事例では、次の三点を強調されていた。

①下水道工事で集落の大半の家庭が井戸枯れに見舞われた、

②大量の地下水が下水管に入り込み、その対策に手を焼いている、

③おまけにその補修費が毎年七〇〇〇万から八〇〇〇万円かかる、

との職員の説明に、視察に行った大野市の委員たちは、大きなショックを受けていた。しかし、委員会の視察後の対応は単に視察をした程度で、つっこんだ研究体制はとられなかった。

私は松本市の職員の言葉が気になって、もう一度松本市へ実情を聞きに行った。この下水管に流入する地下水問題が、大野市下水道の最大のネックになるにちがいないと感じたからである。そして私は同じような地下水の豊富な四国の名水百選のまち、愛媛県西条市の実態も学びに出かけることにしたが、結論の出ぬうちに、この議会の委員会は廃止された。

上水道をもたない西条市の下水道

私は浅井戸の地下水を飲んでいる大野市民の立場から、上水道をもたずに下水道に着手した西条市に着目した。全国で上水施設をもたずに下水道工事に着手しているのは、この西条市くらいである。なぜ西条市でそれが実現したのか知りたかった。

聞いてみたところ西条市の地下水環境は、地下九メートルから二〇メートルの位置に帯水層があり、各家庭はそこの地下水をモーターでくみ上げて、利用しているとの説明だった。このため地下三、四メートルでの下水道管埋設工事では、直接この帯水層に破壊がおよばないという、極めてラッキーな地下水環境におかれていることがわかった。このような地下水環境であるから、上水道をもたずに下水道工事がすすめられたので、大野市にこれを適用することはできない。私はこの西条市の地下水環境と下水道事業の様子をイラスト化し、議会報告紙『あかね』で市民に伝えていった。

しかしこのように条件に恵まれた西条市でも、豊富な湧き水で工事は難航したそうである。下水管敷設のためポンプで地下水をくみ上げていったところ、町並みの家が傾き、当時の下水道担当をされていた宮田助役は、そのときの心境を「進むもならず、引くもならず」という言葉で表現されていた。

その後、西条市では「真空方式下水道」を取り入れて事業を完成させたが、こうした経済負担にたえられたのは、大手企業の工場があるため、西条市の自主財源が五八パーセントという、豊かな財政に支えられてのことであった。

私はそれを聞いて、大野の下水道の困難性は西条市の比ではないと心配した。大野市の人口は四万、市税などの自主財源比率は二八パーセントにすぎない。その上この人口も二〇年後には三万にへり、三人に一人が六五歳以上という、超高齢社会が待ち受けているのだ。

そして西条市でも下水道整備がすすむにつれて、名物の「湧水のうち抜き現象」（満潮時海水の圧力で、地下水がクジラの潮ふきのように吹き上がる現象）も姿を消したと聞き、これからの大野市の下水道計画には、財政面とともに下水道工事による地下水喪失や水みちの破壊を、どうしたら最小限に押さえることができるかと心配した。

私はこのことを理事者や議会に報告するとともに、市民にも伝え、下水道技術者の間をまわり、下水道工事と地下水の関係について教えを乞うたが、どの技術者も「そんな地下水の高いところでの工事は大変だ。工費は五割増しにはなるだろう」という意見ばかりであった。

このような調査が続いてまだ結論も出ない最中に、市は水政策特別委員会の廃止を委員長に申しいれてきた。私はこれからが大野市の下水道事業が始まるというのに、議会のチェック体制を弱体化させるのは問題だと主張したが、市長の意向ということで、多数決で委員会は廃止された。平成五年三月一四日である。

それから下水道問題が市民の前に現れるのは、平成七（一九九五）年一〇月であった。その二ヶ年半の間に、理事者とコンサルタントとは密室で、大野市の下水道計画を進めていった。

4　地下水の視点が欠落した下水道政策

高い地下水位に絶句したコンサルタント

市が下水道計画の見なおし作業に入った平成三（一九九一）年ごろ、下水道のコンサルタント会社の技術マンが「市には内緒にしておいてほしい」と、ひそかに私の家を訪ねてこられた。大野の地下水について話を聞きたいということであった。

そこで私は昭和五五（一九八〇）年から平成元（一九八九）年までの一〇年間の、大野市の地下水位変動グラフをお見せして、「こんなに地下水位が高い大野市で、どのように下水管を埋めるのですか。融雪さえしなければ、六〇センチから一・五メートルですよ」と逆にこちらから質問の形をとった。技術マンはグラフをのぞきこんでおられたが、

「いまどき、こんなところがあるのですか。こんなところは初めてです」と絶句した。「市からお聞きになっていないのですか」とたずねたが、「こんなに地下水位が高いとは、全然聞いていない」ということで、コンサルタントの技師はこのグラフを所望して帰られた。私は、市はこんなことも伝えずに、下水道計画の見なおしを発注したのかと、背筋が寒くなった。

庁内に下水道課が新設されたのは、平成四（一九九二）年四月である。議会の水対策特別委員会が廃止されるのを待っていたかのように、市の下水道計画は動きだし、そして平成五年五月には、新在家地区との間に終末処理場の立地を決め、計画は動きだした。しかし、拙宅を訪れたコンサルタントの技師の言葉からも推察できるように、市の下水道担当者は、全国画一の下水道工法の枠組みにとらわれて、大野盆地全体の地下水環境や、生活様式を統合した汚水行政の構想は描けていなかった。

大野の地下水は、昭和六〇（一九八五）年以降の木本原第二次基盤整備事業で壊滅的な打撃を受けたが、今度の公共下水道事業は木本原の基盤整備事業に匹敵する地下水破壊の工事になるのに、理事者も議会もそのことには触れないのだ。悪くかんぐれば下水道工事を推進することで地下水帯を破壊し、その上で上水道を敷設して、地下水を工業用と融雪用にまわす考えをハラの底に秘めているのかもしれない。理事者の頭の中には、地下水保全の意識がほとんど感じられなかった。

市民を抜きにしてすすめられる計画

この下水道計画には、はじめから市民の意見を聞く態度が全然ないことが問題であった。生活の見えない役所の技術マンやコンサルタントだけで、市民の生活に直結する施設の計画を立てる独善性に、当事者が気づいていないのだ。

私は中西準子先生が助言された、長野県駒ヶ根市における市民参加型下水道計画の立て方を見に行ってきたが、大野市の首長や担当者はまったく逆方向を歩んでいるのだ。首長や担当は自分が大きな事業推進の立役者になることに酔ってしまったのか、大野市の財政や地下水環境の破壊は、頭に浮かばない様子だった。

私が足をはこんだ駒ヶ根市や松本市そして西条市の実態は、ぜひとも首長や下水担当の頭に入れてほしいと要請したが、有機溶剤汚染や中据の企業誘致問題で、理事者と水の会の考え方はかみ合わなかった。

下水道は最初の方向を誤ると、あとで修正するのは非常に困難になる。早く方向転換をしないと大野市の将来が危ないと、私は気が気ではなかった。そして中央官庁へ出かけて意見を聞いたり、自分で家庭の排水処理実験を開始するなど、大野市に合った排水処理の模索を続けていった。

こうした研究をすすめていくほどに、私は現在の下水道行政が官僚主導で生活者の次元におりていないという思いを深くした。市民の側も、自分の出したものでも汚い排水やゴミの始末は、誰かに見えないところで始末してもらいたいという、人間の根底にある「汚れへの忌避」や「エゴ」がひそみ、このことに立ち向かわないかぎり、汚水処理やゴミ、地球環境の問題解決はありえないと思うようになった。

こうして平成七（一九九五）年九月までに、大野の下水道計画の大綱は市民の意見を全然取り入れないまま、理事者とコンサルタントの密談の中で原案がつくられていった。

5　水を考える会の対策試案

大野市公共下水道計画の不安一〇ケ条

私は審議会を通過した大野市下水道計画案に対し、次のような問題点を指摘し、水を考える会の対策試案を市民に公表した。そして公共下水道計画がいったん都市計画審議会で決定されてしまうと、あとでなかなか変更できないことを告げた。

市民とともに考える姿勢を失ったこの下水道計画が、実施されたときのこわさを考えると、このような手段ですすめる行政の不誠実さに、悲しいともなんともいえない思いになった。このままおしきられる危険をひしひし感じながら、いままで「水の会」で話し合ったことを一〇ケ条にまとめて公表することにした。

「大野市公共下水道計画案の不安一〇ヶ条」

1　この計画案は、大野の地下水破壊になる危険が極めて高い。

2　二五〇億円余の財政負担にたえられるのか。地下水位の高い大野市の下水道工事は、さらに五割増から二倍になるという関係者の意見がある。

3　この下水道で一万七千トンの水が、市街地から消える勘定になる。冬場の雪対策の水はどうするのか。

4　下水管に二〇から三〇パーセントの地下水が流入する。地震災害があればお手上げになる。地下水位の高い大野市では、その危険にも配慮をと、建設省の下水道研究室長も指摘している。

5　九頭竜川上流の大野市で、多額の経費をかけてつくる下水道の水質が、ＢＯＤ二〇ｐｐｍ、チッソ・リンの規制なしでは税金が泣く。

6　計画水量一人当たり六五〇リットルは過大ではないか。現在過大設計のツケに悩む自治体が多い。

7　大量の工業用水の対応がはっきりしない。化学物質対策も不明である。

8　下水道の第一期工事は下庄地区から始め、市街地整備にかかるのは、一〇年以上も先である。これは順序が逆ではないか。その間市街地につけられた五千余基の単独し尿浄化槽や、家庭雑排水対策をどうするのか。

9　下庄地域の地下水位は一ないし二メートル前後、ここから第一期工事に着手することは、大野盆地の地下水帯破壊が極めて大きい。この地域は合併浄化槽で対処したほうがコストも安く、地下水破壊も少ない。

10　オキシディションディッチ法の浄化効率は、中程度と専門家も指摘している。それが雨ざらしの施設では、浄化の効果がいっそう落ちるのではないか。大野の気温は摂氏一五度以下の日が一年間に六ヶ月以上ある。

「水を考える会」の対策試案

「水の会」としては、市の計画が下庄地区から始められることに対し、工事は人工密集地の市街地から着工すべきと主張した。この下水道計画の陳情が下庄地区区長会から出されたのは、昭和五七(一九八二)年である。市街地の汚水が田んぼに入って手を焼いているという、苦情処理の緊急対策からであった。その工事着工が一〇年先、御清水地区などは二〇年以上待つというのでは、多額の投資をしながら、水環境の浄化がはたせない。

それに下水道建設コストの四分の三が管きょの費用になり、工業用水をまぜるので浄化効率も落ちるとなると、大野市の水環境や財政に問題が多いとして、次の二点を提案した。

① 小規模下水道方式の提案

農村部は合併浄化槽方式がよくても、人家の密集する市街地では、集合方式をとらざるをえない。しかし地下水位の高い市街地での処理場は、分散した方が水みちを切らないなど、地下水環境にやさしい処理方法になる。処理場を分散し、コミプラ方式を考えてはどうか。処理場は都市公園の下を利用する。特に駅東地区は都市公園が各所に設けられているので可能だ。旧市街地の方では適当な土地を探すのがむずかしい現状である。これは土地の低い赤根川流域に集めてはどうか。ともかくもっと市民と協議すべきである。

この案で一番市民に理解を求めにくいのは、臭気対策であろう。この臭気対策は、外へ漏れないように、施設の中の気圧を外気より低く設定する仕組みを検討してはどうか。空気の交換には活性炭処理で無臭にする。

そして汚水処理の根本原理を理事者も市民も、もっと理解を深めるべきである。

微生物を殺す化学物質を水の中に持ち込む危険について、その理解が双方に足りない。臭気に対するＥＭ菌の効果は、もっと評価してもよいのではないか。

小規模分散型施設は、同時に多数の場所で浄化が開始され、その際、浄化の効果を施設ごとに比較してその数値を公表し、汚水を排出する個人の自覚を高めるような工夫も盛り込む。それが真の地域の水環境改善につながる。そしてこの方法では、処理水を市街地の消雪用水に再利用できる。

② 単独し尿浄化槽対策

ＢＯＤ九〇ｐｐｍの単独し尿浄化槽は、現在五千基をこえている。この対策として、単独し尿浄化槽の後に木炭を詰めた簡易処理施設をつけさせ、再処理してから放流させてはどうか。下水道がつくまで、台所排水もこの簡易処理施設を用いて処理してはどうか。長野県穂高町では、一基約五万円で補助金制度をとっている。大野市も公共下水道だけでなく、地域にあった実験の積み重ねが必要である。

6　かくされていた国の下水道計画見なおし案

阪神・淡路大震災で国の下水道計画見なおし

平成七（一九九五）年一月に阪神・淡路大震災が発生し、下水道施設は壊滅的打撃を受けた。その教訓をもとに国の都市計画中央審議会は、同年七月一八日には、「今後の下水道整備と管理は、いかにあるべきか」という答申を発表した。

この答申には、従来の下水道を見なおしてその財政負担や維持管理を含めて、地域の特性に合った計画の推進を掲げ、従来の下水道政策を大きく方向転換するものであった。従来の大型下水道一本槍の方針を改め、地方の実態に合わせた施設づくりを提示していた。いままでも下水道計画が国の財政破綻を招くと、その非効率性が問題になっていたが、現実に阪神・淡路大震災という自然の猛威を目のあたりにして、国がその抜本対策を打ち出したのは、当然の成り行きであった。

私は従来の「超大型主義」が排水処理には向かないことを知り、大野市の下水道も、地域に合ったものにすべきだとかねがね考えていたが、国の答申案を読んでみると、私の願っていた「地域に即した、住民参加の下水道づくり」そのものであった。

ところが福井県はこの答申を三ヶ月近くも手元にとどめ、市町村に知らせたのは、一〇月一一日であった。そしてこの答申が大野市長のもとに届けられたのは、一二月に入ってからであった。

五ヶ月おくれで市長に届いた見なおし案

平成七年九月二九日、この日は大野市都市計画審議会で公共下水道計画が、事実上通過した日であった。私は理事者側のすすめようとしている下水道計画が、地下水保全にはっきりした保全手段がとられていないのを見抜き、計画に反対していた。もし国の新しい答申案が九月二九日の時点で大野市に届いていたならば、市の都市計画審議会では、当然従来の下水道計画見なおしに入ったはずである。

ところが県が三ヶ月おくらせた答申案を、市の課長はまた二ヶ月も手元にとどめ、市長のもとに届けられたのは、一二月に入ってからであった。下水道の根本にかかわる情報が、政策決定の断を下す首長に五ヶ月間も隠されていたとは、どういうことであろうか。その間に大野市の公共下水道計画案は、市の都市計画審議会を通過し、さらに県の知事認可へと、後退できないところまで事務手続きはとられてしまったのである。

もし九月二九日以前に、新しい下水道指針に接していたならば、大野の都市計画審議会の決定は方向が変わったと思われる。意図的とも思われるこの情報のおくれを、私は議会で追及したが議会の多数派に阻まれて、そのまま下水道計画はすすめられていった。

この都市計画審議会の手続きをめぐっては、もう一つ違法な手法がとられていた。二九日の都市計画審議会が終わるか終わらぬその日の午後四時、市内各区長のもとへ市長公印省略の「都市計画（案）決定にもとづく住民説明会」なる案内状が届けられていた。担当と議会のボスが結託して、若い市長を煙に巻いた暴走であった。私は市長に「雲の上にまつりあげられていますよ」と、庁内体制の乱れに厳正な態度でのぞむよう提言した。

このような波乱があって、市は一〇月に入り市内三ケ所で形だけの説明会を行った。参集者はわずか七六人にすぎず、大野市の下水道計画はまったくといっていいほど、市民に情報を閉ざしたまま事業の推進を急いだ。その年の一二月二七日には知事の認可をとりつけ、平成八（一九九六）年にはいよいよ当初の計画どおり、下水道事業は歩みだした。

7　ことを急ぐ利権集団の背景

利益集団にとっての公共下水道の経済効果

私たち「水の会」が話し合って、対策試案を出したのは平成八年一月であった。景気後退の中でダムも道路建設も一巡し、行政も建設業界も公共下水道事業のもつ経済効果を期待し、生活環境の改善を掲げてその具体化をすすめていた。都市計画審議会の決定に、異常とも思える手段を弄してまでことを急いだ背景には、以上のような事情がかくされていたことは、容易に想像できる。

下水道推進派の当事者は、当初から無理が伴う市の下水道計画を市民に知られるのがこわくて、故意に情報をかくし、ときには市長を雲の上にまつりあげてでも、工事着工の路線を走りたかったのであろう。知事の事業認可さえとりつければ、あとで変更するのは非常にむずかしくなる。市の都市計画審議会で計画案が通り、それを形だけの住民説明で知事の事業認可がおりれば、あとで市民が知って意義申し立てをしても、それはすべて「あとの祭り」なのだ。そして現実の工事着工のカネが関係者の経済を潤すのだ。たとえその工事が大手ゼネコンにうまみの大半を吸い上げられようとも、多少のおこぼれは地元に落ちると、早期着工に対する働きかけは執ように続けられていた。

このような背景で議会をはじめ庁内には、最初から下水道に対して市民の意見を聞く気持ちがなかったのである。「市民サイドから生活基盤の下水道問題に、もっと市民と話し合え。汚水処理メニューの選択にもう少し時間をかけて、市の財政、地下水環境の問題を語り合わないと、次の世代が支えきれなくなる」と、真正面からの提言を避けるようにして、形式上の手続きを急がせていた。

大野市の都市計画審議会で下水道計画を通過させたとき、国はすでに旧来型の下水道事業の方針見なおしを提言していたのである。県と市はなぜその時点で大野市の住民に知らせなかったのか？

建設省の下水道研究室の方がたでさえ、「大野市の下水道でもっとも注意しなければならないのは、下水管に流入する地下水をどうして防ぐかが最大の課題なのです」とコメントされているのに、地元福井県の土木部は、大野市の地下水にどんな配慮をされたのか、その経緯は大野市民には伝わってこない。国の都市計画審議会の答申が生かされたら、大野市の下水道計画は、地下水破壊を最小限にくいとめ、コストを低くおさえられたのにと、残念でしかたがなかった。

私はすでに合併浄化槽と木炭トレンチの手法で排水処理の実験を続け、農村にはこの手法が好ましいと思い、首脳部や担当にも申しいれていた。しかし上舌集落で取り入れたあと、市は合併浄化槽方式をすすめようとはしなかった。自治体として安くて、きれいになる合併浄化槽方式をとりたくても、外部から圧力がかかるのであろう。いつか合併浄化槽方式を取り入れた首長から、「合併浄化槽に圧力がかかって仕様がない」と、悲痛な声を聞いた。合併浄化槽はコストがかからない分、業界の利益は少なくなる。だから自治体のために費用が安くすむ方式をとろうとすると、公共下水道や農集排関係の利益集団から、陰湿な圧力がかかるのだ。大野市の理事者にも同様の圧力がなかったとはいいきれない。

景気後退の中で、ダムや道路はすでに十分すぎるほど投資がすすみ、公共事業のもっともおくれているのが、大野市の場合は下水道事業であった。

現状を打破できない知識不足

私たちは新しい環境保全の首長に期待して、今度こそ市民と行政が力を合わせて、大野市の地下水環境にマッチした下水道プランを策定しなければと、真剣であった。将来に向かって悔いを残さないために、地下水学、土木工学、微生物学のエキスパートの叡智と技術を借りて、大野市民と行政が一致協力する態勢を確立すること、そのために一億円や二億円のカネは惜しむべきでないと提言してきた。

けれども首長は動かなかった。いや庁内の旧勢力や議会、そして外部の利権集団に包囲されて、動きたくても動けなかったにちがいない。けれどもそれは当然の帰結として、大野市の地下水破壊と財政破綻のメニューを選択することになった。私は無力感におそわれ、下水道事業認可が決定した平成八年二月以後、下水道課へ行くことをやめにした。

「あなたたち職員は、上で決定したことは職務として実行しなければならないし、それを実行すれば、大野市の地下水破壊と財政破綻が目に見えている。私はそれが辛いから、あなた方に、『そんな仕事はしてくれるな』としか言えないし、それを聞けば、あなた方も辛いでしょう。お互い涙が出るから、私は今日かぎりこの下水道課には来ないからね」と別れを告げて、二度と下水道課に足を向けることはなかった。

けれどもよく考えてみると、このとき泣いているひまがあったら、捨て身になってこの計画にストップをかけるべきだった。工事を始めてからではおそいのだ。でもこのとき、私は立ち上がれなかった。市民の大多数はただ無責任に「早く下水道がくればよい」と考えており、下水道工事がいま自分たちが飲んでいる、浅井戸破壊や、市の財政破綻につながる危険があることまで視野に入れている人は、まだ一握りにすぎなかった。立ち上がるにはもう少し多くの市民が、実態を把握してからでないと浮いてしまうのだ。それまでにもっていくには時間が必要であった。

8　工事現場の大量出水

地下水位一メートルの地点を八メートル掘る

平成一〇（一九九八）年の暮れ、ついに下水道終末処理場工事は始まった。

このとき大野市は翌一一年二月の市議会選挙をめぐり、あわただしい雰囲気に包まれていた。私は次期選挙には出ないことをすでに決めており、あとを託する女性候補者の擁立に懸命になっていた。

私が工事現場の大量出水の現場確認をしたのは、選挙を終えた二月末、病院の診察に行った帰りであった。国道わきから少し入った工事現場から光る物体が見え、近づいてみるとそれは何本ものパイプからはきだされている、大量の地下水であった。田んぼを四、五メートルも掘り下げた大きな穴に、直径二、三〇センチのパイプ一〇本余りから、竜が水を噴出すような勢いで、きれいな地下水が放出されているのだ。

私は目がクラクラした。なんとしたことか！　これが地下水を大切にすると誓った役所の工法なのかと、私は怒りに身を震わせて役所の下水道課へ直行した。議員の身分からはもう離れていた。二年前「もう下水道課へは来ないからね」と宣言し、議員の任期中二度と訪れなかった下水道課ではあるが、あまりの地下水放出に「都市計画審議会での約束はどうなっているのか」と追及した。しかし下水道課員は新顔ばかりで、私の抗議をキョトンとした面持ちで聞いているだけで、都市計画審議会での約束を知っている職員の顔はどこにも見えないのだ。

私は翌日もう一度現場へ出かけ、細かく調査した。工事現場の見取り図を書き、どこにパイプが打ちこまれているか、管の直径も測った。パイプは一一本打ちこまれ、処理場の構造物は地下八メートルのところまで掘られていることも確認した。

この辺の地下水位は、水の会の調査で多分一メートル前後のはずだった。こんなところで八メートルも掘り下げれば、大量の出水に見舞われるのは当然だ。どうしてこんなに掘り下げる工法を選択したのか、私にはわからなかった。そして現場写真をそえて、すぐ専門家の意見を求めた。

専門家のコメント

1　この工法はディブウェル工法と呼ばれ、地下水のことを配慮した工法ではなく、工費を節約するための工法である。大量の地下水放出については、真名川の表流水を引き込んでいる可能性も考えられるが、問題はこれからの管渠埋設工事での地下水喪失が、より深刻になることだ。そこでは河川水の影響がないので、工事で地下水をくみあげれば、それが直接地下水低下につながり、とくにオープンカット工法（上から溝を切って管を埋設する工法）では、家庭の浅井戸が枯れる危険が大きい。

2　もし、以上の検討が充分行われず工事を実施すれば、大野市の浅い地下水の水脈は各所で断ち切られ、融雪用水による断水騒ぎのような事件が、各所で発生するであろう。このことを予期して、行政サイドが上水道敷設の推進材料にしようとするならば、何をかいわんやである。

私は、現場の写真と専門家のコメントを、水の会の執行部に渡した。執行部は直ちに招集をかけ、四月上旬に専門家を交えて、現場検証を実施した。放流されている水量の測定もしてもらった。毎秒〇・四トン、それを下水道課の工期一〇ヶ月で概算すれば約一〇〇〇万トン、市の南部上水道で計算すれば一五億円の巨費になることにみんな驚いた。市街地南部の本願清水では、生存の危機に陥っているイトヨに、どうしたらもう少し地下水をあげられるか苦心しているのに、盆地の北部では市自らが、大量の地下水を大地から抜きとっているのだ。そして何の痛みも感じない様子を見て、頭を抱えこんでしまった。

もっと心配な管きょ工事

さらにもっと心配されたのは、この終末処理場の工事より、これから始まる管きょ埋設事業のほうであった。中津川、東大月の地下水位は一メートルから一・五メートル前後、水の会では一〇年余り実態調査を続けたが、計画書に書かれた下水道本管は、地下水位が地表から浅いところで〇・五メートル、深いところで一メートル前後の地点のわきを下を通っている。大野盆地の地下水が集まってくる清滝、縁橋、木瓜の三河川を横断し、その川底の七メートル下に、本管を埋設する計画になっているのだ。

聞いて驚いた。無謀ではないのか。どうしてこんな危険な計画を立てたのかと詰め寄ったが、担当者は「何ともない」をくり返すだけであった。いったい担当者はコンサルタントと、どんな相談をしたのであろうか。

だから、私たちは地下水の高い下庄地区からの着工に反対したのだ。このような地域こそ、個々の合併浄化槽方式が地下水脈も切らず、工費も安くすむのにと提案してきたのに、全然取り入れようとはしなかった。ちなみに六十数戸の中津川、一一戸の東大月を合併浄化槽で整備すれば、一戸二〇〇万円かけても一億六〇〇〇万円ですむ。それが管きょ埋設費だけでも四億数千万円になる。

どうしてこんな計画を立ててしまったのか問いただそうにも、この下水道計画にあたった、役所の責任者はすでに退職してしまい、いままで取引のあったコンサルタント会社の傍系に天下ってしまっていないのだ。

9　下水道政策を考える

下水道と財政――加藤英一氏の講演

現場検証をした水の会の執行部では、この実態を放置できないと下水道の学習会を開催することにした。協議の結果、下水道財政に詳しい大阪市下水道局の専門家、加藤英一氏にお願いすることに決まった。

平成一一年五月一九日、「新生水の会」の初の事業として、市も後援の形をとり、おもに財政面からの下水道政策の分析を学習した。加藤英一氏は詳細な行政データを駆使し、多くの自治体が下水道事業により財政破綻している事例をあげて、大野市の場合その失敗例を参考に、もう一度計画の見なおしをされるようにと提言された。卑近な例としてとなりの勝山市の下水道会計が紹介された。下水道処理費が自主財源の二〇パーセントをこえるということを聞いて、大野市も他人事ではないと心配になった。

ところがこの説明に、行政側からクレームがついた。下水道のために国から特別に交付金がくるので、実際の市税のもちだしは、そんなに多くないというのである。調べてみると確かにそのとおりであるが、下水の処理にはそれだけのコストがかかるというのは真実だ。たとえ国の特別交付金であろうともそれは税金で、国の経済破たんの状況から勘案すれば、自治体の自主財源の二〇パーセントもの下水道処理費のコストこそ、問題にしなければならぬ。市の担当者はこうした現状から故意に目をそらせてのクレームだった。

市長は親しく講演を聞いておられたが、そのあと水の会の代表を交えて、加藤英一氏と一時間余り懇談されていた。やはり市長もいまの計画に対しては、深刻に迷っておられたのであろう。

加藤英一氏の講演会には二〇〇名をこえる市民が参加したが、この様子を警戒した下水道推進派の反発が始まった。いまも述べた勝山市の下水道処理費の支出もその一つであるが、市の主催する環境講座で、公共下水道の整合性を強調し、合併浄化槽や雨水利用の方向を否定する内容の講義が始まった。塾生の何人もが心配して私宅へ相談にみえた。いままで水の会で努力してきたことが、ことごとく否定されたという訴えなので、私はさっそく、教授にその理由をお聞きしたいと手紙を書いた。でもお忙しいのか、返事はいただけなかった。

後日教授と直接お会いして、お互いに意見交換の場をもつことができたが、行政の下水道推進派が一方的な意見を教授に告げて、誤解を招くような結果になったことがわかった。地下水問題にしても下水道にしても、まだまだ研究の過程である。大野市の地下水を破壊し財政破たんを招く現計画を、どうしたら一歩でもよい方向にもっていけるかという水の会の思いは、教授にも十分くみとっていただけたことと思う。

心を開いて語り合い、事実から学ぶ態度を続けることが、大野市の地下水再生につながることを私は確信できた。そしてここまで大野の水政策が混乱を招いた一因が、市民・行政マン・議員を問わず、地下水や排水処理の科学的理解の不足にあるので、大野のためにどうか一肌脱いでいただきたいと、教授にお願いした。

下水道行政の本質をえぐる宇井先生

こんなことがあって、まだまだ下水道に対する認識が足りないことを感じて、水の会では第二回目の計画を立てた。

今度は下水道施設、汚水処理ということに重点をおくことにした。そして講師は宇井純先生にお願いすることになった。お忙しい先生がはたして大野に来てくださるか心配されたが、先生を存じあげている私がその交渉役をつとめることになり、九月一九日に第二回の講演会が開かれることになった。

ところが準備のため八月、沖縄の先生に連絡したところ、とてもきびしい口調で私たちの態度の甘さを指摘された。

「いま大野の地下水は、のんびりかまえておれるような状況ではないでしょう。ここまで追い込まれたのは、みんなあなたが甘いからです。あなた方の運動を外から見ていると『清く、正しく、美しく』の見本のようだが、それだけで何とかなると思っているのですか。あなた方の相手は、そのような生易しい相手ではない。そしてこんな大事なとき、なぜあなたは議員をやめたのですか」と言われ、私は言葉に窮した。

考えてみればそのとおりなのだ。けれども大量の水が出ても、市はなんでもないと言うし、環境講座の教授も下水道推進論で、どう手を打つべきか私にはよい策は見つからなかった。先生は、「市の下水道計画が不安なら、この計画を立てたコンサルタントに聞きただしたらいかが。市はコンサルタントに金を払って仕事をさせたのだから、困った工事だと思うのなら、市民が直接コンサルタントに問いただすのが道。それもしないで泣き言を言っているのは、あなたたちがバカです。コンサルタントは市民に対し説明の義務がある。コンサルタントのところへ出かけて問いただすことぐらい、どうしてできないのですか。それもできないようなあなた方なら、私が忙しい時間をさいて、大野に出かける意味がない」と、それはきびしいお言葉だった。

私はその夜眠れなかった。私一人で受けとめるにはあまりにも重いお言葉なので、会員に宇井先生の言葉を伝えるべく、朝までかかってパソコンに向かい、六時には会員宅に届けてまわった。今後の対処は執行部全員で決めることなのだ。執行部はすぐ会議を開きコンサルタントとの会談を計画した。

コンサルタントは良心的だった

この会談は市の下水道課を通じ、八月二六日に、市の会議室において下水道課長立会いのもとで行われた。先方はコンサルタントの技術部長、水の会会員は一三人が出席した。質問は次の四点で、真剣な応答が続いた。

①工事を見切り発車した理由

②地下水を考慮した工事とはいえないのではないか
③なぜ管きょを地下水の一番集まるところに敷設したのか
④村部を先行し、人口密集地の市街地を一〇年も先にする計画の矛盾

会談を通じて、このコンサルタントは技術者として良心的な人と感じた。こちらの質問にも、議会答弁のようにはぐらかすようなことはなく、誠実に応えていた。大量の地下水を出水させたディプウェル工法についても、「もし地下水がタダでなかったら、とりうる工法ではないし、工事の着工を市街地密集地域から始めるべきとの水の会の指摘は、そのとおりである。今後市長に工事の見なおしを進言する」と約束してくれた。

けれども「なぜ大野盆地の地下水が集まる位置に、基幹管きょを埋設したのか」という質問に対しては、このコンサルタントが大野市の下水道計画に参画したのは三番目で、基幹管きょの位置などは先のコンサルタントの段階で、すでに決められていたというのである。このコンサルタントの大野市下水道事業への参画は、調べてみると平成八年に入ってからであった。

最初の基本計画を立てた際、下水道課の担当が「地下水の保全を最優先する」という都市計画審議会の意見を、コンサルタントに伝えていなかった疑いが非常に濃厚になった。

そのことを裏づける事件に、平成七年、市庁舎合併浄化槽工事における大量出水事故がある。市庁舎裏の地下水位一・六メートルの場所を、浄化槽設置のために六メートル掘りさげたところ、地下水脈を切って日量四三〇〇トンの大量の地下水が流出してきた。このとき私は下水道責任者に、「大野の地下水を一番わかっているあなたが、どうしてこんな工事をさせたのですか」と抗議した。

するとこの責任者は、「あの仕事は財政課の仕事で、私には関係ありません」と平然と応えた。このとき彼は下水道事業の責任者として、下水道工事と地下水位の関係を調べるため、何千万円もかけた〝層性前査〟という調査に入っていたのである。私は庁内のセクト主義がここまでまん延していることに、恐ろしいものを感じた。

市庁舎の北西一五〇メートルには、義景清水がある。この市庁舎の浄化槽工事以後、義景清水の湧水は一段と衰えを見せるようになった。大野市全体で「地下水の郷」を目指しているのに、自分のセクションしか考えていない担当が、下水道計画の責任者になっているのだ。終末処理場の目のくらむような出水を見て、私は「こんな庁内体制が、大野の地下水を殺すのだ」と、体中の力が抜けていくのを感じた。

コンサルタントの技術者のほうがよほど技術に対して正確で、自然の摂理をわきまえていた。問題は庁内の勉強不足からくる判断の誤りで、しかもそれが開発志向の政治勢力に、利用されていることであった。

私はこのコンサルタントに、下水道事業の環境影響調査の開示を求めた。何とかしていまからでも、下水道工事による地下水の被害を減らせないかと懸命であった。コンサルタントはこの調査報告書の提出には、かなりためらっていたが、大野市の命運がかかっていることだからと要請し、九月一六日に、調査報告書は手元に届いた。調査報告書を読んでみると、私たちが予想していた以上に、地下水破壊がひどいことが記されていた。けれども六月の議会での市の答弁は「地下水の影響は少ない」と述べている。担当は本当に、コンサルタントの報告書を読んでいたのであろうか？

10　拒否された提言

専門家の提言に反発する行政

九月一九日、いよいよ宇井先生の講演会が始まった。会場には前回を上回る三三〇人が集まり、先生の講演に聞きいった。お話の内容は下水道の始まりから説かれ、現在の下水道事業は、ゼネコン、地主、官僚と政治家が結託して、自分たちの利益を守るために、余分なものまでつけて工費をふくらませ、ツケは結局住民にまわるのだと、行政にとっては極めてきびしい内容であった。この講演には市の助役をはじめ、たくさんの職員が参加していたが、議会の大会派はほとんど顔を見せなかった。

そして先生は、下水道の技術は開発途上の技術であるとの前提で、「補助金がつくからと安易に公共下水道にふみだすと、あとから変更がむつかしい。大野市の地下水は世界的にも貴重な財産です。だから下水道工事は地下水の影響を考慮して、また将来的に借金で苦しまないために、現在の計画を一時ストップさせ、慎重に計画を練りなおすように」との提言をされた。

一〇月一三日、私たちは再度コンサルタントとの会談をもった。下水道工事再開を強行する理事者の政策が、危険に感じられてしかたがなかった。私たちはここまですすんだ工事の現状から、新在家の終末処理場に市街地の汚水を早くつなぐように、大野三番—勝山の国道わきを通る旧京福電車の路線に、浅く管きょを埋めてはどうかと、コンサルタントの意見を聞いてみた。そのほうが地下水の集中する場所に、地下七メートルに管渠を埋設する方法より、地下水流入の危険が少なくなると主張した。

しかし、加藤先生や宇井先生、そしてコンサルタントの提言は実行されなかった。それどころか「水の会はなぜ、あんなきびしいことを言う先生をつれてきたのか」と、水の会にもあらわな反発を示し、先生の講演直後、市は下水道工事の発注をしてしまった。宇井先生のお言葉には、大野の実状を十分ご存知ないことから、二、三不適切な部分もあったが、全体の論旨は大野市のためを思った、非常に密度の濃い内容であった。

理事者がその先生の気持ちが理解できないようでは、大野市の将来は開けない。水の会は、大野がいま陥ろうとしている下水道地獄から抜けだすために、必死になって行政や市民に考えなおす機会をつくっているのに、その心がわかってもらえないのは、本当に残念であった。

無責任路線を歩みだした下水道行政

そしてこの傾向は、私たちの会談に応じたコンサルタントにまでおよんできた。ある議員から「水の会と話し合うようなコンサルタントには、今後仕事をやるな」と、圧力がかけられた。コンサルタントは地下水の影響についても、良心的に発言していた。これではコンサルタントがいかに良心的であろうとつとめても、政治家やその傘下に支配された行政の前に、屈せざるをえない。そしてその後の下水道事業の計画は、また別のコンサルタントに発注されていった。

大野市の下水道行政は、どれだけコンサルタントを代えたら、満足するのであろうか。下水道課の担当職員も次つぎと代えて、コンサルタントもひっきりなしに代えるようでは、いったい誰がこの下水道の最終責任をとるのか？　無責任体制の路線が、すでに敷かれているように思えてならなかった。

一番大切な下水道の基本計画立案の時期に、議会の監視体制を廃止し、工事の変更ができにくい着工後になってから下水道審議会を設置し、しかもその人選も真に下水道のわかる専門家はおいてないのだ。おまけにその審議会まで市民の傍聴を拒否して、秘密会にしてしまった。

私は担当者に「いままでも、下水道行政は秘密のベールに包まれてきたが、今後もこのような姿勢をとりつづけるならば、市民はもう行政、特に下水道課を信じなくなりますよ」と忠告した。せっかくの新市長の情報公開も、議会の圧力や部下の対応のまずさから、あちこちで破たんが目立つようになってきた。

以上のような事実をここに記すことは、私にとっても断腸の思いである。できることなら市長の環境保全は、下水道行政にも生かされていると述べたかったが、現状は以上のような経過をたどっている。本当に急がねばならないのは、庁内や議会の体質、そして日本をおおう利権の構造へメスを入れることである。

11　下水道政策の見なおし議会で追及

下水道管きょ工事の現場検証

年があけて平成一二（二〇〇〇）年三月一二日、水の会では下水道の本管埋設の工事現場を見学することにした。シロウトの私たちだけではチェックの仕方が不十分になると考え、プロの技術者といっしょに現場を見てまわった。水の会では昭和六〇（一九八五）年から年二回の地下水位調査を実施しているが、この一帯の地下水位は五〇センチから一メートル前後にあることを確認している。そして大野盆地の地下水が集まってくるこの地帯に、清滝川、縁橋川、木瓜川を横切り、地下七メートルの深さに、下水道の幹線管きょが埋められているのだ。工事現場を見て言いようのないむなしさにおそわれた。

市の下水道担当は「シールド工法をとるから、地下水は破壊されないし、資材は硬質ビニール管を使うから、絶対大丈夫」を主張しているが、この日現場で使われていたのは硬質ビニール管ではなく、コンクリート製の管であった。

現場に立ち合った元専門家は「大丈夫のはずはありえない」がその結論だった。地下七メートルに埋めた場合、管きょにかかる地下水圧を図示して解説され、どのような部分から管への地下水浸入が始まるかについても、図解してコメントされた。

終末処理場の出水よりも、管きょ工事のほうが地下水破壊の危険が多いと、先のコンサルタントもみとめていたが、それにもかかわらず地下七メートルの管きょ埋設工事に、作業にともなう地下水くみだし量の測定すらしていなかった。コンサルタントは、ここ地下水の流速は川のようで、毎秒二センチから三センチで、凝固剤など使える状態でないとも証言した。どうしてこんな危険な地帯で工事を始めてしまったのかと、当初の計画を立てた人に問いただしたかった。でも責任者はすでに退職し他の職員も配置換えで、最初のいきさつを知る職員は誰もいないのだ。

私たちの現場検証に同行して、アドバイスをした専門技術者は、「これだけの地下水の条件下で、絶対大丈夫は知らない人の言う気休めです。つくった当初はよくても、必ず地下水は入ります。この先、大野の処理場は、処理しなくても地下水で薄められて、軽く排水の基準値をクリアできるでしょうね」と、絶望的とも言える感想を述べ、大野の地下水環境に総合的な視点をもたなかった、当初計画のまずさを指摘された。

現場見学会を開いて、工事の一時ストップをより以上に痛感した。

地方自治法違反と三月議会で追及

平成一二年三月、議会の最終日、会員の米村議員は公共下水道政策に対する反対討論を行った。公共下水道の基本計画策定の大切な時期に、国の下水道政策の転換をうたった、都市計画中央審議会の情報が五ヶ月も隠されたことや、住民への説明も不十分なままふみきった、公共下水道についてその事実をただし、さらに現在の下水道工事は、地方自治法や地方財政法に違反すると、計画の見なおしを理事者にせまった。

地方自治体は、その事業を行うとき「最少の経費で最大の効果をあげる」ように規定した、地方自治法第二条13項、それに地方財政法の第四条1項に規定されていることを明らかにして、それに違反した計画の一時停止を求めた。

おだやかな話し合いでは、もとに戻れぬところまで事業がすすめられたいま、こうした公開の場で事実を明らかにすることが、いま私たちのとり得る市民への責務と考えたからである。

註1　地方自治法第二条13項

「地方自治体は、その事務を執行するにあたっては、最少の経費で最大の効果をあげるようにしなければならない」

註2　地方財政法第四条1項

「地方公共団体の経費は、その目的を達成するための必要且つ最小限の限度を超えて、これを支出してはならない」

終章　いのちの水よ、よみがえれ

平成一〇（一九九八）年〜平成一二（二〇〇〇）年

1　地下水問題の根源

歴史はくり返す

地下水問題の根源は、民法第二〇七条の「土地ノ所有権ハ法令ノ制限内ニ於テ其土地ノ上下ニ及フ」の条項にあるという人が多い。つまり、土地の所有者の支配権が地下水にもおよぶとして、所有地内での地下水利用権をみとめている。この私権に属する地下水利用も、その度が過ぎると公共の利害に関係することから、地下水を公共のものとして考えようとする意見が「公水論」である。

この「公水論」については、昭和四九（一九七四）年に、科学技術庁、環境庁、建設省、農水省などの各省庁から、「地下水保全と地盤沈下防止に関する法律」の制定に関係して論議されたことがある。しかし、各省庁の縄張り争いから実現されなかったいきさつがある。

最近になって、地表水と地下水をふくめた水循環系総体の持続性をたもつために、「健全な水循環」「新たな水循環」などとの名前のもとに、環境庁所管の中央環境審議会、建設省所管の河川審議会などから答申が出されている。これらを比べてみると、ほとんど同じような内容が主張されている。そのために、国土庁は、関係六省庁の連絡会議を開催し、その調整につとめているほどである。

新聞報道によれば、建設省は平成一二（二〇〇〇）年をめどに、「水基本法」を国会に提出するよう準備中とのことであるが、その後の消息は不明である。国土庁の連絡会議の中間報告書が出されたのが、平成一一年一〇月のことであるから、その作業も難航している可能性がある。まさに「歴史はくり返す」と言ってもよいだろう。

どうして地下水利用の優先権が書けないのか

これらの答申を読んでみると、いずれも地下水の公共性を強調している。つまり「公水論」に立脚している点では共通している。これは昭和三〇年代から四〇年代の地盤沈下問題の苦い経験にもとづくものであり、それなりに評価はできる。しかし、公共性を主張はしていても、それ以上の詳しい記述は残念ながらみとめられない。

世界の多くの国ぐにでも、地下水の公共性をうたっている水法がつくられている。しかし、その公有化の中には、必ずといってよいほど、地下水利用の優先権が書きこまれている。その順序は、第一に住民の家庭用水（飲料水）と都市用水、第二にかんがい用水、第三に商工業用水としているところが多い。さらにアメリカのいくつかの州では、干ばつなどの特殊事情の場合には、既存の利用権に優先する特例を設けている。その順序も、飲料水、農業用水、商工用水の順となっている。

この優先順位がどこから来ているのかを、専門家に聞いてみたことがある。その答えは簡単明瞭であった。この原則は極めて現実的であり、つねに合理的であって、論議の余地はないと言うのである。この明解さが、先年の論議の中でも、すっかり抜けていたし、今回の答申にも同じように抜けている。かんぐれば、それぞれの省庁の縄張り争いが、依然として言外に示されているように思えてならない。

この原則性が明確でなかったばかりに、この二五年の間、大野の水の運動も苦労の連続であった。市に「工業用水の循環利用を義務づけてほしい」とか、「家庭の井戸にメーターをつけて、使用量の把握にふみきるべき」と、地下水審議会に小委員会をつくって市に答申してきた。自治体としても、企業の地下水乱用や、家庭の節水をうながし地下水利用の適正化にふみきろうとしても、地下水利用の優先権が明確でなかったばかりに、適切な対策がとられなかった。

特に寺島市長亡き後は、開発主導の首長によって行政自らが、国や県の補助金行政にのって、地下水破壊に連なるとわかっていながら、河川工事や農業土木の公共事業をすすめてきた。もう少し早く国が決断してくれていたら、大野の本願清水や御清水も、こんな無残な姿にはならなかったのにと、すべてが後追いの政治の対応が悲しかった。

生きているぞ、大野の地下水は

でも喜ぼう。大野の地下水はまだしっかり生きている。日本中のほとんどの地域で、地下水は直接に飲める状態ではなくなりつつあるが、大野の地下水はまだ「飲み水としての生命」をしっかりたもっている。大野の地下水が生きている間に、ぜひ、地下水利用の優先権を確立させたい。

最近になって、各地に計画されたダムが完成し、その水の需要が計画より減少したため、そのツケを市民の飲み水、つまり上水道にかぶせる動きがすすんでいる。まずい水を、そして高価な水を飲まされることに反対する動きが、各地にわきおこってきている。その結果として、地下水を再評価しようとする声が高まっている。その一つの表れが「湧水ブーム」である。

大野の水を考える会の活動は、日本における地下水にかかわる住民運動の先駆的な役割を、微力ながらはたしてきたと自負している。そのためにも、私たちの経験を多くの人たちに知ってもらいたい。

2　いのちの水を一〇〇年後の子孫に残すために

破壊の歴史にピリオドを

「水の郷大野」「名水百選」「おいしい水」と、外部から見た大野の水環境は、まことに優れている。でもこのまちで長く生きてきた私たちは、その実態が非常に危険にさらされていることを実感している。このままでは、遠からず家庭の浅井戸は、飲料水として使えなくなってしまう。

この三十有余年、かん養源を自らの手で消失させ、地下水破壊の公共事業をすすめ、最後に全国画一工法の公共下水道で、浅層地下水のとどめを刺すのだ。そのことを一番よく知っている行政は、市民の感情とは裏腹に、口では水環境の保全をとなえながら、浅井戸放棄の上水道政策を推進している。

でも私は、浅井戸の水が安心して飲めることが、大野市の他市に誇れるアイディンティティだと思っている。現在各家庭が直接浅井戸の水を飲める幸せは、日本中でおそらく西条市と大野市ぐらいのものであろう。それがうらやましくて、よそから観光客がやってくるのだ。お米、お酒、お豆腐、おそば、大野の食べ物は、本当においしい。その基本になるのが地下水だ。このおいしい水を二一世紀に伝えていくことは、単に大野の子どもたちだけでなく、日本全国への贈り物になるのだ。その命運を握っているのが、いま生きている大野市民であり、大野の政治に携わる人たちなのである。

一〇〇年の展望で水政策を!

平成五(一九九三)年の住民訴訟後、中据の神社に神馬が寄進され、台座に工場進出をめぐる訴訟のいきさつが刻まれた。「水の会」が公害発生の危険を理由にして、中据住民が大切な田んぼを提供したのに工場進出が不可能になったと、私たち反対派に対する企業誘致派の恨みごとが刻まれた。それを見て会員は立腹したが、「良いか、悪いか、一〇〇年あとの人たちに判断してもらいましょうよ」と、私は目先のことにとらわれずに、感情の対立をやわらげることにした。

「二〇世紀の終わり、大野市の人たちはいのちの地下水を守ろうと、訴訟までして闘ったのだ」と、後世の人にわかってもらえればよい。人間はいずれのときにか終末を迎える。私もあとどれだけ、いのちをいただけるかわからないが、一〇〇年後も大野市が「地下水の郷」であってほしいと願っている。そのためには、具体的な取り組みとして、節水・かん養・汚染防止の水の秩序を、大野の大地に打ちたてていくことである。農業のあり方も、環境保全型に転換しなくては、大野の地下水は守られない。地下水はもちろんのこと、万物のいのちを育む大地も水もその根底が崩れてしまうのだ。

こうして最大限の努力を積み重ねても、飲料水の確保は水質面から、深井戸に移行せざるをえない時期を迎えることになるだろう。それは案外近い時期にやってくるかもしれない。

公共下水道の工事で、いま私たちの飲んでいる浅い地下水層が、荒らされる危険が極めて大きいからだ。いまからでもおそくない、工事を一時ストップして、最善の方法を探しだすため、衆智を集めねばならないのだ。不幸にして浅い地下水層が破壊されたら、その時点で私たちはためらわず、近所の人たちと共同で深井戸を掘ろう。そしてメーターをつけて、おいしい地下水を飲みつづける方法を選ぶだろう。大きな上水道や下水道の施設主義が、けっして私たち市民を幸せにしてくれないことは、いままでの水行政の歴史から学んだ、私たちの苦い経験である。

3　いのちの水を守るための具体的提案

最後に、いのちの水を守るための、「大野の水を考える会」の具体的な提案を述べてみたい。

(1) 地下水利用の費用分担を

いままで大野の人たちは、家庭も企業もタダの水に甘えて、節水の努力を怠ってきた。地下水がタダでなかったら、今回の下水道工事も、あのような水のムダ使いをする工法はとれなかったと、コンサルタントの技師は答えた。工場の水循環装置が普及しなかったのも、コストをかけて節水する企業も、節水しない企業も同列におかれるからだ。資本主義社会では、タダのものは浪費される運命にある。

「地下水の恩恵にあずかるものは、全員がメーターをつけて水利用のコストを分担する」というシステムをつくりあげることが大切である。すすむもすすまないも、要は大野市の市民と行政の覚悟次第である。まず「隗《かい》より始めよ」の言葉どおり、水の会の執行部は家庭井戸にメーターをつけ、その第一歩をふみだした。

(2) 失った水を取り戻し、清滝川から地下水かん養を

大野の地下水環境のたどった道は、国の公共事業による破壊の歴史でもある。真名川の水を毎秒一六トンも発電用に九頭竜川へもっていかれ、大野盆地への地下浸透は激減した。河川を流れる水は、大まかにわけて、蒸発と、そのまま下流へ流れる水と、地下にもぐるものに大別できる。地下にもぐる水を概算するとその四分の一で、およそ毎秒四トンになる。そのことに気づかず、大野市はその補償をしてもらっていない。大野の地下水が危機に瀕している現在、この半分の二トンを大野市に返してもらうことだ。その水を清滝川へ落として、小規模の発電をした後、清滝の川面、ま

たは溜池に誘導して地下水の浸透を増やす。そして本願清水の復活を図る。

私たちは清滝川の探訪をくり返し、清滝川が木本の向原から上庄中学の約一・四キロまでの間で、川の水がみんな地下にもぐっていくことを確かめた。このことから、失った水利権の補償として、清滝川に二トンの水を落として、清滝川からの地下水浸透や、木本原での大規模なかん養施策を提言する。

（3）地下水の流出をとめ御清水の復活を

清滝川からのかん養をしても、河川改修や下水道工事で地下水を流出させては、もとの木阿弥である。現在の下水道工事を心配するのは、地下水位が一メートルのところに、下水管本管を地下七メートルに埋設するなど、下水管を通じて地下水流出が始まろうとしているからである。

大野のシンボル御清水は、現在ポンプアップでかろうじて、体裁をたもっているが、これを復活させなければ、名水の里は泣く。御清水地域での地下水低下の直接の引き金は、昭和四六（一九七一）年から昭和四九年にかけて行われた赤根川の川底切り下げ工事であった。

昭和四五、六年まで御清水地区では、どこの家庭でも庭の泉水から、コンコンと地下水が湧いていた。夏はスイカを冷やし、麦茶のやかんが冷やされていた風景は忘れられない。現在の清龍神社前の堰を、亀山山麓まで位置を下げることで赤根川の川底からの流出を防ぐか、地下ダム構想かのいずれかの手段で、泉町一帯の地下水位をあげることはできないか、専門家による検討を始めてほしい。

それと現在改修を検討されている、赤根川にある大田堰の二メートル切り下げ工事の見なおしを要望する。毎年梅雨時に赤根川支流の日詰川が氾濫し、住民から大田堰の切り下げ陳情がなされているが、この堰を切り下げれば大野盆地全体の地下水位がさがる危険が予想される。

そこで私たちは堰を切り下げる代わりに、遊水池の設置で一時的増水による溢水の解消を提言したい。付近の田んぼは地面も低く、近くには人生の晩年を過ごす老人施設もある。遊水池にハスを植え散策路の整備をしたら、大野の美しい水辺の自然が生まれるのではなかろうか。

（4）大野盆地の土地利用計画に地下水保全の理念を

福井から花山トンネルを抜けると、一面に大野盆地が開けてくる。東に荒島を仰ぎ、周囲を山にかこまれた大野市は、まさに桃源境のながめである。

この大野市の自然を生かした土地利用に、地下水を基点にすえる手法をぜひ打ち立てたい。地方分権にふみきった今日、土地利用計画こそ一〇〇年の大計が必要である。

二〇世紀のわれわれは、大野盆地の地下水環境も考えず、地下水かん養域や旧河道上に危険な工場立地計画の過ちを犯してきた。二一世紀の大野盆地の土地利用は、自然の成り立ちをよく見つめ、その特性を発揮できるよう、工場立地や商業地域や文化ゾーン、そして農業振興を図るように、住民参加で総合計画を立てる必要がある。

工業地帯を地下水かん養域に配置した旧都市計画を改めるのに、大野市は一二年を要した。少なくとも地下水かん養域での、化学物質工場は禁止すべきである。水の会の調査では、清滝川の下流で毎秒〇・六トンの湧水が下流に流れているのを確認した。木瓜川、縁橋川も同様である。この湧水を生かす方法が、市民の目にも行政の目にも届いていない。そして九頭竜川の下流の鳴鹿堰で、毎秒〇・一トンの水利権に汲々としているが、自分の足元をもっとしっかり見つめる必要がある。

今後、大野市が「水の郷」を維持していくためには、県の条例に追随するのでなく、大野市の水環境を保全できる独自の水質規制が必要である。大野市が地下水問題に対処できる職員の養成を怠ったことが、ここまで地下水破壊を大きくした原因である。その意味で専門職の養成はもちろんのこと、一般職員や市民の啓発にいっそうの努力が必要である。

(5) 大野市の産業構造の転換を

大野の地下水環境の変遷をながめると、それは公共事業による破壊の歴史である。ダムや河川工事、基盤整備、いずれも超大規模で、地下水環境を破壊してきた。それらは生産人口の二四パーセントが建設業に依存するという、大野の異常な産業構造に原因がある。公共事業の現場作業員からは何度も「俺たちのやっている仕事で、大野の水を殺している」という苦悩の声を聞かされた。

国の財政破たんを招いた公共事業が、今後も続けられる見通しはない。いずれの日にか方向転換をせまられる。そのとき大野市はどうするのか。大野市の高齢化率は現在二三パーセント、二〇年後は四万人の人口が三万人、高齢化率も三三パーセントに達するという。生産人口の建設業への過度の集中は、地域の産業構造をいびつなものにし、福祉への人材補給もすすまず高齢社会への対応をおくらせている。

これからの大野市は、こうした産業構造の修正をすすめ、おいしい地下水を生かした産業に転換していくことが、生き残れる条件であろう。それとともにこれまで地下水破壊に働いた土木業界のエネルギーを、今度は大野の「地下水再生」にふりむけてほしい。破壊の一歩を保全の一歩に切り替えれば、二倍の速度で大野の地下水はよみがえる。業界のためだけでなく二一世紀大野市の再生に、建設業界にぜひはたしてほしい責務である。

4 議会よ、さようなら

一六年の議会生活に別れを告げる

昭和五八（一九八三）年二月、二階から飛び下りるような思いで議会へ出てから、一六年が過ぎた。私は七二歳になり、その間、私の議会活動を支えてくれた夫は、昨年の骨折以来強度の記憶障害が始まった。私は夫の介護と、責任の重い議会活動の両立は困難だと感じてきた。

まだ大野市の水哲学がゆらいでいる最中に、大切な政策決定の場をはなれることは、無責任ではないか？との自問自答を重ねたが、すべての願いをあとに続く若い二人の女性議員に託して、私は議会に別れを告げる決心をした。

そう心に決めると私は、議会を去るのを機会に「水の会」の責任者も、若い人に引きついでもらおうと考えた。いつまでも高齢の私が先頭に立つようでは、組織の発展はのぞめない。

女性議員立候補者の出陣式（平成11年2月）

いま大野の地下水は、日本中から熱い視線が注がれている。大野を「日本の地下水の郷」に育てていく大事業が、これからの大野のまちづくりの原点になっていくのだ。それにはどうしても若い力が必要だ。いまが交代のチャンスである。

若い人にバトンタッチ

若い人たちは私の願いを真剣に受けとめて、しばらくは集団体制で会の組織を固め、市民に運動の輪を広げていこうと誓いあった。みんなの承諾が得られて、私は心から感謝した。しかし、このような大事業を支えていくには、活動資金がいる。会の財政はなきに等しい。財政の建てなおしをしなければ、若い人がどんなに意欲を燃やしても、会の組織は長続きしない。

「水の会」が始まったころはともかく、二〇年余りの長い間、毎回続けて会費を徴収することは、精神的な重荷と人手不足とが重なり、しだいに困難になってきた。特に企業誘致をめぐる住民訴訟が始まってからは、世論の分かれたこともあり、会の運営費は私がいただく議会の歳費の中から、寄付の形でまかなってきた。

水にいのちをかけて議会に出たからには、水の運動に投入するのはごく自然に思えて、会員には「水の学習や実践活動に参加してもらうこと」を中心にと、割りきってきた。しかしこれが、はたして組織活動をすすめる上で、プラスに働いたかは反省する必要がある。会費を徴収しないということは、会員意識が希薄になり、活動の傍観者になる危険が大きいのだ。

議会をやめるとなると、これからもう経費を出すところがない。考えあぐねていたとき、環境事業団から助成の案内が届いた。早速若い人たちと相談して助成申請の手続きをした。会の基金には、議会の歳費値上げに反対し「水と女性問題基金」として、通帳に振り込んであった預金をあてることにした。住民訴訟で一度はカラになったが、毎月七〇〇〇円分の預金は、議会をやめるときにはある程度たまっていた。

四月に入り環境事業団から、助成決定の通知が届いた。これでなんとかやっていけると私はほっと一安心した。

5　二一世紀への若いうねり

新生「大野の水を考える会」出発

平成一一（一九九九）年五月、若い人たちの集団運営で「大野の水を考える会」は新しく出発した。環境事業団の地球環境基金の助成も決まり、水の会では市民や行政の人びとを招いて、「大野市の下水道、排水処理」のあり方をめぐる学習会を開催した。

これは大野市における市民を対象にした、初めての下水道の学習会であった。下水道による家庭の排水処理を、生活者レベルで考える学習会は、これまで一度も開かれたことがなかった。市民はいままで知らなかった下水道の実態や財政問題を聞き、初めて下水道を自分のこととして考えだした。

私は「水の会」の第一線から一歩退き、情報蒐集や各地への連絡など、会の後方支援活動にまわった。若い人は役割分担しながら、運動の方法を討議し組織拡大に歩みだした。核メンバーは一八人でみんな仕事をもち、家庭を切りまわし、多忙な中で時間を絞りだすようにして、「いのちの水を子どもたちに」の悲願をこめて活動をすすめてきた。私は若い世代の危機感がここまで高まっていることに、大野の未来への救いを感じた。

合唱団なら、その練習には苦労もあるが、人間のこころの奥底にひびく、美しい感動の世界がある。それに比べて水の運動は、湧水調べや用水の水質調査など研究の分野には、それなりの喜びもあるが、圧倒的にエネルギーを使うのが、地下水破壊の政治勢力との対決である。それは狭い地域にあって、時には親しい人との対峙も避けられず、苦しい局面に立たされることが多かった。

それにもかかわらず自分の時間をさき、資金を出し合って運動をすすめていけるのは、若い人たちが「未来の子らに大野の水を残していきたい」という、祈りの世界に身をおいているからにほかならない。自分勝手な生き方の多い昨今の風潮の中で、そんな真しな若い人の姿を見て、私は改めて大野のよさをかみしめた。

平成一一（一九九九）年八月、新しい『大野の水情報』創刊号が発刊された。私が長らく書きつづけた議会報告紙『あかね』は二月で終結し、市民に対する唯一の水情報が途だえていた。若い人たちは編集委員会をつくり、あらたな市民への水情報提供に立ち上がり、その第一号が発刊されたのだ。

四月以降、公共下水道に対して集中学習を続け、現地の調査、コンサルタントとの対話、市長との懇談、行政資料の調査、下水道財政の研究、そして加藤英一さんや、宇井純先生を招いての講演など、ねばり強い学習や市民啓蒙につとめてきた。

私が議会を去ったあとも、若い女性議員の米村さんたちが、一連の市の水政策や下水道対策を取り上げ、理事者に水哲学の確立や情報公開を求めるなど、これからの地方財政を論点に据え、地方自治の確立に力強い論戦を展開している。

中学生による模擬市議会　地下水を21世紀へと議論

いのちの水はよみがえる

世紀末の混乱期にあって、市の水政策の危うさは、時として私たちを絶望のふちにさそうことがある。けれども私は未来を信じたい。特に若い世代の水環境に対する危機意識は、市民、行政職員を問わず非常に高まってきている。先般、中学生の模擬議会が開かれたが、圧倒的な討論は、いのちの地下水を大野の未来につなげる展望であった。

いままで地下水問題を避けていた庁内の空気も変わり、生活環境課や汚水処理場の職員、市民教育担当者たちの間に意識が非常に高まってきている。私はこれらの動きに大きな希望を託している。この人たちが必ずや起爆力になって、大野の二一世紀を開いていってくれるだろうと。

長い間の地下水調査資料を整理した『越前大野「地下水の郷」――地下水保全二一世紀プラン』が、市民の前に公開されてから二年たった。市はその間の検証作業を通し、新たな決意で平成一〇年三月、環境基本条例を制定し、さらに平成一二年三月には、循環型社会の構築を目指して、その実施計画を立てた。水の会が長年主張しつづけた「地下水のメーター制」も取り上げられ、いままでかたくなに抵抗していた議会も、最近は協力金制度についても少しずつ柔軟になってきた。

私たちの世代は戦後五〇年、敗戦の痛手をモノづくりにたくして走ってきた。そして気がついたとき、大切な自然環境を破壊し、大野市の地下水も危機に直面している。いまこの記録をまとめながら、私は過ちを犯してきた世代の一人として、後世の人にゆるしを乞いたい。一度壊した自然環境の修復は本当に困難である。私も残されたいのちを燃やして、その修復につとめることを自分に課していきたい。イトヨの危機は、大野の地下水が危機にさらされている象徴でもあるのだ。そのイトヨのいのちをそだて見守る小中学生、湧水の復活に汗を流す大人たち、そして行政もいままで手をつけなかった、企業の地下水のメーター設置に動きだした。

大きな愛に包まれて

昭和四九(一九七四)年、家庭の井戸枯れから始まった大野の地下水を守る運動は、女性たちの消費者運動の道をたどり、多くの市民の賛同を得て「地下水を守る会」に広がっていった。県下初の地下水保全条例を制定させ、昭和六〇(一九八五)年には、市民サイドに立つ地下水学者との出あいによって、自らの手による地下水調査の手法を学び、「大野の水を考える会」に発展した。

その間、各方面のお力をいただき、行政への提言をくり返しながら、「シロウト・サイエンス」

として、全国ネットワークで広がっていった。各地での環境を守る市民運動が、ややもすると情緒主義に流れるのに対し、大野の水を考える運動は終始「市民の手による調査活動」をもとに、冷静な歩みを続けてきた。

これらは、市民サイドに立って、地下水調査の指導助言をいただいた柴崎達雄先生と、先生のもとで教えを受けた、金井さんたち学生のみなさんのおかげである。この方がたはすでに社会人となり、多忙な中で、国内あるいは海外でのボランティア活動をいまもなお続けておられるが、このほか全国の自治体関係者や、研究者のみなさんの温かな励ましに、どれほど支えていただいたかわからない。

それとともに、私たち市民の「身近な環境運動」に、大きな意義をみとめ、絶え間なく支援を続けられた「トヨタ財団」の功績は、計り知れない。こうした多くの方がたの愛情に支えられて、今日まで活動が続けられてきたことを心から感謝する。

一九九九年五月、「大野の水を考える会」は、若いリーダーたちの集団体制によってあらたに出発した。昭和四九（一九七四）年に、新聞の警告記事に触発された一人の主婦の開眼が、地域の生活に根ざした運動に広がって、「いのちの水を次の世代へ」の願いは、いま大きなうねりとなって二一世紀へ引きつがれようとしている。

木の葉から落ちた一滴の水が小さなせせらぎとなり、やがて谷川の渓流に注がれるように、市民の水への思いは絶え間なく流れ、時には激しく、時にはやさしく、みんなを包みこんできた。その四半世紀の歳月の流れをつづり、「大野の水を考える会の活動、二五年間の記録」とする。

二〇〇〇年五月吉日

大野の水を考える会

前会長　野田佳江

大野の水を考える会　会員の声

第二部

1．湧水の復活を夢見て

大野の水を考える会　代表幹事　石田俊夫

僕がギャングエイジだった頃、「御清水」の近くの城址公園は、子どもたちの遊び場であった。集団でターザンごっこやチャンバラごっこをして遊びまわり、疲れてのどが渇くと近くの水飲み場へ行った。そこは、三〇センチほど掘り下げた池に、直径三～四センチの鉄管を打ち込んだ簡単なものだったが、どの管からも地下水が溢れ出ており、僕たちは競って口をつけた。四〇年余り経った今も、あの時の味は忘れることができない。のどが渇くと自動販売機のジュースを求めることしか知らない今の子どもたちに、僕たちの世代の経験をさせてやることは、もはや不可能なのだろうか。

当時は、市内のいたるところに湧水があった。とくに名水百選で知られる「御清水」の近くでは、五〇～六〇センチも掘り下げれば地下水が湧き出てくるほどで、多くの家庭では屋敷内に池を作り、そこから流れる水で季節の野菜や果物を冷やし、冬は融雪に利用していた。「御清水」から歩いて五分ほどのところにある僕の家は少し高いところにあり、湧水による池を持つには適していなかったから、白菜や大根を漬物にするシーズンになると近所のどの家庭の主婦も、自転車などにたくさんの漬物用の野菜を積み込み、洗い場の確保を競って、まだ夜も明けぬ暗いうちから出かけていった。「御清水」は、湧水が出る場所から順番に飲料水用、野菜洗い用などと分けられており、一番

ゴックンうまい　臼から湧き出る冷たい水を飲む（義景清水にて）

下手は洗濯用で、それも衣類などが上で赤ちゃんのオムツなどは下というふうにきちんと分けられていた。雪が降る直前の寒い時期であったにもかかわらず、僕の祖母や母も主婦として当然のごとく「御清水」へ出かけていったことを思い出す。辛い仕事であった反面、「御清水」は、顔見知りの人々が集まる場所であり、地域のコミュニケーションの場として結構楽しかったのかもしれない。

一九八五年、「御清水」は、環境庁の『名水百選』に選ばれた。その際、洗い場も整理され、地区の人たちのボランティアによって定期的に清掃されて現在にいたっている。訪れる旅行者も年々増加しており、中には、いくつものポリタンクに水をつめて持ち帰る姿が見られるが、肝心の湧水の量は著しく減少し、かつての面影はすっかりなくなってしまった。秋の渇水期になると湧水がない日が続き、ポンプアップした地下水でようやく面目を保っている。名水の町として全国にアピールしながら、名水の象徴である「御清水」の現状に心を痛めている市民も多い。今僕たちは、これ以上の地下水の低下を防ぎながら、かつてのような湧水を復活させる可能性について考え始めている。

ところで、地球規模での環境問題が言われるようになって久しい。来る二一世紀は、これまで破壊したあらゆる環境をいかに回復し得るかということが、人類の生存をかけた問題としてますますクローズアップされていくだろう。僕たちが住んでいるこの地球は、『水の惑星』といわれているように水が生命の源としてあり、水なくしてはいかなる生命も生きることはできない。だとすれば、水環境を守ることは何にもまして優先されなければならない。その意味で、大野は全国の先頭に立てる条件を備えた町ではないかと思う。

日本は、世界でも良質の水資源に恵まれた国であると言われてきた。しかしながら、戦後、高度経済成長を目指した国の政策のもと、工業生産を支えるため地下水は最も手っ取り早い水資源として浪費され、多数のダム建設は「水のない川」を生み出し、貴重な地下水かん養源をなくしてしまった。この大野もたった三十数年余りの短い間に、長い間守られてきた「水環境」は一変し、僕たちが子どものころ親しんだ湧水をはじめ、豊かだった自然環境はもはやほとんど残されていない。このような「発展」の道が、真の豊かさを作り出すものではないことに僕たちはもっと早く気付くべきであった。大量生産・大量消費、そして大量廃棄という形で実現した「もの中心の豊かさ」と引替えに失ったものはあまりにも大きい。今後、この「負の財産」を少しでも減らしていくことが、僕たちの責務だと思う。

多くの自然や湧水を失ったとはいえ、幸いにもここ大野では今なお貴重な地下水が生きており、市民の多くは環境問題の第一に「地下水を守る」ことをあげ、おいしい水が飲めることに誇りを持っている。しかしながら、僕たちは、これまでの活動の経験から、行政任せではこの水が守られないことを痛感してきた。大野の地下水が「宝の水」であるという市民の合意と「宝の水を守ろう！」という一人一人の努力がなければ、「負の遺産」は増えこそすれ減ることはないだろう。僕は、おいしい水が飲めることへの感謝と誇りを声にし、行動に表すことで、子や孫の代に「宝の水」を引き継ぐべき努力を続けていきたいと考えている。かつての湧水や自然が戻ったふるさとを描きながら。

2．四三〇年前にはじまった名水のまちづくり
父の古里自慢の水を子どもたちに

観光ボランティア 大野の水を考える会 **大久保京子**

上下水道のある中世の城下町

織田信長の命により金森長近が大野へ入部したのは、今から約四三〇年ほど前のことである。彼は、これまでの戌（亥）山城を廃し、亥山城の東南を中心に居住していた人たちを亀山の下から東に広がる草原に町割をして移動させ、新しい城下町を開こうとした。

そのために、町筋に日常生活に欠かすことのできない水を取り入れ、利便を図った。まず本願

越前大野城遠景　ここに登れば大野盆地が一望できる

（寺）清水を掘り広げて湧き水を求め、町用水として縦六本の道の中央に水路を通した。この水は、初めは上水として飲料水にまた日常のさまざまな生活用水に使われ、一度使った水は町屋の裏手に流すように水路が作られた。この背戸の水路は地境でもあり、裏通りの水路とともに町役や住民にもその管理を厳しく習慣づけていた。つまり、大野は豊かな湧き水を活かして、中世における上下水道を備えた都市計画にもとづく城下町なのである。

上下水路の変遷

町中には、水源を本願（寺）清水から引き町中を流れる町用水のほか、芹川用水、寺町用水がある。芹川用水は、篠座神社の西方の湧き水を堰上げたもので、義景墓地のそばを流れ侍屋敷と町方とを分ける境界となっている。寺町用水もまた、寺屋敷と町方を分ける城下町を身分的に区分する役割を持っていた。

町中を縦に区分けした道筋の中央を流れる町用水（上水路）は、それぞれの家に井戸が掘られるようになると、飲用水とか生活用水という用途は減ったが、防火用や消雪用に近年まで活用されていた。しかし、自動車の普及などにつれ、道幅の拡大のため昭和一七年ごろから三番通りを皮切りに、それぞれ道の両側に移され暗渠化された側溝に改修された。最後に四番通りの改修が終わったのが昭和四〇年代だったと思う。道の中央を流れる水路の頃には、ところどころに洗い物のための足場が水面を横切る形で架けられていたり、コンクリートの石段が側面に刻まれていたりして住民に利用されるだけでなく、ごみ拾いや水路の掃除なども当然のこととして行われていた。しかし、側溝となって水面の姿が人の目に触れることがなくなると、水量の減少もあって忘れられ、急速に汚れていった。

一方、裏手の水路の水はさらに町中を流れて、最後に町の北西部の水落《みずおとし》地区に集められ、奈良時代からの大野最大の荘園のあった赤根川下流域の農耕を支えてきたのである。しかも、その水路は現在まで折々に石組みを直したりコンクリートで固めたりしながらも、排水路としてほぼ完全にその形を残している。

湧き水の減少と汚濁の進んだ水路の姿

近年、本願清水などの湧き水の減少のため、上水路だった側溝も背戸の排水路も春の田んぼのシーズンや梅雨時を除いて非常に水量が少なくなり、流水の汚れが目立つようになった。

その原因の一つに、家庭排水の問題が考えられる。戦後、食生活などの変化や若い人たちの異常なまでの清潔指向から、家庭の中にはさまざまな化学物質が台所に、風呂場に、トイレに入り込んできた。しかも、その台所排水や風呂や洗濯の排水はたれ流しであり、汚した水はそれぞれ自宅の裏の水路へというルールもだんだん崩れ、さらに、最近水質に問題のある単独浄化槽が急激に増えたことも、汚れをひどくしてきた。

化学物質によって死んでしまった水路に、自然の浄化能力をこえた汚れた水が流れこんで、昔の上水路も下水路もだいなしになってしまったのが現状で、まさに名水の町の誇りが地に落ちたという外はない。

父の古里自慢は大野のおいしい水だった

私の父の生家は、大野の旧七間、現在の元町六―九番地、花垣酒造の隣である。その父の第一の古里自慢が、大野のおいしい水であった。

徳島市内で生まれた私は、父の仕事の都合で県内を転々と変わった。たまたま、海亀の産卵する海岸で有名な町に住んでいた頃、父が井戸水に海水が入ってまずいとか言って、後ろの山から谷川の水を竹の樋で引いてみたり、大きな樽の中に砂利や砂、シュロの皮などを交互に入れて水をおいしくするのだと実験のようなことを試みていた記憶がある。私自身は、まだ七～八歳ぐらいでその結果は不明だが、今にして思えば天然の名水で育った父が、古里の水への郷愁からの試行錯誤を繰り返していたのだと思う。

敗戦の年の春に父の郷里に帰り、昭和三〇年に結婚してから後に名水百選に選ばれた御清水の近くに住むこと四十余年、年経るほどに父のこの大野のおいしい水に寄せた思いが分かるようになってきた気がする。

孫との散歩コースは名水の水のみ場

この春満三歳となった孫との散歩コースは、まず、御清水に始まる。少々雨が降ってもお気に入りのピンクの傘を持ち長靴をはいた彼女は、何よりも先に御清水に行こうと私の手を引っ張る。

御清水の水の水温は年中だいたいセ氏一四度、ミネラルバランスが健康上申し分ない良質の水で、名水百選の中でも非常に上位にランクされている。

水が良いということは、お茶もお酒もおいしいということになる。喫茶店の営業用の水を県外から折々に汲みに来る人もいるとか。この水で大野産コシヒカリを炊けば、魚沼産コシヒカリにも負けぬ味と折り紙付きでもある。ともかく、子どもと水のみ場に立っていると、ずいぶん県外ナンバーの車の客が多いのが目につく。北陸はもちろん、滋賀、京都、三重、大阪、兵庫、岐阜、愛知などの車から降り立った観光客の多くは水を飲んだ後、嬉々としてペットボトルやポリタンクに水を汲んで帰るのである。その間、孫は「ジュンバンネ」と納得して傍らに私と並んで待っている。観光客が立ち去ると彼女は急いで階段を降り、水のみ場で「臼」（水の出ているところの囲い）の上に精一杯身を乗り出して柄杓で水をすくい、ごくごくと飲む。それをそっと後ろで支えながら、この水の前途を思い不安になる。

この周辺では、昭和四〇年ごろまではほとんどの家庭で自宅の裏庭などに湧き水を水源とする池があった。現在は、年間を通して自噴しているところは一、二ヵ所を数えるのみで、名水百選の御清水さえも水位の低下や湧水の減少が顕著になってきている。

地下水を活かし水の循環を支え続けて来た古里の歴史を考える

だが、手をこまぬいて繰言を言うばかりではと内なる声が私をゆさぶる。人生の大半を故郷から離れて暮らした父の終生の古里自慢だった大野の地下水を、私たちが朝な夕なになじんできたように子どもたちに残していくために、今、私たちに何ができるのかが問われているのだと思う。

たまたま、古里への思いから少しばかり郷土の歴史を学ぶ機会があり、定年後の生きがいの一つとして、地元のボランティアガイドをする中から、この大野の道路がいわゆる城下町としてはまったく規格外に広いことの理由が分かった。縦の道路の中央に通された水路が原因とやっと気付いたのである。水路をはさんで両側に対面交通できる道路があり、その水路を埋めて両側の側溝とし、いとも簡単に車社会に通用する道路に変身したわけである。つまり、中世武将が大野の地の利を活かした水利用を組み込んだ都市計画による町があり、それを四〇〇年以上にわたって為政者と住民が知恵を出し合って守り続けてきたという祖先の尊い営みの歴史と現実を、今こそ一人一人の市民がしっかりと胸に刻み、勇気ある一歩を踏み出すべきではないかと思う。

名水の町にふさわしい水環境を取り戻すために

私たちの祖先が守り育ててきた大野の水環境を守るのは、現在を生きるわれわれの責任である。湧き水を増やすことも大切だが、これは相当の長期計画が必要であり、まず水をなるべく汚さない工夫が第一歩ではないだろうか。選択肢はさまざまあるが、一番手近で実効のある実験が、一昨年、行政の働きかけで始められた。すなわち、旧一番・二番町内における家庭排水の浄化に対する調査取組みを評価したい。参加した市民も、流しの水切りなどへのネットかけや合成洗剤の使用を加減するだけでも目に見えて汚れが少なくなることが分かったはずである。より一歩踏み込んで、合成洗剤を使わない運動や、郡上八幡町で実践されている各戸の台所排水浄化装置などの取組みも夢ではないと思う。こうした取組みを一時的なテストに終わらせることなく今後も継続し、全市的な運動にしていくべきである。

また、現在、旧下庄地域から進められている公共下水道事業についても、一番水質の浄化が急がれる市街地の供用が、計画年度によっても十数年先というのがどうしても理に合わないという気がする。たとえば、市街地域にまず最初に取り組み、できるだけ周辺地域からブロック分けして排水管を背割水路の中に入れるなど、大野の実情に合った工夫などできないものかなどと思う。

参考文献：大野町史（斉藤秀助著）、大野郡史（高島正著）、大野市史（大野市教育委員会）、大野の湧き水『おしょうず』、越前大野散策マップ——旅の風景（大野市）

3. イトヨのすめる環境をめざして

中野清水を守る会　会長　島田一成

プロローグ

「豊かな自然」。言うことは簡単ですが、それを後世に伝えていくことは容易なことではありません。

現在の中野清水も、かつては蛇行していた木瓜川の一部として、清水がコンコンと湧き出て、水車が回り、共同の精米場や洗い場があり、子どもたちの水遊び場でもありました。五〇歳以上の人びとにとっては、大野のあちこちで見られた思い出の風景でもありました。

河川改修で廃川になってからは、汚れた農業用水や家庭排水がながれこむとともに、清水の一部が埋め立てられ、ゴミや危険物の捨て場になるなど無惨な姿に変貌し、道路際にあった「臼」だけが、かろうじて湧水池の証しとなっていました。

地域住民による清掃奉仕活動

平成八年六月一六日、下庄地区の壮年グループ「下庄倶楽部」が、自分たちで清水を復元しようと下中野区長を通じて青壮年会に呼びかけ、約四〇名の有志による清掃作業に取り組みました。清水だったとは思えない悪臭の中、実に二トンダンプ五〇台分の汚泥や雑草が除去され、あちこちか

中野清水の復活に汗を流す会員

ら地下水の湧出が確認されました。

平成九年六月、行政が埋め立てられた土砂の撤去、混入する生活排水のバイパス工事に着手し、同年八月には見事な湧水池に生まれ変わりました。まさに、住民のパワーと叡智と汗が実を結んだ活動といえます。

湧水復元の波及効果

中野清水を復元する地域活動は、単に清掃奉仕だけに止まらず、手づくりの看板、橋、ベンチ、花壇の設置へと発展し、地域のシンボルとしての愛着心が芽生え、環境に対する意識改革にもつながっていきました。

さらに、平成一〇年五月には、開成中学校のイトヨクラブが丹精込めて飼育したイトヨを放流、同年七月には、地元の陽明中学校も自主的に清掃奉仕作業を行うなど、思いがけない波及効果をもたらし関係者を喜ばせました。

取り組みへの評価

中野清水復元へのさまざまな取り組みは、マスコミにとりあげられたこともあって、見学する姿や子どもたちが遊ぶ姿も見られるようになり、周辺住民だけでなく広く市民の間でも注目されるようになりました。

こうした中、平成九年一二月には、大野市景観賞活動部門で最優秀賞、平成一〇年一二月には全国花いっぱいコンクール地区審査で優良賞を受賞することができました。また、平成一〇年度において財団法人三谷市民文化振興事業団から助成をうけるなど、取り組みに対する大きな評価をいただきました。

心安らぐ水辺に

中野清水の復元活動で、会員がもっとも喜んだのは、数多くのイトヨの姿でした。水草の植付けや岩の配置、雑魚の捕獲などイトヨが繁殖しやすい環境づくりに取り組んだことが、こうした成果につながったといえます。

今後は、土地改良区画整理事業により、本格的な湧水公園として整備されることになりますが、中野清水は、動植物の生態系も充分考慮しながら、庶民的な空間として誰もが親しめ、心安らぐ水辺をめざしていきたいと思います。

4. きれいな水を未来に注ぐために

上舌合併浄化槽維持管理組合　組合長　**篠地　守**

生活環境の変化に伴い、トイレの水洗化は長年の当区の懸案事項であり生活排水の浄化も水質保全の一環として、当然実施していかねばならない時代になりました。

当区民は、九頭竜川水系の上流に居住する立場上きれいな水を下流に流すことが、ひいては日本海へ注がれるものと認識し、家庭排水の浄化に関心を深めていました。そうした状況の中で、たびたび会合を開き話し合った結果、早期に合併浄化槽を設置することで合意し、区長、農家組合長、部長の五名で浄化槽設置委員会を設立し、活動をはじめました。

当初の活動として、近隣の集落排水施設の見学をしましたが、事業費負担が大変大きく浄化能力も満足できるものではありませんでした。また大野市の集落排水事業計画によれば、実施は約一〇年先の見通しであり、市の財政状況から見ても早期着工は、断念せざるを得ませんでした。

一方、厚生省が推薦する合併浄化槽は、浄化能力もすぐれており工事も早くかかれて、その上工事費も比較的安くすみ、市の財政負担も軽いなど、良い点が目立ちました。そこで合併浄化槽設置の機種選定にあたって検討した結果、石井式のN社製品に決まりました。この製品は浄化能力が極めてすぐれていることがいままでの実施データで検証されており、その上設置後の維持管理の手間があまりかからないことも判明し、広い敷地を持っている当区の家庭立地条件を考慮し、平成九年

上舌集落を合併浄化槽にした区長の篠地さん

八月に区全体で採用することに決まりました。

さて、本件の事業実施にあたり、長年の当区民の生活習慣で、きれいな川水でサトイモなど野菜を安心して洗える生活を、これからもずっと続けたいという強い要望があり、用水路と分離して専用の幹線浄化水路を埋設しました。

今回の事業は、大野市の集落全戸でおこなうモデル事業にも認定され、さらに地下水利用のメーターを設置することにより、各家庭の水の使用量を的確に把握でき、冬期融雪に使用する水量は、通常の五倍に達することもわかり、節水の大切さを再確認させられました。

自然環境の保護が求められている現在、これからもいっそう水質保全につとめ、「名水百選の大野市」とともに、次世代に自然豊かな環境を育む古里を残していきたいと思います。

5. 御清水と義景清水

大野の水を考える会　高井修二郎

私の住む泉町は、以前は清水《しょうず》と呼ばれていました。名水百選の一つに選ばれた御清水と朝倉義景公墓所のある義景清水は、私の家のすぐ近くにあります。

昭和六三年八月一一〜一二日に、第四回全国水環境保全市町村シンポジウムが大野市で開催されました。シンポジウムのために来た方二〇名近くを御清水のすぐ下方の、初代市長だった斎藤家の池に案内しました。池には水が湧き出て水が澄み、イトヨの稚魚が孵化して見学者は十分満足された様子でした。

道路や団地などの建設が計画される段階でそこに遺跡があれば、文化財保護のために設計変更をしたり、発掘調査をした後で建設が進められます。湧水地の上方に地面を深く掘って基礎工事をする建造物を作ればそこを流れる地下水に影響を与えるのは当然ですが、遺跡と違って湧水地を守る配慮なしに工事が進められます。平成元年六月には、有終会館が完成しました。前述の斎藤家の池は湧水の状態を知るバロメーターであり、湧水もかつての勢いがなくなりました。我が家の前の道路は東西に走っていますが、それに沿って流雪溝が作られました。御清水への影響を考えて丈の短いコンクリートブロックを使うようにお願いしましたが、それでも基礎工事にコンクリートの部分がプラスされますので少なからず影響があったと思われます。

泉町の泉水―初代大野市長斎藤宅にて―

一方、義景清水は、年間を通して水が湧く唯一のところでした。一度埋められた臼がシンポジウムのときに復活し、来訪者に抹茶の接待が行われました。池にはイトヨも生息しておりました。市役所別館は平成八年一一月に完成しましたが、その後の観察では渇水期には湧水は出なくなり、豊水期でもかつての勢いがなくなりました。全国水環境保全シンポジウムのあった年に、新装なった福井銀行東支店のロビーで「大野の湧水地二〇選」の写真展を開催し、地方紙には、シリーズでいくつかの湧水地を紹介していただきました。その後、住民の手で中野清水・荒井清水・とねき沢公園などが整備されました。現在進行中の奥越ふれあい公園には、従来からある馬清水のほか「なつかし池」「おおらか池」「ちゃぶちゃぶ池」の名称で、そうとう広い水辺のスペースが作られることになっています。

これまであった湧水地の多くが、かつての姿に比べて無残な状態になったのは、度重なるマイナスの要因があったからだと思います。中には、致命的な要因もあったと思います。平成八年には、「大野イトヨの会」が発足しました。同じ年に、大野市は「水の郷百選」にも選ばれました。市歴史民俗資料館では、「水の民俗店」が開かれました。平成一〇年に「水」、一一年に「森」というテーマで大野感性はがき展が行われ、全国から多くの作品が寄せられました。これらは、プラスの要因と考えてよいかと思います。

地下水のことは、私たち素人にはわからないことがいっぱいあります。私はかつて専門家の指導で、御清水と義景清水の湧水量を測定したことがありました。大野市も、これまでに地下水に関していろいろの調査をしてきています。私たちの会でも、トヨタ財団や環境事業団の助成を受けて、地下水の調査をしてきました。これまでの調査で欠けている部分は早急に実施し、専門家の力を得て総合的な資料分析を行う必要を感じています。

大野の象徴でもあるイトヨは、自分たちに住みやすい環境をつくるように要求したり、運動を展開したりできません。絶滅を懸念されている動植物も同じです。同じ地球に住む人間が、同じ仲間として彼らの代弁をすることは最も大切なことと考えます。水環境も含めて、ものを破壊するのに時間はかかりません。逆に、水環境を保全したり、住みやすい環境を築くためには気の長い年月が必要です。そして、その根底には、湧水を復活させるとかイトヨを守るといった自然を愛する哲学を、私たち一人一人が持つことが絶対的な条件であると思っています。

6．大野の宝を守る活動

大野の水を考える会　幹事　高橋正憲

私は、二四年前に東京から大野に戻ってきました。東京のコンクリートジャングル、空気、水よりも大野の自然、空気、水を選んだのです。せっかく苦労して入った会社を辞めることによって失ったものは大きかったですが、その代わりに得たものはもっと大きく、戻ってきて良かったと今でも思っています。大野での生活に、初めは戸惑いもあり、苦労もしましたが、仕事にも就き、家庭も持ち、なんとか大野人として落ち着いた生活を送れるようになりました。

生活が落ち着いてくるに従って、「これからは、もっと勉強して何か大野の役に立つことをしなければならない」という思いが生じてきました。そこで、数年前から、色々な講演会や勉強会に参加して情報を集めたり、いくつかの会に入って活動してきました。その過程で、水に関して、大野が「名水百選に選ばれた」とか「水の郷に指定された」とかいう良いニュースとともに、「御清水に水がなくて観光客に評判が悪い」とか「地下水が汚染された」とかいった悪い情報も入ってくるようになりました。

ここまでは、「ふーん」とうなずいているだけでしたが、「春日に上水道設置」とか「大野市も本格的に上水道事業に着手か?」などという声が聞こえてくるに至っては、じっとしているわけにはいかなくなりました。「せっかくおいしい水を求めて大野に戻ってきたのに、これでは都会と同じ

下水道工事現場を見学する会員たち

になってしまう」という恐怖に襲われました。さっそく、水に関する情報を集めました。その結果、大野の水を守るために活動している会があることを知り、その活動を見守っていました。そして、平成一〇年一〇月に、思い切って「大野の水を考える会」に入会しました。

以来、学習会や講演会を通じて色々なことを学び、体験してきました。「大野の水を考える会」の過去の活動記録を調べていくうちに、この会はすごい活動をしてきたことを知りました。考えられるあらゆることをやってきているのです。こんなに多くの市民が、これほどの努力をしてきているのに、「大野の地下水」がどんどん悪い方に向かっているのはどうしてなのか不思議な気持ちになってきました。と同時に、「これから何をすれば良いのだろうか？　これ以上何もやることは残っていないのではないか」という思いが強くなりました。そんな気持ちのまま例会に参加し、講演会や大野の水情報の発行や汚水処理に関する調査活動を行なってきました。そして、これらの活動を通じて、水に関しての理解が深まってきました。

会の活動記録『おいしい水は宝もの』にも書かれている通り、大野市は、過去に何度となく地下水を守ることに反する大きな過ちを犯してきました。もっと地下水のことを考えていたら、地下水のことが分かっていたら現在のような事態にはならなかったことは明らかです。しかし、過去のことを悔やんでも仕方がないので将来のことを考えることにするのですが、将来を考えると暗い気持ちにならざるを得ません。

一昨年の一二月に、公共下水道の工事が着工されました。現在も工事は進められているわけですが、その間、工事現場付近（中津川、大月）だけでなく春日でも、井戸の水の出が悪くなったり、全く出なくなったりした家が出てきています。これについて、市では、工事現場付近については工事による影響と認めて対処していますが、春日については、それぞれの部署で認識が異なっています。どの部署で聞いても市としての統一した見解が得られませんでした。春日の井戸枯れも工事による影響と考えられるにもかかわらず、因果関係はないとする明確な裏づけ調査もないまま工事は進められているのです。市では、中津川も春日も井戸枯れは工事が終われば解決すると考えているようです。

しかし、私達は、このまま工事が進んでいくと地下水位は下がり、浅井戸は駄目になってしまうのではないかと心配しています。市は、心配ない、大丈夫として工事を進めていますが、問題ないとする自信は持っていないように思われるのです。もっと言えば、不安で一杯だと思われるのです。

なぜならば、この公共下水道事業は、他の事業と同様に、決まった以上何が起こってもやるということで進められているからです。私達は、決して下水道に反対でもないし、汚水処理をしなくても良いと考えているのでもありません。むしろ、積極的に汚水処理に取り組んでいます。では、どこに問題があるかといいますと、この公共下水道事業は、市民のためではなく、一部事業者の利益のために進められていて、地下水のことは全くといって良いほど考えられていないということです。

私達が調べたところでは、この下水道事業を進めるにあたっての調査、企画をするコンサルタントが次々と代わっていることが分かりました。そして、代わった理由は説明されていません。また、下水道関係の職員が次々と代わっています。これは、慣例だと言われますが、下水道のことを系統だてて責任を持って説明できる知識を持った職員が育たないというのは問題だと考えます。しかし、何よりも問題なのは、疑問や反対意見を封じ込めるという体質そのものです。疑問が出されればそれに答える、反対意見があれば説明して納得させる必要があります。反対意見の出ない、批判が許されない組織は腐敗していきます。

コンサルタントの話に戻りますが、私達は、公共下水道工事が始まってから地下水が心配になり、下水道課を窓口にして、市が依頼しているコンサルタントに会って説明を聞きました。その後、もう一度会って、工事方法や費用に関して話し合い、工事を進めていく上で建設的な提案を市に伝えてもらうという約束をとりました。コンサルタントは、それを市に伝えてくれました。その結果はどうなったと思いますか。いつの間にかコンサルタントは代わっていました。理由は、説明してもらえません。工事により利益を得る事業者の言う通りになるコンサルタントに代えたとしか考えようがありません。市民にとって良心的なコンサルタントは、市にとっては都合が悪いのです。提案した私達の考えが間違っているのならば、きちんとした説明があってしかるべきだと考えます。

私は、この公共下水道事業は、誰の目にも見えないところで動いているように思われます。市の職員や市民がいくら一生懸命に地下水を守ろうとしても、私達の手の届かないところで工事は進められていって、いつの間にか立派な上下水道が完備し、名水も歴史的な町並みも自然も失ったまちになってしまうような気がします。こんな暗い未来を想像しても仕方がないので、不満を持ちつつも行政を信じて、市民、行政、専門家が一体となって、大野の宝であるおいしい水を守っていくために、これからもねばり強く活動を続けていきます。

7．子どもたちと大野の地下水について考える

大野市有終南小学校　教諭　竹村和貢

はじめに

大野市の地下水について考える授業をしました。いっしょに考えたのは六年二組の四一人の子どもたち。その約半数が、かつて井戸枯れの被害に見舞われた春日地区に住んでいます。

授業では、何も難しいことをやったわけではありません。授業の根底を支えていたのは「子どもたちには、これからの地下水について正しく考え、判断できる人間になってほしい。だからこそ、

水辺で遊ぶ子どもたち（ときね沢公園）

大野市の地下水について、基本的なことを知ってもらおう」という願いでした。

さて、実際の授業は三時間かけて、次の三つの内容で行われました。

①大野市の地下水の量は、季節によって変化するということ。

②大野市民が困るのは、地下水がどうなったときか（地下水障害について）。

③大野市の地下水保全計画と、みんなが考える地下水を守る方法について。

授業づくりのもとになったのは、野田佳江さんから貸していただいた『越前大野「地下水の郷」――地下水保全二一世紀プラン』という大野市が出した資料集です。以下、授業の概略と、子どもたちが持った考えについて述べたいと思います。

授業の概略

第一時目は、地下水という言葉から地下水の量について考えました。先の大野市の資料集にある一年間の地下水位の変化を示したグラフを、簡単なものに直して子どもたちに提示しました。子どもたちは、「地下水位は、上がったり下がったりする」「四~九月ころは、地下水位が上がっている」「秋や一月の終わりから三月にかけては、地下水位は下がっている」と、グラフから大野市における地下水位の変化の特徴を読み取りました。

ここで、「なぜ、四月から九月にかけては地下水位が上がり、一月から三月にかけては地下水位が下がるのか」について話し合いました。子どもたちからは、生活経験に根ざした意見が出されました。授業の終わりに、次のことを確認しました。水田に水がはられる「かんがい期」は、その水が地下にしみ込むために地下水位が上がる。秋は雨が少ないことから水位が下がり、冬は消雪のために地下水を使うことから水位が下がる。

第二時目は、地下水障害についての授業です。部分的に上水道がしかれている現在でも、市民の三人に二人は地下水を自分でくみ上げて生活していることを知らせました。その上で、「生活のために地下水をくみ上げている大野市民が困るのは、地下水がどうなったときですか」と問いかけました。子どもたちの意見をまとめると、

・地下水位が下がること(地下水の量が減ること)。

・地下水が汚れること。

となりました。ここから、先の資料集をもとに深めていきました。そして、地下水位が下がると生活用水に困るだけでなく地盤沈下が生じること、地下水層が空洞になることで酸欠空気がたまり掘削工事などをしている人が呼吸困難に陥ったりすることなどを伝えました。地下水汚染について

も、テトラクロロエチレンの害にとどまらず、生態系そのものを損なうことになることを説明しました。

いよいよ、第三時目です。大野市の地下水を守っていくためにはどうしたらよいかを考えました。はじめに上水道を建設していくという主な内容を紹介しながら説明しました。そして、これまで学習したことを振り返りながら、これからの大野市に生きる自分たちなら地下水を守っていくためにどんなプランを持つか話し合い、授業を終えました。子どもたちからは、「使いすぎや汚す人には罰金を科す」「氷室を作って夏に雪を使う」「底が土の池をたくさんつくる」などのプランが出されました。

授業を終えて、子どもたちが持った考え

授業を終えて、子どもたちはどんな考えを持ったでしょうか。いくつか紹介します。

・もしもこのままいけば、地下水がなくなるかもしれないから、お金がかかつても上水道を使いたい。

・地下水が減ると困ったことがおこるから、表流水を利用したり、地下水を有料にしていることが分かった。自分の家でも水を節約して、地下水が減らないようにしようと思った。

・大野市はいろいろ考えているけれど、上水道を増やすのは反対だ。せっかくおいしい水があるんだから、それを飲みたい。でも、飲みすぎは×。

・私は上水道を使うことには反対です。前、東京に旅行に行ったときに水を飲みましたがすごくまずかったです。私は、大野には地下水がたくさんあって安心だなあと思っていたら、上水道はすぐそこまで来ていると聞いてすごくショックでした。私は、もっともっと地下水を大切にしなくてはと思いました。

・地下水についての問題がけっこうあるんだなあ。これからどうなっていくのだろう。私たちが出した方法が実行できたらいいなあ。

これからは、地下水の授業が大野市中に広がるよう努力していきたいと思います。

8. イトヨと本願清水同志会

本願清水のイトヨを守る会　会長　**出口利栄**

本願清水の同志会は、大正一一年に発会しました。本願清水の近くに住む同志が集まり、イトヨの生息地本願清水を守ろうと、草刈や川ざらえなどの奉仕活動を祖父の代から今は孫の世代まで八〇年にわたり続けられています。

昔は湧水が豊富で、作業は腰まで水につかり、もっと深くて入れないところは、竿の先に鎌をつけて水草刈をしたものです。最近は湧水が減って、池の半分以上が干上がり、そこに雑草が生えます。雑草は成長が早いので、同志会はその草刈に追われています。また、本願清水から下流一〇〇

イトヨのすむ本願清水　湧水で満杯の状態

〇メートルの水路の川ざらえも行っています。今回、湧水の枯渇した本願清水のイトヨ保存のため、新しい施設が作られましたが、これはイトヨの生息には最小限の水です。以前、昭和五八年三月から一年間、毎日水量や水温をはかり、現在の施設づくりの参考にしていただきました。

大野の地下水が豊富だったころには、あちこちの湧水やその付近には、イトヨがいっぱいいましたが、今ではこの本願清水でさえ少なくなってきています。

大野市で水のシンポジウムが開催されてから本願清水同志会は、「本願清水のイトヨを守る会」と称するようになりました。そして、新たに冬季のイトヨ保護のため、イトヨの池の一部に雪囲いをすることになりました、最初はいかだ方式をとりましたが、雪に弱いことや材料が水浸しになって重くなることなどで、以後峰型方式に改めました。この雪囲いをはじめてから二〇年近くになります。峰型方式の雪囲いは、大野の風景にマッチすると評判もよく、みんないっそう丁寧な仕事をしようと心掛けています。

今後も、天然記念物の保護に、関係者や市民の方々のご協力とご理解をお願いする次第です。

9. 私のこの一年

地球環境基金の助成を受けて

大野の水を考える会　**寺脇敬永**

平成一一年度は、忙しいけれど私にとってはとても充実した一年でした。その前、平成一〇年三月、それまで勤めていた福井地方気象台技術課を定年退職し、何かしたいと思っていたところへ男女共同参画社会推進のためのリポーターに選ばれ『TOU　YOU』という県の情報誌の企画・編集にたずさわりすばらしい出会いや体験をさせていただき、平成一一年度は地球環境基金の助成対象団体に「大野の水を考える会」が全国の数多い要望団体の中から選ばれ、私は会計を担当しました。

会計として支払いや申請、講演会の講師との連絡や記録、データの整理や調査などして忙しかったけれど、なかなか得がたいすばらしい体験ができました。主に仕事は日中しましたが、時には深夜、パソコンとにらめっこしながら時間がたつのも忘れるほどでした。

この会の大きなテーマは大野盆地の地下水保全活動で雨水利用・排水浄化実験等、大野盆地の地

例会で勉強をする会員たち

下水を守るために、大野に適した下水道について専門家を招き五月と九月の二回「水」の講演会を開催。ともに講演会は好評で、ぜひ行政に反映させて、というたくさんの期待がアンケートに寄せられ、大野の水を守りたいという市民の意識の高さが伝わり、環境保全が看板の行政にもっとしっかり対応をしてもらいたい、と心から願っています。

こうして遅れたものの着実に計画は進み最後の実績報告書も先日送り、すばらしい会長や仲間に感謝するとともに完遂できほっとしています。この他、毎日使っている地下水の使用量を正確に測るために七軒の会員の家にメーターを設置し、データをとり比較すると大きな差があったので驚き節水に努めています。中でも雨水利用設備工事をした家庭では日平均使用量が一人一六三リットルで、会員の平均二七九リットルに比べ一一六リットル少なく、全国平均（三二三リットル）の約半分。これだけの差があるということは、雨水利用がいかに有効か、また節水の工夫の余地がたくさんあることを新たに認識しました。

将来的にも現在の様な形で地下水の恩恵を受け続けていくためには、行政とともに自然を活かし「名水百選」や「水の郷百選」の水の町に恥じない大野に合った水循環を取り戻せる早急な対策や対応が望まれてなりません。なお、地球環境基金は一九九二年地球サミットの成果を受け一九九三年に国と民間の拠出によって創設されたもので、環境保全活動を行う内外の民間団体（ＮＧＯ）を支援し環境保全に向けた国民的運動の展開を図ることを目的としています。これを受けて内外のＮＧＯの環境問題に対する取り組みは着実に広がっています。

「水の野田さん」が二五年以上もの長い間、大野の水問題に真剣に取り組まれ、私は「水と空気の振る舞い」に縁の深い仕事に長年たずさわってきた関係もあり、家が近くなのでこれまでもよくお誘いを受けては参加し、ボランティア的なことをできる限りさせていただきました。時には、水の町の先進地「郡上八幡」へ訪れ、時には大野市議会の傍聴もしています。会員の米村議員が、辞められた野田議員同様、水を取り巻く環境保全に対し一生懸命に取り組み発言され、具体的な提言や熱い思いに触れ心の中で拍手しています。環境問題に対処していくためには、国、自治体、事業者、ＮＧＯ等がそれぞれの利点を活かし役割をしっかり認識しながら、問題への対応を効果的に環境保全に結びつけていく以外に道はないと痛感しています。

10．地下水の徹底的管理を

中据住民訴訟原告団　団長　中村雄次郎

市民の財産

大野市の地下水は、飲料水や生活用水をはじめ、あらゆる用水に使用されている市民の財産である。大野市の下水道のパンフレットを見ると、下水道敷設地区で排水される水はほとんどが地下水を揚水し生活や活動に使用した後の汚水である。思うに、朝起きると顔を洗い、米をとぎ飯を炊く、仕事場に出て物を作るために水を使う、休息やし尿処理等というように、朝から夜寝るまで水を使う。優雅な暮らしを求めて池を造り冷房を使う、人の労力をはぶくために消雪水を使う。これすべて地下水で、しかも無料である。まさに大野市民は、地下水に支えられている現状を、深く悟るべきである。

時機を逸したメーター器の取り付け

地下水は、初めのころは、飲用水や一部生活用水にだけ利用されていたが、短時間で大量の水を活用できることから次第に色々な事業にまで活用されるようになり、その勢いは止まらず消雪水や雑用水にまで利用される様になった。昭和五二年ごろ、地下水の枯渇が大きな問題となり、行政は、地下水の法的規制を取ればよいと、急遽地下水指導要項を発令したが、順当に従う市民はいなかっ

ホームポンプにつけられたメーター器

た。地下水揚水量の現状を明らかにすることなく、法で取り締まろうとしても所詮は駄目であった。現在では、どこでも水は、メーター器で使用量を計測するのが原則である。汚水量の計測もせぬうちに下水道基本料金案など先行するのは全く不思議だ。

大野の上水、すなわち地下水揚水ポンプは、まだ公認上水道となっていない。下水道もまだ操業開始をしていない。コンサルタントや下水道担当者は何を基準にして基本料金などを公表したのか明確に説明してもらいたい。昭和五二年ごろ、揚水ポンプが普及し水の使用が激しくなり地下水の枯渇に至った時、応急措置として全市の揚水ポンプに市費を投じてもメーター器の取り付けを指導しておくべきだった。それは、地下水を保全し合理的利用をするためだけでなく、地下水揚水ポンプを上水道に準ずる施設とするためにも取り付けを指導すべきであった。あれから二〇年余りの空虚な時が過ぎてしまった。

上水道、下水道の計量

上水道の使用量は、メーター器を各所の利用者毎に給水用配管に取り付け、使用量の計測をすると同時に料金計算をする。下水道の使用量は、個々の排水管に取り付けなければならないが、汚水には汚物、夾雑物（水に溶けない汚物）が多く、メーター器の取り付けが不可能である。そこで、汚水については、全量が上水から排出されるものと推定し、上水量と下水量はほぼ同量と見なし、それに汚水処理経費の何パーセントかを加算し上水メーター器で計算するのが通例である。

公共上水道との相違

勝山市の上水道は、各地の河川水を集めて上水施設を作り、飲用水として消毒して各家庭と事業所に給水している、いわゆる公共上水道である。大野市は、自然ろ過された地下水が良質で量も豊富であることから、地下水を揚水して生活用水をはじめ諸用水に使っている。しかし、公的上水道と同様に安心して使える地下水揚水ポンプとするには、野放図な施設といわれぬよう大野市民全体が反省し、いくら使っても無料という貧しい気持ちはこの際捨てて、公的上水道と同様装置として改良し、合理的利用に努力し、地下水の節減に努めなければならない。

上水の配水に近代的様式を採用するのに比べ、地下水揚水ポンプに不備なものはメーター器のないことと、井戸水の水質の定期的な検査を実施していないことである。この二項目さえ具備すれば、上水道と何ら変わりないのではないか。

水のある地域、大野の混乱

水道法では、住民に適切な水を供給するのは市町村の責務であると明言している。また、水道施設ならびにこれら周辺を清潔に保持することや、水の適正かつ合理的な使用に関する必要な施策を講じなくてはならないとされている。市町村は、必然的に水の管理、給水および運営の一切を負わされているのは当然である。したがって、大野市の地下水は市民の財産であり、市が管理し給水、運営の一切を負わされているものと考える。今日の地下水の使用状況を見ると、合理的かつ適切な措置を講じた後、管理給水運営にあたるという基本的理念が行政に徹底しない限り、いつまでも混乱は続くものと思われる。早急に合理的、適切な措置を講じて、この混乱から脱出することが肝要である。

合理的、適切な措置

大野市は、住民に供給する上水は施設を設けて浄水する必要はなく、豊富な地下水を保有しているので、住民の生活および活動は十分支えられている。この先、地下水はいくら使っても無料であるという観念を捨て、乱用をつつしめば長く地下水に依存することもできる。また下水道設置にともない、生活用水および工場、事業所、施設用水の使用量が明確になり、消雪用水や洗浄用水などの別排水路に流す水も明確になる。この二種類の排水量を明確に把握することが必要で、何でも下水道料金に算定してしまう単純な考えは改めなければならない。

下水道計画の概要を見ると処理計画水量一六四九八トン／日に対し処理対象人口は二万五八〇〇人で、一人当り約〇・六三九トン／日となる。一般に、合併処理浄化槽では、一人当り〇・二〇〇立方メートル／日が基本で、大野市が初回に設置した阿難祖農業集落排水施設では、一人当り〇・二七〇トン／日と設計している。近時、環境整備の上から各自治体では、下水道を設置して国からの必要な技術的および財政的援助を受けているが、すべて責任が果されているか疑問である。下水道の仕組みを見ると工場、事業所の排水も同一管きょで集められ処理するようになっているが、集落排水施設の例をとると一人当りの排水量は〇・二七〇トン／日で、下水道では〇・六三九トン／日となる。大野市の場合、一般市民の生活汚水を〇・三〇〇トン／日と見ても〇・六三九トン／日は倍額となる。明らかに工場、事業所、施設、消雪用水、雑用水の数量の設計を見落としている。上水として揚水する数量と、下水施設から排水路に放水する汚水量および単独処理する施設、事業所などからの排水量を、詳細に調査する必要があるのではないか。

公的資源と個人資産

地下水は、市が管理している市民の資源である。市内の地下水揚水ポンプは、全部市民の叡智による設備で、個人資産であることを行政は深く認識すべきである。この現実をどう評価しどう利用しようとするのかを、真剣に考えなければ先へは進めない。地下水揚水ポンプは個人資産である。今、下水道で水量測定に必要だからメーター器を付けてもらうと市側は言っているが、取り付けることはよいとしても、市民との交渉はまだ始まっていない。水源施設や給水施設を市で建設し、下水道も公的に建設したものなら了解できるが、これまでの水源施設や給水施設の市側の対策は何一つ取っていない。下水道施設の運営だけで、上水施設のことを他の自治体と同様の方式に乗せようとしても、所詮駄目なことは明白である。

妥協できる条件

行政が、今後、メーター器を取り付け、上下水道ともに水量測定と使用量の換算をするため、市民の協力を求め権利をとりもどすことが肝要である。すなわち、メーター器は、市の設備品として市民の資財の中に取り入れることである。たとえば、電気のことは、メーター器の所有、取り付けは電力会社が持ち、検針、料金換算、徴収の一切を会社が行っているように、水のことは、すべて市が行うよう管理形態を一変することが是非必要である。地下水が公共物として統一管理に入ることは、市民がひとしく望むところである。市は施策として、市民の意向を尊重し、メーター器ならびに取り付け一切の経費は、統一した方法で、市側が負担し実施する。それは、地下水揚水ポンプすべてに必要で、例外なく実施することを行政に強く望みたい。市民は、全面的に協力するとともに、自らも、水源施設や給水施設、周辺の清潔保持ならびに水の適正かつ合理的使用に、努めることは当然のことである。

11. 新堀川のコイの放流

新堀川を守る会　広瀬　努

一〇年あまり前、大野市も名水百選にえらばれ、水のシンポジウムも開催され、市当局の発想で新堀川にコイが三〇〇尾あまり放流されました。当時、新堀川は下水を処理する川でもあり、また、不法投棄により汚濁がすすんでいました。コイの放流は、この状態を改善するために、市民の関心を引き起こすという意味がありました。

従来から新堀川の清掃は、市の委託を受けて、地区住民によって年中行事の一つとして行われてきました。そのころから二ヶ月に一回の割合で実施されてきたように思います。しかし、コイの放流については未経験なので、市の方がたのアイディアも取りいれて、いろいろと試行してきました。普通の川なので細工もままならず、川底に石をしきつめてみましたが、一年後には泥上げ作業に苦労しました。また、コイが下流に流れるのを防ぐために囲いをしてみましたが、ゴミのひっかかり場所を作ったようなもので、朝晩のゴミの始末に困りました。また、水質を良くするため、木炭を網袋に入れて、上流の川底に沈めてみましたが、結果は、やはりゴミがつかえて、その始末に苦労しました。その後、市の補助により、地区の人たちが川に入って、掃除ができる道具を調えることができ、感謝するとともに、現在もこの方法で作業を継続しています。

最初に放流した三〇〇尾あまりのコイは、四月から一一月までの八ヶ月で半数ほどが、下流に流

コイを放流した新堀川を清掃する

されてしまいました。冬の期間は、雪による被害をなくすため、市内の養魚場にあずけておき、翌年の四月になってから放流することにしています。コイの数については、市から毎年追加され、また漁業組合の方々のご配慮によって、放流されています。

平成元年からは、毎年三月に市の計画で浚渫作業を行い、四月にコイを放流し、一一月に回収をして、今日までに至っています。この間、雨天の日をのぞき、朝晩エサを与えながら、コイの観察を続けています。昨年は四月に八〇尾あまりを放流しましたが、ほとんどが顔なじみのコイばかりで、体長も六〇～七〇センチのものが多く、これらのコイは、この川に定住したのか、雨が降ると鉄砲水のように増水する場合でも、下流に流れることもなく、現在に至っています。

幸いなことに、平成七年六月に環境庁から「水環境賞」が、新堀川を守る会に授与されました。

市の河川浄化水深事業に参加しながら、地区民との融和を念じつつ、身体の動かせる間はコイと仲良く暮らしていきたいと思っています。

12. 大野の水は世界のもの

大野の水を考える会　藤田孝子

二〇年前、夫の「大野は東洋のスイス」という甘いささやきに身を委ねて、初めて大野に足を踏み入れました。漆黒の闇の中をひた走る越美北線の車窓に目を凝らしながら、言い知れぬ不安に駆られたことが、まるで昨日のように思い起こされます。義父母の大野弁が理解できず、五六豪雪に度肝を抜かれ、日に何度となく実家に帰ることを思った私を辛うじて引き止めたのは、大野の豊かな自然でした。とりわけ、五臓六腑に染み渡る地下水のおいしさは驚異でした。長い都会生活で塩素処理された水道水に慣れた舌に、無色無臭の水は、大自然の味を教えてくれました。春分を過ぎると冷たく、秋分を過ぎれば温かくと微妙に変化する水温の感触は、季節の移ろいをも気付かせてくれます。

溢れんばかりの水の恩恵に浴しながら月日を重ねていくうちに、私はいつしか「水の貴重さ」に無感覚になっていました。タダの水は、イツでもどこでも無造作に使われ、大部分の人は、水は無尽蔵であると信じていました。井戸枯れなどで水の苦労をしたごく一部の人を除いて、「節水」の

赤根川から大野城を望む（村上伊伯利氏画）

念は大野市民に浸透していませんでした。地下水を豊富に使うことが、まるで市民の特権であるかのように錯覚しているうちに、「名水の郷大野」は、存亡の危機に瀕してしまいました。

「御清水」「本願清水」「義景清水」は昔日の面影を失い、灌漑期でさえも地下水の水位の慢性的低下傾向が見られるようになりました。

地下水の価値を重々知りながら無駄使いをしてきた罪の意識と、なんとかこのおいしい地下水を子々孫々まで残しておきたいという思いから「大野の水を考える会」の会員となりました。そこで、三〇年も前から野田佳江さんを中心とした市民グループが、地下水の枯渇に警鐘を鳴らし、血を吐くような運動を展開し続けていることを知りました。実測に基づく膨大な資料、私利私欲のない真摯な態度に共鳴し、一緒に活動を始めました。活動にかける情熱とさまざまな方法で、運動を支援してくださる人びとの存在が、水の会の貴重な財産であり、ともすれば行政との狭間で、無力感、挫折感にさいなまれる会員の支えともなっています。

会員となって日の浅い私にとって、理解しがたいのは、地下水保全は急を要するにもかかわらず、行政にも市民にも危機感が希薄であることです。大野市環境基本計画には、二〇三〇年を展望しながら一〇年後に向けて、地下水の合理的利用・かん養対策に関してたくさんの項目が盛り込まれています。これらを実現するためには、官民一体となって性根をすえて取り組まなければ、計画倒れになってしまいます。水の話をすると「またか」と顔を曇らせる人や「大野の水を考える会」は、行政に刃向かう不届き者と非難する人たちが多数存在するようでは、「名水の郷」を守ることはできません。

大野市民に欠けているのは、「地下水は人類の貴重な財産である」と言う意識です。二〇〇〇年一月一日付けの福井新聞に、「人類が利用できる淡水資源は、地上にある水の一〇万分の八に過ぎない。今、世界の半分近くの人が何らかの水不足に悩み、安全な水を飲める人は四割にも満たない。非衛生的な水による病気で毎年、約四〇〇万人の子どもの命が奪われているといわれる。国連環境計画（UNEP）の最新の報告によると、一九〇〇年から一九九五年までに世界の水利用量は六倍になった。国連は、今のペースで水利用が増え続ければ、二〇二五年には、八〇億人を超える世界人口の三分の二以上の人々が水不足に悩み、水をめぐる国際紛争も激しくなると警告している」と書かれています。こうした世界の深刻な状況に目をつむり、枯渇の危機に瀕している地下水を無造作に使うことは許されることではありません。

現在、大野市では公共下水道工事が進められています。生活用水の大部分を依存しているため、人類の貴重な財産がし尿とともに流されることになるのです。一度汚れた水は、二度ともとに戻すことはできません。文化的生活と引き換えに、私たちは、地球市民として大きな罪を犯そうとしています。天然の水がめである大野市に、最も適合した下水道施設の整備を行い、これまでの水との付き合い方を見直し、地下水の保全・かん養に努めることが市民の急務です。「名水の郷」を守り、次世代に伝えていくことが大野市を世界の大野市にする一番の手立てだと考えます。世界中の人が、大野の湧水のもとに集い、渇きを癒し、自然の恵みに感謝する、そんな日の到来も夢ではありません。

高橋裕氏は、「二一世紀半ばまで地下水を保全することができれば、大野市は世界遺産に登録されるかもしれない」と明言されました。二〇〇〇年の幕開けにあたり、世界の一員として、手づかずのままの自然を未来に残す義務と責任を心すべきだと思います。

13. イトヨの研究

大野市有終西小学校　五年一組　**前田彩夏**

1 研究のきっかけ

メダカを川で見つけたとき、なぜイトヨは川にすんでいないのか、調べてみようと思った。

イトヨ、大野ではハリシンとも呼ぶ

2 研究の方法

①イトヨのことを本で調べる。
②イトヨがいる場所へいって、水の様子（水温や水のよごれを見る。他にどんな生き物がいるか）を調べる。
③イトヨの様子を見る。
④写真をとる。
⑤昔の様子を聞く。

3 イトヨの説明

*体の長さは五〜七センチぐらい。

*背びれ三つ（大二・小一） 腹に一つ（大）とげがある。別名トゲウオという。

*一年で一生を終える。

*背中と腹のとげは、ひれが変化したもので、ふだんは倒しているが、あくびをする時や争いをする時は、とげをたてる。

4 産らんと受精について

*春から秋にかけて産らん期になると、オスは

メスをひきつけるために、顔の下から腹は赤色になる。

*オスが水底に落ちている水草、木の枝、もなどを集め、おしりからねばねばした接着剤のような液をだしてくっつけて巣をつくる。

*メスをさそおうとするとき、体が急に白っぽくなる。

*メスを巣にさそい、産らんをうながし、たまごに精子をかける。

*メスが巣からはなれ、オスが世話をする。

*オスは生んだたまごにむなびれで、新せんな水をおくる。

5 よしかげ公園の清水

*水温は一六度で水はきれい。

*お清水はあまり広くない。

*イトヨはあまりみつからない(三〜四匹)。

*前にザリガニがいたのをみたことがある。

*アメンボがいた。

6 本願清水

*水温は一八度、水はきれい。

*とても深く水も深そうだ。

*水草がいっぱいあった。

*イトヨが一〇匹ほど群れで泳いでいた。

＊となりで工事をしていた（新しい公園をつくる）。

＊トンボがいっぱい産らんしていた。タニシやカエル、一五センチ～二〇センチくらいのカメ、アメンボなどがいた。

＊昔はイトヨがいっぱいいた。

7 中野清水

＊水温は一六度で、水はきれい。

＊イトヨが数えきれないほどいっぱいいた。

＊三年前くらいに大人の人たちが、清水をきれいに作り直したので、いけすのようでとてもみやすかった。

＊もがいっぱい生え、アメンボもいた。

8 清水について

三つの清水とも水草やもがいっぱい生えていたけれど、水はとてもきれいで、つめたかった（一六度～一八度）。

9 なぜイトヨはお清水にすんでいるのか

イトヨはもともと川と海を行き来する魚だっが、今から一〇〇万年前のころ、〝地殻変動〟によって海へ戻れなくなった。氷河期がおわり水温があがって夏をすごせなくなって、そこで夏でも冷たくてきれいな水にすむようになった。イトヨの仲間、トゲウオ科はすべて冷たい水を好む。

地殻変動というのは、海が陸になったりして地形が大きくかわること。

感想

イトヨは、冷たくてきれいな水にしかすめないから、ふつうの大野の川にはすめないことがわかった。イトヨがすみやすい環境にするためには、私たちが自然を大切にしなければいけないな、と思った。

14．清水の思い出

菖蒲池区長　宮沢秀明

菖蒲池というところは、東は真名川、西には清滝川と、二つのきれいな川に挟まれた、とてもええところじゃった。うらら小さい頃はな、アユやらカジカやらいっぱいいてのぉ、よぉつかまえに行ったもんじゃ。それがいまはどうじゃ、魚なんか一匹もおらんようになってしもうた。いったいどこへ行ってしもうたんや。みんなが川に洗濯水や風呂の水を、そして農薬なんか流すもんやで、一番弱い魚はおらんようになってしもうた。人は勝手に魚を殺していいんか。自然を殺していいんか。

市は公共下水道に力を入れているけど、うららの村に下水道がくるまでには、二〇年も先のことや。二〇年もまっていたら、それこそ川の水はどうなってしまうんやろ。川の水はアカやアオや茶色になってしまうんと違うか？　それやったら、安くてきれいになる合併浄化槽を、一軒一軒つけ

区民総出でショウブの植え込み作業（菖蒲地区）

るのが一番やと思うけどなあ。あしたからでも工事にかかれるよ。

　昔、村の中に湧き水のでるところが、三ケ所あったのをいまでもはっきり覚えているがのぉー。その中でも、下川原には昭和四九年の思い出があるんや。それはのぉー、田の草取りというのは、昔はみんな手でとったもんや。一番草、二番草、三番草、と順にとるんや。三番草は、七月の一〇日すぎになる頃じゃ。昼一二時近くなると、背中が暑うなって田んぼの中に立ってばかりいて、草なんかとっておれんようになるんや。それをみて、ばあちゃんが、「おめえら、清水へ行ってこう」という。そのばあちゃんの一声で、うらら は走って清水へ行ったもんや。清水のあたりはドングリの木、ヤナギの木、いろんな木がいっぱいみどり色をしてたのぉ。清水の中にはセリや川藻がぎっしり生えて、イトヨもいっぱい泳いでいたのぉ。そして黄色や紫の菖蒲が、人の背丈ほどによーうそだっていたもんじゃ。

今うらら菖蒲池の区民は、そんな昔にしようと「あやめの弦太」っていう菖蒲園をつくってのぉ、自然の大切さをみんなに分かつてもらおうとしているんや。

今年の六月一〇日過ぎには、五〇〇〇株も植えたで、えっぺい咲くとおもうんで、祭りをするんや。今風でいう「イベント」っていうやつかのぉ。

みんな見にきてのぉ。自然をみんなで守ろうや。

15. 水の会に入ってホタル観察に取り組むまで

郵便局勤務　吉田衛司

私が「大野の水を考える会」に入ったのは、たしか昭和六一年だったと思います。郵便局の営業で野田佳江先生宅を訪問し、切手や小包をよく販売させていただきました。

あるとき野田先生の家を訪問したところ、「水の調査をするので、土、日、一日でもよいから、手伝っていただけないかしら」と言われました。

「吉田君の頭の中には、大野市の地図がいっぱい詰まっているから、いっしょに調査の道案内をしてください」とのこと、二つ返事でひきうけたのが、水の会に入るきっかけでした。

いっしょにまわっても私自身は郵便屋だから、井戸のある家の住所を案内するだけで、一ケ所計

清滝川上流で水質調査をするホタル研究の吉田さん

測するのに二、三〇分かかるその間、車の中でただ待っているだけでした。二日目になるとひまを持てあまし、どのように計測するのか車を降りて、いっしょに手伝いはじめました。そのとき、教授や大学生からいろいろ教えてもらいました。

それ以来毎年いっしょに、調査に参加するようになりました。そして気がついたら、私は家族に地下水の講釈をしていて、ハッとしたのです。私の子どもも当時二、三歳になって、ホタル、ホタルと言うので、六月ごろ「いったい、ホタルはどこにいるのかまわってみよう」と、仕事をおえて夜八時すぎから、車で大野盆地をまわってみました。昼の配達でどの辺にホタルが出そうかと予測がつけられ、夜になっても道は自由自在です。

あるとき水の会で河川の水質調査の学習会がありました。そのとき福井高専の津郷勇先生から「河川の水質を調べるのに、ホタルはいいよ」と聞いて、

「ようし、そんなら大野盆地のホタル調査をやってみるか」と思ったのがきっかけで、それからホタルのとりこになりました。

ホタルは五月下旬、水温が二〇度くらいになると発生します。最初がゲンジで次にヘイケがでてきます。五月から八月上旬までほとんど毎晩ホタル観察に出かけるので、妻とは何度も言い争いになりました。それでも子どもや水の会の仲間をさそって、大野盆地のどこにホタルがいるか、いっしょに探訪し説明するのはとても楽しいことでした。調査を始めて三年目、ホタルマップを作ってみようと思いました。そうしたらそれが新聞にのってしまい、福井の自然博物館の先生から、「よかったら、研究報告を出してくださいね」と言われ、報告書を書いて今に至っています。

調査中にわかったことですが、ホタルの出る場所は、必ず水とサナギがかえるための湿った土があるところです。前の年あそこは大野のホタル銀座だと思って楽しみにして現場へ行くと、翌年はほとんどいないということがたびたびありました。それは必ずといっていいほど、用水や河川改修でコンクリートの三面張りにされていたのです。こうしてホタルの生息個所はずいぶんへりましたが、それでもまだ大野盆地には、ホタルがみられる個所はいっぱいあります。

水生生物は水の中に生活していますが、その分布をしらべてみると、より詳しく河川の水質が分かり、パックテストの水質調査と、ほぼ同じだということも分かりました。いつか近所の木瓜川の改修工事が始まったときのことです。私はそこが大野市街地で、もっとも早くホタルが発生する場所だと知ってたので、驚いて「水の会」会長に注進し、県の土木事務所に河川改修の見直しを、お願いしました。

このとき役立ったのが、何年もかかって調べたホタルマップでした。土木事務所長は、工事が始まっていたにもかかわらず、途中で設計変更して、私たちの要望にこたえてくれました。私はこの厚意にはげまされ、町内の青年部でホタル保存会をつくり、木瓜川をホタルの名所にしたいとがんばっています。

その後も、私は勤務の間をぬって大野盆地の河川の調査を続けています。そのあいだに、大野の河川の水質も少しずつ変化しているのが分かります。パックテストでは目だった変化はなくても、水生生物の分布変化を追っていくと、以前はきれいな水にすむ水生生物が観察された場所でも、何年かたつと汚い水にいるはずの水中生物が見つかり、不安になることがあります。

先般講演にこられた宇井純先生にお聞きしたところ、先生は「全国的にもそのような報告がある」とおっしゃいました。川の水が汚れればいずれ地下水も汚れていくと、将来の大野の地下水に不安を抱いている今日このごろです。

野田先生を通じて、水の会の仲間、大学の先生とも知りあいになれたことは、私にとって大変豊かな人生を送れたように思います。職場が変わって、あまり例会にはでられませんが、研究は続けていきたいと思います。野田先生も長生きをして、私たちを励ましてください。

16. 市の下水道を考える

市会議員　米村輝子

「大野の水を考える会」は、昨年の下水道終末処理場建設工事に伴う毎秒〇・四トンの出水に驚いて以来、従来の活動に加えて講演会や学習会を持ち、行政の担当を通じて大野市の下水道事業について調査、研究をしてきました。その過程で、あらためて「情報の非公開」という現実に驚き、この計画が果たしてどれだけ市民のコンセンサスを得ているのかという疑問を強く持ちました。また、五〇年前に日本全土で下水道工事が計画された時代と違い、汚水処理の方法が格段の進歩を遂げている現在、なぜ市民の負担を事前に検討することなくこの計画が進められたのか。公共工事に群がるゼネコンを肥やし、族議員を養うために、市民が利用されているのではないか。そんな思いさえ頭をもたげました。

昨今の経済状況は非常に厳しく、反対に市民福祉の必要性は大きくなってきています。市民一人一人の周知なくしては、地方の自治はありえません。にもかかわらず、公共下水道の事業計画は、地元の一部地権者と行政とのあいだで極めて秘密裏に進められ、市民の前には「計画決定のための事前説明会」として形式的に示されただけでした。

大野市の下水道は、当時の担当職員のこだわりから、幸いにも下水道事業団に丸投げとはなりませんでした。しかし、大型プロジェクトのため工事区域を分割しなくてはならず、何人ものコンサ

もったいない！　大量の地下水を無駄に流す下水道終末処理場工事現場

ルタントが関わるという状況を招きました。その結果、「責任の所在を曖昧にする」形ができてしまいました。

私たちは、この工事で地下水を失うことがあっては大変という思いで、下水道係を窓口にコンサルタントと話す機会を持ちました。その結果、このあと行われる管きょ工事のほうが地下水破壊につながりかねないとの回答を得たのです。ところが、管きょ工事を担当するのは別会社のコンサルタントです。大野市は三ヶ所の観測井を設けましたが、大事な地下水を守るという観点から見れば、ほんの申し訳程度のものです。一ヶ所を深井戸にしているのは、地下水の枯渇を肯定しているからではないかという危惧を、私たちにいだかせます。「まず公共下水道ありき」という大前提のうえにたって、大野市や市議会はひたすら事業の推進を図っていると見るのは、私だけでしょうか。天谷市長は常々「大野の地下水を守るため。また、下流域の人たちへの責任として」と力説されていますが、本当に大丈夫なのでしょうか？　このままでは「下水道できて全て失う」ということばが現実となっていくような気がして仕方ありません。

今一度「市民に問いかける」誠意と勇気を、大野市は持つべきだと私は思います。

17. 地下水とセントラルヒーティング

旅館女将　山村裕子

私は、大野盆地の飯降山の山麓で育ちました。この辺りは、山から清らかな小川が流れ出ていましたが、ポンプでくみ上げる飲み水はあまり水質が良くありませんでした。村中が農業であり、水田の水張りには大人達が苦労し、水争いもあって心が痛みました。それが、同じ大野盆地の泉町（当時の町名は清水町）の旅館に嫁いできて、生活用水に冬温かく、夏冷たい豊富な湧き水を使うことができて、とても嬉しかったことを思い出します。

この辺りは、お城の外郭の武家屋敷跡で、往時の雰囲気が建物にも庭にもありました。裏庭の湧水池に造られた洗い場は、深さ一五〇センチの池の一角に九平方メートル程の石積みがあり、屋根付流し台の際にある口径六センチ程の鉄管から、地下水が勢い良く自噴していて、野菜洗いや近所の子どもの水遊び場に手ごろで、特に夏は良く利用され、イトヨの手掬いや、夜は蛍狩もできました。

イトヨが棲む旅館の泉水

今は絶滅危惧種といわれているナガエノミクリが池の半分以上を占有して生い茂り、カワモズクなども池の底に黒褐色にかたまって生え、イトヨ・マメカツギ・アブラハヤ・フナ・コイが泳いでいました。昭和三〇年ですから、もちろん手動・電動のポンプもあり便利でしたが、裏庭の洗い場では実家とはまた違う動植物に出逢い気持がのびのびしました。

昭和四三年にセントラルヒーティングを導入しました。大野市は水が豊富だから冷房は水で、暖房は灯油ボイラーで行うことに決めました。工事が完了し、さっそく冷房のスイッチを入れました。でも、四〇分~五〇分ほど経つと冷房の効きの悪い部屋がでてきたのです。原因がなかなか解らず苦労しましたが、配管工事が悪いのではなく、水量が足りないのかもしれないとのことで測定をしてもらいました。その結果、開始四〇分後頃に、水位が七〇パーセント~六〇パーセントくらいにダウンするから冷房が効かなくなるのだといわれました。その他にも、水冷式にはいろいろな苦労がありました。この経験を通じて、いくら地下水が豊富だといっても、水の使用には限界があるのだと感じました。

またその頃は、三八豪雪と名づけられた大雪災害の直後で、行政も市民も雪対策に大童の時でした。行政は、新潟県長岡市で効果をあげている地下水融雪を奨励し、補助金を付けることを決めました。中学校のPTAの会合で、市長からこの話を聞いたとき、思わず「そんなことをしたら大野の地下水は足りなくなって大変なことになります」と言ってひんしゅくを買ってしまいました。

その後大野は、融雪とブルドーザー等による除雪で、道路の雪は短期間でなくなり、冬でも自動車が使えるようになりました。しかし、一方では、冬になると御清水《おしょうず》は涸れ、我が家の池の湧き水は止まり、池の窪みにイトヨ（糸魚）の氷詰めができ、水涸れは、地下水をくみ上げる家庭用水にもおよび、大問題になりました。大分経って当館にお見えになった市長が「悪かったね、敷居が高くてなかなか来られなかったよ」とおっしゃいました。その時、このような言葉を言っていただくなんて申し訳ない、客商売としては失格だなと思いました。

でも、このままでは水が湧き出さなくなってしまう、何かいい方法はないかと、心ひそかに思っていた頃に、野田佳江先生に［史の会］（古文書を読む女性の会）の一泊研修旅行会で初めて親しくお会いし、バスで隣になり、ずっと水の話をしました。野田先生のお住みになる春日地区の水涸れの実態と、それに対する取り組みの熱意と正当性に感服し、先生と同じ方向に進みたいと思いました。私は、家業が旅館なので、表面に出ることは控えたいと思いましたが、当時の大方の大野市民意識とかけ離れた野田さんの主張は、女性の会からも遊離しているように見えたので、陰から正当性を説明する役をやろうと思いました。

その後、野田さんの呼びかけでできた「水の会」の賛同者が大野市のみならず、全国的に増えていきました。「水の会」の会合は、水以外の新しい情報も聞くことができるのでひかれました。地下水位の高い泉町に住む私には、場違いかなと思うこともありましたが、声が掛かれば、会合や調査についていくだけの小判鮫のような運動でしたが、万難を排して参加したものです。その後、野田さんは大勢の支持を得て市議会議員になられ、私は肩の荷が下りたような気になりました。野田さんが議員になられてから議会報告紙『あかね』の発行をされましたが、大野では画期的なことであって、ずいぶん大野市民の意識と知識を高めたと思います。私もいただくと、すみずみまで読み大いに勉強させていただき、我が家でも実践できそうなことは、試行錯誤をしつつ現在も努力しています。

雪害の大きかった三八豪雪の一八年後、巷の予報屋の予想通り、昭和五六年となる三日前の一二月二九日から降り出した雪は豪雪となりました。三八年当時、我が家には庭の三方に池があり、正面の道路の両側に用水路がありました。朝、晩二回雪を入れておくだけで、湧き水の威力で消えていきましたが、五六年は池に水は湧き出さず雪は消えませんでした。庭の積雪はなすすべもなく、春になっても残ったままでした。春、池に架かった石の橋は折れ、池の上に五メートルくらいのびていた松の枝が折れかかり、先代や元の所有者岡さんに申し訳なく、早速業者に元のようにして欲しいと頼みました。石の橋は補修し何とか格好がつきましたが、松の枝は添え木とビニールテープの手当ての甲斐もなく、秋には切ってしまいました。五六年の雪害は、降雪が多い上に気温があまり低くないので雪が重くて、近所でも何棟かの倒壊がありました。我が家の古い蔵二棟もおかしくなりました。収納蔵は、軒先の垂木が何となくだらしなく見えたので専門家に見てもらったら、折れかかっているから建て替えなくてはだめだと言われましたので、雪害融資の制度を使って、昭和五六年に建て替えました。その時、請け負った業者の方が、植物には良い土だが、建物には良くないと、基礎の下の土を運び出し砂利を入れて下さったので、雨水を浸透させるにはピッタリと思い、雨樋をつけないでおきました。屋根の雨水はそれから一九年間何らの支障もなく地下に浸透しています。もう一棟の方は座敷蔵で、初代大野町長の岡さんが明治時代に建てられたもので、当時は有名だったそうですが雨漏りがするようになりました。

五六豪雪の春、隣接する土建業の社長が、自社の倒壊した倉庫の、取り壊しの状況を見に来られた際、「お宅の蔵も棟木が折れているようだよ」と教えて下さいました。その後、何人もの業者に補修を頼みましたが、古い工法の蔵だから金がかかるし、やる職人がいないと言われ、そのままに過ぎました。移築も考えましたが、業者は話に乗ってはくれませんでした。蔵は小さい補修を繰り返し、一五年経った平成七年に建て替えましたが、その時は自信を持って雨水が浸透する様に、基礎造りを頼みました。基礎部分に二〇〇センチ程砂利をいれました。雨水は、六階建なのでそのまという訳にもいかず、雨樋を一階まで下ろしてきて地表七センチくらいで切って、その周りに庭の点景になるように石を並べて境界を設けました。五年経ちましたが何の支障も起きていません。

また、平成七年に念願の合併浄化槽を設置しました。管理は福井県環境保全協業組合が月に二回保守点検を行い、報告書をおいていきます。保守点検料金は、三五〇人槽で六万七二〇〇円、年間八〇万六四〇〇円になります。次々に溜まる報告書を表にし、客数、従業員数、家族数などと関連があるか対照してみましたが、得るものはありませんでした。この合併浄化槽で気になるのは、最終処理で塩素の錠剤を入れてから、江川に放流することです。この江川は、庭の湧水池の淡水にすむ陸封性のイトヨが、新堀川と行き来する唯一の川だからです。

それで一年後に、処理水が放流される四メートルほどの間に、網の袋にいれた竹炭を並べてみました。それかあらぬか、長い間見えなかったヘイケボタル、ゲンジボタルが庭に飛ぶようになってきました。ホタルがどうして窓ガラスにへばりつくのか解らないが、小さい孫たちが簡単に捕まえて来るので、良く見ると放流水を流す江川にカワニナがたくさんいるのです。察するに、渇水期に水の流れなくなった江川に、合併浄化槽の処理水が水源になって常時水があるので、カワニナにとっては良いすみ場所ができたので増えたのではないでしょうか。

我が家の合併浄化槽によって浄化された一日一・四トンくらいの処理水によって、ホタルが復活したのです。大野市では、地下水をくみ上げるのに口径五〇ミリ以上は、量水計を取り付けることを義務付けられているので、一一年に取り付けました。「水の会」で使用水量の一・四トンが話題になり、使い過ぎと言われました。そこで、大浴場の湯を常時溢れさせていたのを止めてみたところ、一日平均〇・六七トンに減りました。溢れさせる水は少しずつであっても、一日二〇時間以上にもなるとこんなにも無駄遣いになるのかと吃驚しました。量水計を付けてこその実感でした。

その他、粉石鹸、ＥＭぼかしなどを「水の会」の話し合いのなかで知り、実践していることが色々とあります。野田さんは市会議員を平成一一年に辞められましたが、後を継ぐ女性議員が二人当選されました。名称を新しくした［大野の水を考える会］は会員も幅広く、力強くなったと思います。

大野の水を守る市民活動への参加・支援の人びと

職業・所属については、原則として活動に参加あるいは協力した時期のものとした。

昭和49年〜54年（1974〜1979）消費者運動時代

石田文子（消団連会長）　坪井こま（婦団連）　高橋順子（消団連）　石黒君子（農協婦人部）　松田松枝（婦人会・地下水審議会）　梶原千代子（消団連）　菅原とみ子（婦団連）　上杉優子（主婦）　坪内好子（生活学校）
幅口紀子（消団連）　野田佳江（地下水審議会・消団連）

故人になられた方々

吉田サキノ（市連婦会長）　谷口春子（幼稚園長・婦団連）　宮沢喜代子（教師）　松森はるの（連婦会長）　松島みよ子（消団連会長）　日種英子（寺）　松田ちさえ（主婦）　植村英子（婦団連）　松井欣子（消団連）　鳥山としを（婦人会）　山内菊枝（婦人会長）

昭和55年〜59年（1980〜1984）大野の地下水を守る会時代

安田武雄（市議）　鳥山菊四（まちづくり会長・区長）　松井巽（まちづくり）　羽生長（市議）　伊藤三代松（自転車）　波埼正彦（林業）　清水稔（区長）　松田嘉三（区長）　浦田武（米穀）　山奥巌（貯蓄推進委員）　辻和子（主婦）　石塚康治（区長）　寺脇敬永（気象台）　遠藤つよ子（消団連）　水谷実代子（書家）　森麗子（主婦）
酒田うめの（主婦）　斎藤みよ子（主婦）　横田博子（主婦）　浅倉とみ子（主婦）　松本まさ子（主婦）　広瀬たかを（教職員婦人部）　浦井ひで子（農協婦人部）　南部正子（婦団連）　安土芳子（婦人会）　中島みよ子（婦人会）　朝野隆（家具）　伊藤武治（文具）　伊藤みち子（主婦）　波崎きみえ（主婦）　池端努（本願清水）　福田昇（会社員）　福野トミエ（主婦）　永見とし子（主婦）　牧野花枝（主婦）　本田信子（主婦）　山田喜美子（主婦）　印巻輝巳代（主婦）　松田清子（主婦）　福田ひで子（主婦）　岡村松子（主婦）　帰山麗子（美容師）　中里利恵（主婦）　杉山八重子（主婦）　乾英子（主婦）　山本豊子（農業）　宮本文子（消団連）　稲山たまえ（主婦）　丸山敏子（主婦）　中山かく（主婦）　岩田チズ子（主婦）　蒲田二三子（農業）　青木すみえ（主婦）　岩

本加代子（主婦）　吉田やえ（主婦）　幅岸とみ子（主婦）　黒谷たみ子（理容）　橋爪勝治（撚糸）　穴田ふさ子（主婦）　穴田美爺子（主婦）　黒田節子（主婦）　川瀬尚彦（寝具）　川瀬富美子（主婦）　藤下とし子（主婦）　水野信子（主婦）　西川ちえ子（農業）　水上はなえ（主婦）　前川ひで子（主婦）　福田きよ子（主婦）　松本栄子（主婦）　堂村節子（主婦）　堂村まつの（主婦）　森高美津子（主婦）　奥島いさを（主婦）　山田しずえ（主婦）　鈴木みよ子（主婦）　堂村節子（主婦）　千藤道子（主婦）　三浦光子（主婦）　室田シズ江（主婦）　高崎千賀子（寺）　高嶋しず枝（寡婦連）　竹内すえを（寡婦連）　葭安光成（区長）　宮内健（旅館）　宮内すえの（主婦）　松山次司（浄化槽）　松田富子（主婦）　新井つや子（主婦）　本田千代子（主婦）　南部真名子（寝具）　堀江節子（主婦）　山中昌江（主婦）　森川昭一（イトヨ保存会）　岩井豊子（主婦）　万月たよ子（農業）　源内国子（酒）　野田俊吉（教師）

故人になられた方々

吉田森（地学研究者・地下水審議会会長）　伊藤貞（県建築士協会会長）　飛石惣市（すし）　猪島節夫（篠座神社宮司）　谷政吉（繊維）　高田新左衛門（市議）　中谷正子（学校給食）　泉泰法（僧侶）　土田辰二郎（ミニコミ誌）　池尾一男（司法書士）　大田公恵（主婦）　東野太（薬品）　高埼東源（僧侶）　泉法光（宗教家）　金子たまえ（農業）　植原雅子（主婦）　木下すず（主婦）　斎藤吉男（会社員）　反保作太郎（老人会）　宝珍善弘（華道）　広場しず（主婦）　土橋百合子（消団連）　藤本は津を（神社）　宮沢政子（婦人会）

昭和60年〜平成元年（1985〜1989）大野の水を考える会時代

安土義雄（区長会長・地下水審議会会長）　木下さだを（母子寡婦連会長）　高井修二郎（教師）　河原哲郎（郷土史）　橋本浩作（青年）　宮腰芳信（新聞）　伊藤一康（教師）　角平利夫（区長）　山田行雄（区長）　永田房子（市連婦会長）　足利俊子（農協婦人部長）　篠地澄子（婦人会）　清水幸子（婦人会）　池尾しず（婦人会）　杉本夏男（市議）　吉田末男（区長・地下水審議会）　伊藤武治（商店街・環境審議会）　田中俊雄（区長）　酒井利雄（会社員）　酒田昭英（公務員）　西森善恵（時計）　西森民子（主婦）　堀谷さだ子（主婦）　田中ひで子（主婦）　山村裕子（旅館）　国枝よし子（主婦）　安川昭一（農水省）　庄司嘉文（NTT）　杉本正見（教師）　杉本良子（公務員）　下口与一（食堂）　南部忠生（酒造）　南部麗子（主婦）　角谷和男（書籍）　角谷法子（主婦）

九里剛哉（味噌）　九里靖子（味噌）　室谷保（老人会）　牧野澄代（栄養士）　猪島昭子（篠座神社）　宮内嘉彦（音楽）　土手塚史郎（ＮＴＴ）　松井甫（衣料）　水口政隆（御清水）　佐々木久吉（御清水）　宮原稔（御清水）　伊藤千代林沙代子（農業）　石丸敬子（華道）　養老恵子（華道）　松浦怜子（華道）　河合美代子（寡婦連）　内田昭男（製麺）（主婦）　広田あさ（主婦）　古川君子（主婦）　橋本たき子（主婦）　遠藤英子（婦人会）　西川小衛内田範子（主婦）　石塚次子（餅製麺）　勝矢文子（主婦）　森田時子（主婦）　前田すみえ（主婦）　常見君（公務員）門（農業）　山田多美子（主婦）　酒田俊子（主婦）　小阪つや子（主婦）　大谷恵子（主婦）　橋福田清子（主婦）　藤下とし子（主婦）　水上はなえ（主婦）　松沢芳子（寡婦連）　野尻ミヨ子（母子寡婦）　小島満美本信夫（理容）　岸田宏子（手芸）　松田富子（主婦）　増田みち代（理容）　長谷川真由美（繊維）　徳丸恵美子（ヘルパー）（繊維）　稲垣久（職員）　黒川秀子（料亭）　久保督三（公務員）　安田昭一（農業）　山口栄（刃今西英子（婦人会）　福島艶子（主婦）　森下重行（元教師）　土田三男（家具）　西森善恵（時計）　前田富夫物）　山田光子（飲食）　高宮幸子（写真）　前田ます（主婦）　斎藤きみ子（主婦）　辻通（元教師）　岩崎敏雄（絵画）（鍼灸）　万谷正（元校長）　前川弘美（主婦）　東野ひな子（薬品）　森永美耶子（主婦）　小林一夫（区鈴木艶子（主婦）　山田喜代子（主婦）　坂井淑枝（種苗）　北川良憲（区長）　加藤則彦（区長）　横田麗子長）　小林キヌ（主婦）　松原勝一（区長）　松原千代子（主婦）　上田堅（教師）　上田愛子（主婦）　篠島みつ子（主（婦人会）　澤田鉄雄（鍼灸）　中村とし子（主婦）　加藤美智子（婦人会）　米村豊子（美容）　柿本清之助（区長）　帰山婦）　南部敦美（畳）　鎮西一雄（元教師）　松田清子（主婦）　中川美智子（食品）　小原利夫（文具）艶子（主婦）　野村博子（婦人会）　山崎まつ子（主婦）　小川聡子（主婦）　斎藤健治（絵画）　三多田とし子（主婦）　脇坂とし子（主婦）　伊藤武雄（文具）　藤兼晃（大野幼稚園長）　荻野多賀子（主婦）嶋久子（洋品）　吉村弥太郎（あられ製造）

湧水調査

坂本千秋（市議）　吉田衛司（郵便局）　足利栄治（郵便局）　川田信行（教師）　山本淳二（ＪＣ）　木勢公明（学生）　田中一男（教師）　福田文子（主婦）　平野りう（主婦）　多田正治（創価学会）　大家紀子（生活改良普及員）　水上和子（保健婦）　大久保京子（郵便局）　土手塚富子（ＮＴＴ）　矢川タミ（ＮＴＴ）　江守房子

（NTT）　河合清子（観光ボランティア）　大沢和代（主婦）　金森小夜子（主婦）　加藤ちえ子（主婦）　金森一枝（寡婦連）　井上豊子（寡婦連）　南部俊夫（畳）　金森澄子（体協）　山口はな枝（主婦）　福田照美（教師）　一ッ矢ふさ子（主婦）　柴田喜一（農業）　柴田みさを（農業）　森川きくえ（農業）　広瀬とし子（婦人会）　田中安芸子（婦人会）　滝波けい子（教師）　寺島博子（主婦）　道勧敏子（主婦）　松田信子（農協指導員）　重谷令子（教師）　永田敏夫（区長）　畑中ちえ子（農業）　藤田百合子（農業）　辻幸雄（僧侶）　石本幸子（農業）　畑中ひで子（農業）　広瀬ふたを（農業）　塚田志げを（農業）　坂下実（農業）　石森よしの（農業）　前川太（農業）　乾英子（農業）　古川八重子（主婦）　清水与（農業）　木下あい子（農業）　正津たつ子（農業）　早川義一（商店）　高松信男（農業）　松山信子（農業）　篠原孝康（公務員）　安川昭一（農水省）　榊原則夫（農業）　千味忠一（農業）　安川五十三（農業）　千藤尭（農業）　清水喜平（農業）　加藤すさの（農業）　富田安雄（農業）　吉田みよ子（農業）　高松みや子（農業）　北みね和代（寺）

故人になられた方々

長谷川康治（高校教師）　山本芳枝（主婦）　重谷重雄（元議員）　内山きみ子（農業）　大下雅子（華道）　伊藤稔（林業）　源済清（まちづくり）　南川政栄（農業）　松本知達（元校長）　水口久子（婦人会・御清水）　東野文子（寺）　尾崎くら（素封家）　塗茂和代（料亭）　門前豊（衣料）　出村昭雄（元NTT）　宝珍彬之（華道）　長谷川研（元教師）　土橋虎雄（元国鉄）　田中栄（農業）　島田文夫（元教師）　栃木美千江（主婦）　斎藤政雄（織物）　藤田護（市議）　本田毅一（元教師）　清水浩（区長）　松原祐一（寺）

平成2年～12年（1990～2000）有機溶剤汚染発生～新「水を考える会発足」

松田栄彦（区長）　谷口繁一（幼稚園長）　谷口百合子（幼稚園）　高瀬幸子（米穀）　藤岡清子（主婦）　田中光子（縫製）　稲葉和子（主婦）　宮腰隆子（新聞）　影安みつ子（主婦）　藤原知己子（幼稚園）　印牧静一（歯科医師）　前川きみ子（主婦）　芦原虎雄（ネーム）　浦山秀夫（新聞）　南部敦美（畳）　南川秀子（クリーニング）　新道茂　飯田一男（商店）　天谷真知子（主婦）　松尾昭（印刷）　斎藤ハルエ（生花）　高橋久江（主婦）　山崎道子（味噌）　熊野香風（華道）　辻忠（理容）　田中キヌエ（精肉店）　斎藤竜児（中荒井清水）　宮沢秀明（区長）　新谷敏夫（農業）　坂元次義（印刷）　松浦俊夫（区長）　石川守（区長）　松本徳美（区長）　帰山信

二（区長）　馬瀬照代（郵便局）　沢田文子（郵便局）　長谷川統一（教師）　長谷川あい子（婦人会）　岩崎武志（教師）　佐々木常雄（運送）　布川博雄（区長）　布川芳子（主婦）　幅口芳枝（まちづくり）　鳥山貞子（洋品）西沢春栄（手芸品）　田中光栄子（主婦）　小林貢（区長）　福島健治（印章）　広瀬末治（菓子）　沢田勇（食品）田中茂雄（酒）　形部正（保育園）　箱崎祥一郎（鮮魚）　箱崎ふじ子（主婦）　山内美智子（菓子）　大月和源（建築）　大月恵子（主婦）　大月はるえ（主婦）　内田至保（製麺）　内田裕美（製麺）　元文伊織（生花）　松田正人（学習塾）　宮内俊和（銀行）　宮内順子（主婦）　小島美代子（食堂）　小島清美（食堂）　浦井新祐（食堂）　北野和代（菓子）　松田正男（餅）　松田すみ子（主婦）　河原照彦（酢醸造）　竹田清治（味噌・醬油）荒子延治（食品）　森永茂樹（食品）　田中長英（豆腐）　山元弘一（味噌・醬油）　南部隆保（酒造）　泉恵介（酒造）　久保孝次（酒造）　宇野酒造株式会社　橋本巧（そば）　加藤和彦（そば）　石田健一（そば）　加納貢（菓子）　畑中昭男（市議）　蒲田みつ（農業）　前田裕一（名水保存会）　鳥山裕生（名水保存会）　武井康弘（スポーツ）　宮内俊和（銀行）　宮内順子（主婦）　米村輝子（市議）　高津一水（農業）　石田俊夫（学習塾）宮内治彦（教師）　宮内久子（旅館）　高尾ひろみ（主婦）　高橋正憲（学習塾）　斎藤洋子（主婦）　藤田孝子（地下水審議員）　飯田和仁（メディアプランナー）　吉村光一（水質）　楢木喬（土木技術者）　ユースこぶし店（食品）　前田秀樹（写真）　前田美栄子（主婦）　前田彩夏　森永孝三郎（米穀）　森永智子（主婦）　正津勉（詩人）

故人になられた方々

長谷川研一（元教師）　森田幸一（酒）　朝比奈威夫（神官）　木下昭夫（音楽教師）　岩崎正（教師）

以上の方々のほかに、次の組織でも地域の水を守る活動が続いています。そして新しい「水を考える会」の賛助会員二〇〇名、ここに名をあげない多数の市民が、大野の水を守ることに力を尽くしていることを申しそえます。

学校給食調理師会　中野清水を守る会　本願清水イトヨ保存会　新堀川をきれいにする会　御清水の会　ＪＣ　中荒井区民　上舌区合併浄化槽維持管理組合　開成中学イトヨ研究会　菖蒲池区民　みどり会　生活学校　平成塾

指導・助言・協力をいただいた方、ならびに関係機関

近藤とし子（栄養改善普及会会長）　藤本ますみ（聖泉女子短期大学助教授）　紺野義夫（金沢大学教授）　柴崎達

雄（日本学術会議会員・東海大学・新潟大学教授）　柴崎君枝（主婦）　大沢君子（編集者）　水収支研究グループ　応用地質研究会　並木保男（座間市役所）　藤原智子（元東海大学学生）　金井章雄（元東海大学学生・地質コンサルタント）　新村泰代（元東海大学学生）　山崎三恵（元東海大学学生）　藤井昭一（富山大学教授）　富山雪を考える会　宇井純（沖縄大学教授）　竺文彦（龍谷大学教授）　津郷勇（福井高専名誉教授）　奥村充司（福井高専助教授）　福井高専学生　田中保士（地質コンサルタント）　伊藤和明（NHK解説委員）　嘉田由紀子（琵琶湖研究所）　森下郁子（水研究家）　小倉紀雄（東京農工大学教授）　楡井久（千葉水質地盤研究室長）　鈴木喜計（千葉県君津市役所）　佐藤辰弥（弁護士）　梶山正三（東京第一弁護士会）　宮本重信（福井県雪害研究所）　奥井とみ子（霞ヶ浦）　千葉県我孫子市手賀沼課　村瀬誠（雨水利用・墨田区役所）　人見達雄（ソーラーシステム・八王子保健所）　共立理化学研究所　加藤英一（大阪下水道局）　本間都（関西水系連）　藤井絢子（滋賀県環境生協）　坪井直子（浄化槽管理士）　石井勲（第一工業大学・合併浄化槽）　日下部信雄（流山市議）　広松伝（柳川市）　下重暁子（NHK）　加藤義博（キリンマシナリー）　下水道問題連絡会議　殿界利夫（高槻市浄化センター）　水郷水都全国連絡会議　香川県寒川町役場　松本市下水道局　西条市下水道部　高知県中村市　神奈川県秦野市　静岡県三島市　長野県豊科町　ドラゴンリバー　川津祐介（芸術家）　今立町結いの会　北陸公衆衛生研究所　大野市奥越農業改良普及事務所　奥越林業事務所　大野土木事務所　環境庁水質保全局　建設省下水道研究室　国土庁水資源局　トヨタ財団　エイボン株式会社　環境事業団

故人になられた方々

佐原甲吉（金沢大学教授）　三浦静（福井大学教授）　小早川新（福岡県久山町長）　島田佳樹（長野県穂高町役場）

金森盈（写真家）　鈴木隆之（農水省農薬研究室長）

写真提供者

高井修二郎　島田一成　篠地守　宮沢秀明　村上伊伯利　前田彩夏　野田佳江

資料提供ならびに製作者

津郷勇　金井章雄　野田佳江　新村泰代　河原照彦　飯田和仁　（地下水位・地下水質・基盤整備・農村集落排水の基礎データは大野市調査資料による）

あとがき

ある不思議な縁で、野田佳江さんを始めとする「福井県大野の水を考える会」(「水の会」とも略称)の皆さんとお付き合いをするようになったのが、昭和六〇(一九八五)年のことであるから、もう、かれこれ一五年になろうとしている。その不思議な縁については、野田さんが本文の中でも触れられているので、詳細は省略させていただく。

一〇年間の役人生活に見切りをつけて、地質コンサルタントとして一本立ちをしたのが、昭和四〇(一九六五)年のことであるから、独立して二〇年の歳月が過ぎていた。その間、生活の糧は、もっぱら国際協力の現場でのコンサルタントとして得る一方、国内にあっては若手の仲間たちと一緒に、科学技術者運動の一環として、「水収支研究グループ」を組織して、各地の地下水公害問題の解決に、自治体の職員や市民団体と協力して奔走していた最中であった。

野田さんが、新聞記事中の「融雪用井戸の増設と地下水位の低下」の図面でショックを受けたと述べておられるが、この図も、北陸三県の地下水事情を、地元の研究者やコンサルタントの皆さんと一緒に調査して作成したものである。

確かに地下水利用の融雪施設は、雪国の交通確保や雪降ろしの労力を軽減するには、大変便利なものである。しかし、その反面では、地下水の大量くみ上げによって地下水圧が急激に下がり、各地に地盤沈下などの地下水公害を引き起こしていた。その関係を説明するために作成した図面が、地下水枯渇によって日常の生活用水にも苦労していた野田さんの目に、たまたま止まったというわけである。

その後の大野の皆さんとのお付き合いについては、前著の『おいしい水は宝もの』に詳しいし、この本にも触れられているとおりである。ただ、ぜひここで紹介しておきたいことは、昭和六〇年の五月に、すでに数年前から教壇に立っていた私立大学の学生諸君と、大野の現地をはじめて訪れたさい、直感的に「大野の水問題は、日本の水問題のすべてを凝縮している」との印象を受けたことだった。

正直なことをいえば、その直感は大野盆地の地形・地質からくる、自然科学的なセンスに大半はもとづいていた。しかし、この著作を読まれればお分かりのように、大野の水問題は自然科学的な視点をこえて、日本の水政策のあり方、さらには地方自治のあり方、究極的には、日本の政治の本質までに論がすすめられている。つまり、現在、私たちが抱えこんでいる政治経済的な問題までもが、大野という一地方都市の水問題に凝縮しているのである。

とくに、過去長年にわたって実施されてきた「公共事業」のツケが、高い水道料金として住民に降り注いでくる昨今の行政システムの矛盾、またそれをおしすすめてきた古い政治・行政・業界の癒着の実情を、これまで具体的にあばきだした記録は、あまり前例がないと思われる。とくに、主婦という感覚から出発した運動が、日本の古い政治体質の深層部をえぐりだしたことに、一種の感銘さえ覚えるほどである。

もちろん、この事態をするどくえぐりだしたのは、野田さんを始めとする「水を考える会」の人たちの、四半世紀におよぶ絶え間ない活動によるものであることは、多言を要しないであろう。いろいろな難題がおこったとき、まず現地調査によって、事実を確かめながら相手を論破していくやり方は、環境問題を解明する基本的な手法である。また疑問に思ったことは、自ら実験台になってデータを求め、そのためには多大の苦労も辞さないという、野田さんたちの積極的な行動は、私にとっても、大きな反省と再挑戦する気概を与えてくれたことに感謝したい。また、現在大学などの研究室に閉じこもり、環境科学を専門にしていると自称している研究者の人たちには、ぜひ学んで欲しいものである。

環境科学の本質は、地球環境問題に代表されるような、はなばなしい花形科学にあるのではない。身近な問題を解決できる地道なものでなくてはならない。そのためには、「大野の水を考える会」が経験してきたように、旧来の政治・経済システムとの戦いを避けてとおることができない。とくに、福井県大野のように、地縁・血縁に縛られた土地では、その戦いはとても尋常なものではない。その閉ざされた環境のなかで、二五年にもわたる活動を続けてこられたのは、野田佳江さんというリーダーの存在と、それを支えてきた市民の協力があったからだ、と断言できる。

私事にわたって恐縮であるが、この「水を考える会」の二五年にわたる活動のうち、私は四年間にわたる海外生活を経験し、さらに帰国後は健康を害して、充分なお手伝いができなかったことを残念に思っている。しかし、その間、多くの研究者や技術者あるいは一般の人びとが、熱心に「水を考える会」の活動を支援してくださったことに、あらためて感謝の意を表する次第である。これらの方がたの協力があったからこそ、この「水の会」の活動が持続できたものと思う。

とくに、地域の問題は、その地域に住む専門家（大学・試験場の研究者、技術者、小・中・高校の教員の皆さんを含めて）の応援がなければ、なかなか解決しない。これを例えていえば、地域のホームドクターに相当するものである。その意味で、地元の中学教師を長く務められた高井修二郎先生や、福井高専の津郷勇先生を始めとする方がたの努力を多とするものである。それに対し、私たちのような遠隔地に住む者は、専門医の役目をはたしただけ、と考えている。これは、各地の公害・環境問題をお手伝いしたことからくる経験則でもある。

それに対して、本文の中にも触れられているように、現地にも来られないうえ、住民の皆さんが苦労して集めたデータを、無断で自分の論文に引用したりする有名大学教授がいたり、税金で実施した調査資料を自分のものとして、秘蔵する自称〝専門家〟もいることも事実なのである。これは、おなじような仕事に係っている者の一人として、とても恥ずかしいことである。

そのような不届者がいる反面、学生時代から「水を考える会」の活動を手伝ってきた諸君のなかには、そのときに経験した感動を忘れることなく、社会人となっても「水の会」の活動に協力を続けている者がいる。さらには、その経験を生かして、海外の地下水汚染問題の解決に、多忙な本務のなかをボランティアとして、活動をすすめている者もいる。このような感動を若者にあたえてくれた大野の人びとに、彼らに代わって厚くお礼申し上げたい。

福井大野の水問題は、まだ解決しなくてはならぬ難題を数多く抱えている。しかし、本文の最終章にも紹介されているように、野田さんの活動を引き継いでくれる女性議員も誕生し、また、若い市民たちのなかからは、「新生水を考える会」を運営していこうと、意欲を燃やしている人たちが、すでに誕生していることは、ともに大いに期待できる。そして、この波乱万丈の活動記録は、各地で似たような問題に直面している人たちにとっても、大きな指針を示すものと思われる。この本がそれらの人びとに、大きな勇気を与えてくれることを願っている。

最後になったが、この活動の記録が、前著『おいしい水は宝もの』の続編として出版できたのも、前回に引き続き助成の労をとっていただいたトヨタ財団の多大のご好意によるものである。関係者の一人として厚くお礼申し上げる。また、この本の出版にさいしては、前著に引き続き築地書館にお世話をいただいた。相談役の土井庄一郎氏ならびに土井二郎社長はじめ、編集スタッフの皆さんに、厚くお礼を申し上げたい。

二〇〇〇年七月七日

水収支研究グループ　前代表

元日本学術会議会員　柴崎達雄

よみがえれ生命《いのち》の水——地下水をめぐる住民運動25年の記録

二〇〇〇年八月二五日初版発行

著者——福井県大野の水を考える会（野田佳江《のだよしえ》・他）

発行者——土井二郎

発行所——築地書館株式会社
東京都中央区築地七-四-四-二〇一　〒一〇四-〇〇四五
TEL〇三-三五四二-三七三一　FAX〇三-三五四一-五七九九
ホームページ＝http://www.tsukiji-shokan.co.jp/

組版——ジャヌア3

印刷所——株式会社平河工業社

製本——富士製本株式会社

装丁——小島トシノブ

表紙・本扉題字——野田俊吉

章扉写真——高井修二郎

 ISBN 4-8067-1207-8 C0044

大野の水を考える会——〒九一二-〇〇八三　大野市元町一一-一二
TEL・FAX〇七七九-六六-一六九一
Eメール＝tcs@land.hokuriku.ne.jp
（大野の水問題情報紙「大野の水情報」お申し込みなど）

野田佳江——〒九一二-〇〇五三　大野市春日二-九-三
TEL〇七七九-六六-四八三一　FAX〇七七九-六六-四八八八